로스앤젤레스 건축읽기

Reading Los Angeles Architecture

김태식 저

Spacetime

RUSSIA
MONGOLIA
Seoul
CHINA
Sea of Okhotsk
Philippine Sea
INDIA
THAILAND
Bay of Bengal
Java Sea
Arafura Sea
Timor Sea
Indian Ocean
AUSTRALIA
Coral Sea
Great Australian Bight

CANADA
Hudson Bay
Gulf of Alaska
UNITED STATES
Los Angeles
Pacific Ocean
11시간 비행 후에 도착하는
Los Angeles...
긴 비행시간 만큼
보람찬 여행이 되길 바란다.
Gulf of Mexico
MEXICO
Caribbean Sea
VENEZUELA
COLOMBIA
PERU

OREGON
Roseburg
Medford
Boise
IDAHO
Pocatello
Twin Falls
Redding
Great Salt Lake
Salt La
NEVADA
Reno
Carson City
Sacramento
Santa Rosa
Sacramento
San Francisco
San Francisco
San Jose
St George
Fresno
Salinas
CALIFORNIA
Las Vega
Kingman
Bakersfield
Los Angeles
Los Angeles
Long Beach
ARIZON
Phoenix
Mesa
San Diego
San Diego
San Luis Rio Colorado
Tijuana
Ensenada
BAJA CALIFORNIA

캘리포니아는 미국에 속한 주state이지만,
남북한 합친 면적의 2배에 해당한다.

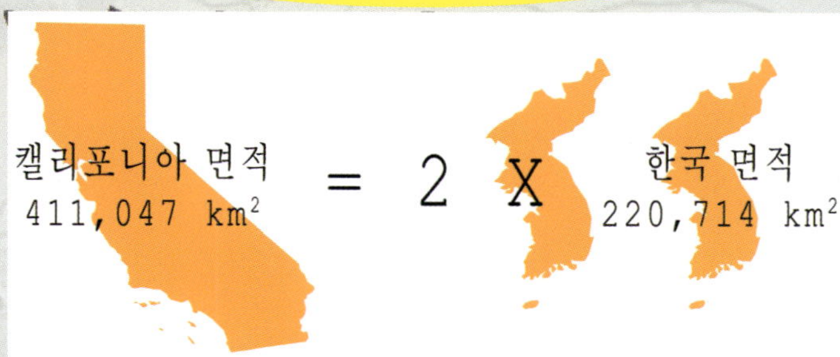

만약 캘리포니아를 독립된 국가로 본다면,
경제는 세계 5위에 해당할 정도로 크다.

1	United States	$19,391,000,000
2	China	$12,015,000,000
3	Japan	$4,872,000,000
4	Germany	$3,685,000,000
5	**California**	**$2,747,000,000**
6	United Kingdom	$2,625,000,000
7	India	$2,611,000,000
8	France	$2,584,000,000
9	Brazil	$2,055,000,000
10	Italy	$1,938,000,000

https://www.businessinsider.com
Kieran Corcoran May 5, 2018

4. Schindler House (1922)
by Rudolf Schindler
3. Ennis House (1924)
by Frank Lloyd Wright
5. Case Study House #22 (1960)
by Pierre Koenig
2. Gamble House (1908)
by Green Brothers
Pasadena
6. Getty Center (1997)
by Richard Meier
Los Feliz
West Hollywood
Beverly Hills
Santa Monica
LAX
Los Angeles International Airport (LAX)
1. Bradbury Building (1893)
by George Wyman
8. Cathedral of Our Lady of the Angels (2002)
by Jose Rafael Moneo
9. Walt Disney Concert Hall
by Frank Gehry (2003)
10. The Broad (2015)
by Diller Scofidio + Renfro

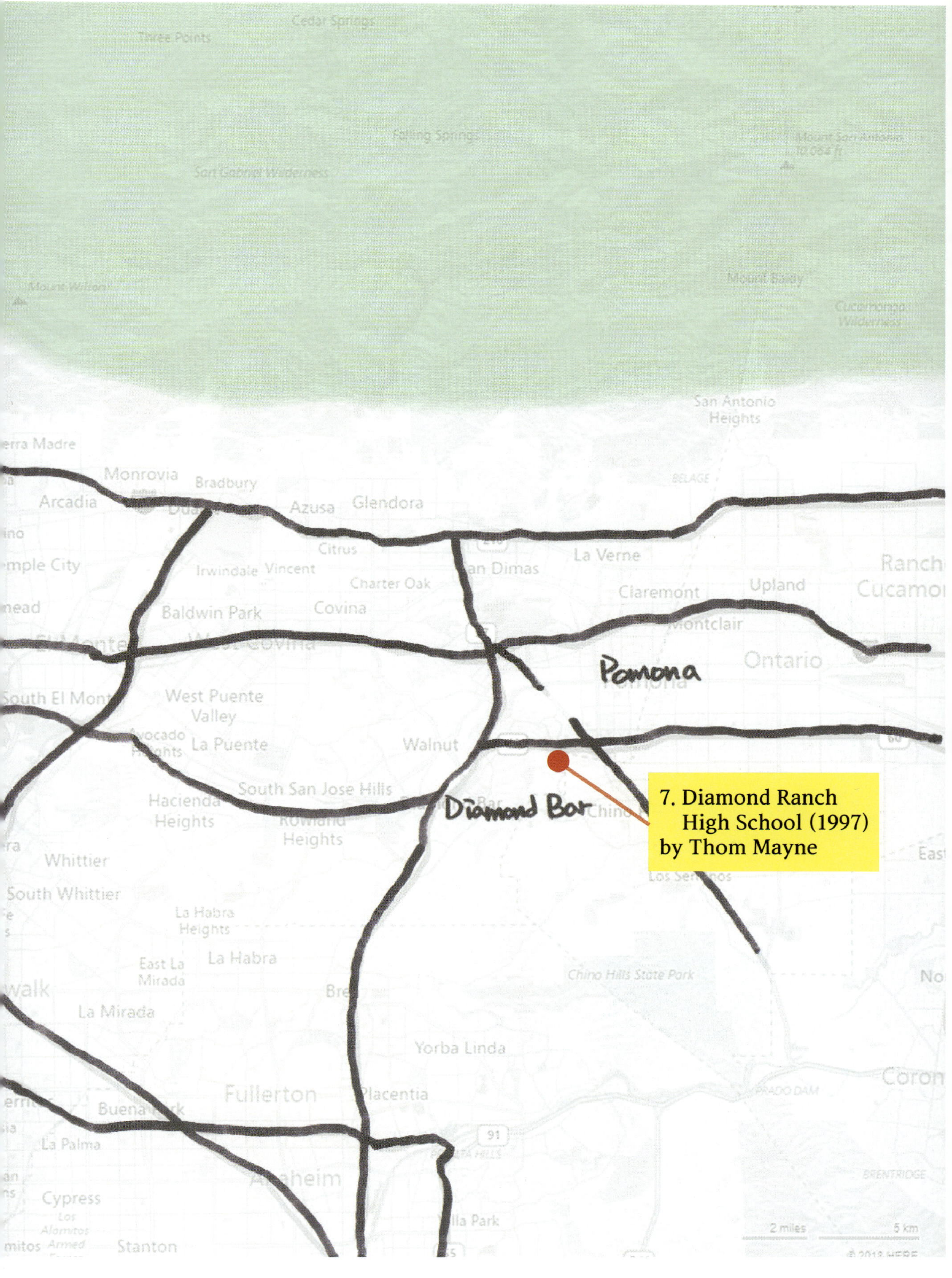

7. Diamond Ranch High School (1997) by Thom Mayne
Pomona
Diamond Bar
Cedar Springs
Three Points
Falling Springs
San Gabriel Wilderness
Mount San Antonio 10,064 ft
Mount Wilson
Mount Baldy
Cucamonga Wilderness
San Antonio Heights
Monrovia
Bradbury
Arcadia
Azusa
Glendora
Citrus
Irwindale
Vincent
Charter Oak
La Verne
Claremont
Upland
Baldwin Park
Covina
Montclair
Ontario
West Puente Valley
La Puente
Walnut
South San Jose Hills
Hacienda Heights
Heights
Whittier
South Whittier
La Habra Heights
East La Mirada
La Habra
Chino Hills State Park
La Mirada
Yorba Linda
Fullerton
Placentia
Buena Park
La Palma
91
Cypress
Stanton
60
2 miles
5 km

9. Walt Disney Concert Hall
by Frank Gehry (2003)
10. The Broad (2015)
by Diller Scofidio + Renfro
Wilshire Blvd
Freeway 110
Grand Ave
Freeway 10

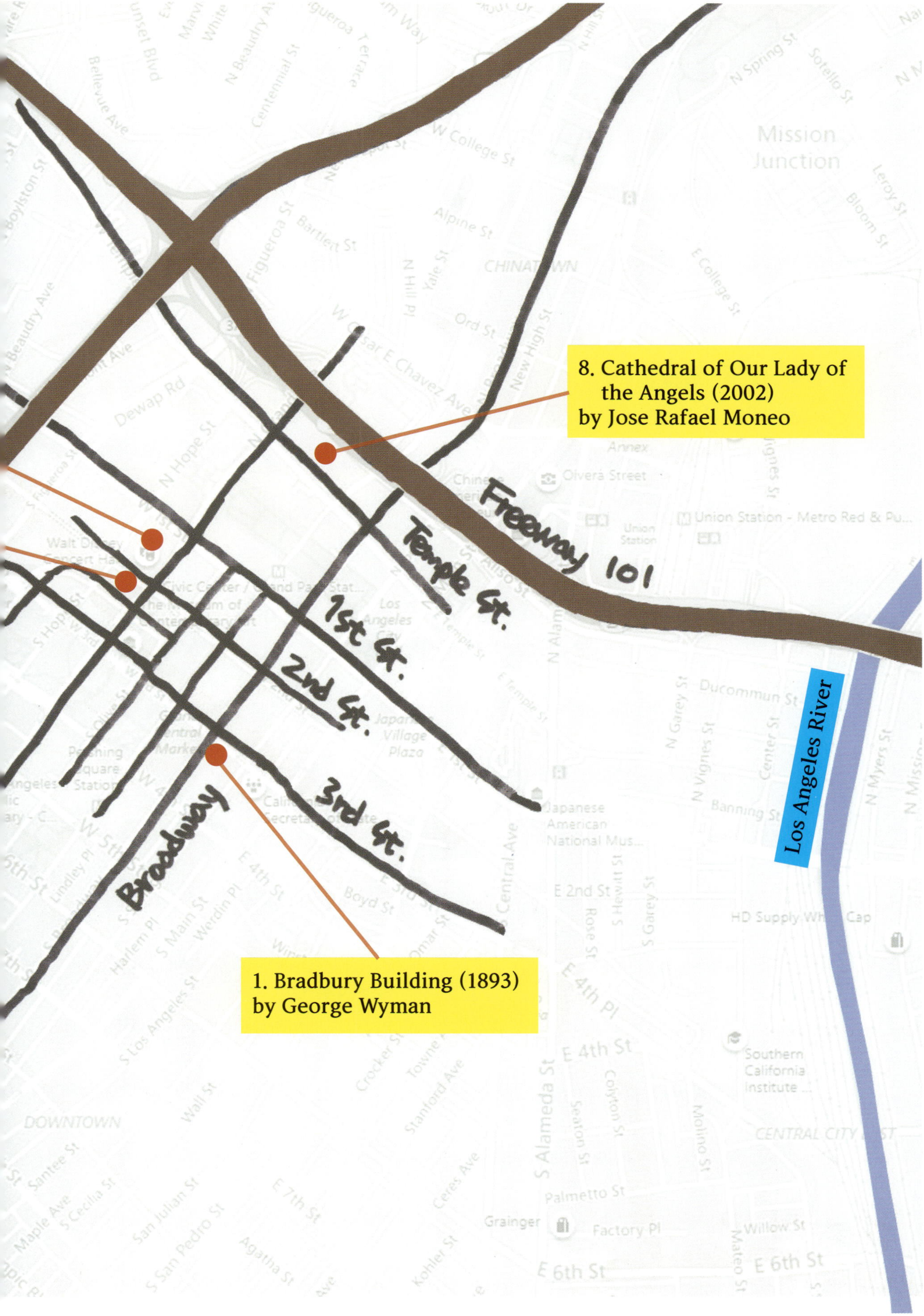
8. Cathedral of Our Lady of
the Angels (2002)
by Jose Rafael Moneo
Freeway 101
Temple St.
1st St.
2nd St.
3rd St.
Broadway
Los Angeles River
1. Bradbury Building (1893)
by George Wyman

부모님께
to My Parents

로스앤젤레스는 미국 서부를 대표하는 도시다.
그리고 해외에서 한국인이 가장 많이 거주하는 도시이기도 하다.
그만큼 한국인이 많이 찾는다.
대개 놀이공원이나 쇼핑몰로 유명하지만, 건축적으로도 상당히 매력이 있는 곳이다.
21세기 현재, 현대 건축을 이끄는 도시 중의 하나다.
건축의 거장 프랭크 로이드 라이트Frank Lloyd Wright부터 시작해서
탐 메인Thom Mayne (모포시스Morphosis)에 이르기까지
세계에서 내로라할 만한 건축가의 작품이 수두룩 하다.
이번에 LA 주변에서 눈여겨 볼 만한 건축물 10개를 골라 구경하면서,
이들이 어떤 과정으로 지어지게 되었는지 살펴보고자 한다.
단순히 겉으로 보이는 모습 뿐만 아니라, 그 안에 담긴 이야기가 더 흥미롭다.
이렇게 함으로써 우리가 알던 로스앤젤레스가 새롭게 이해되리라 생각한다.
나아가 우리 주변의 건축물에 대해 좀 더 관심을 갖는 계기가 되기를 바란다.

2019년 5월

김태식

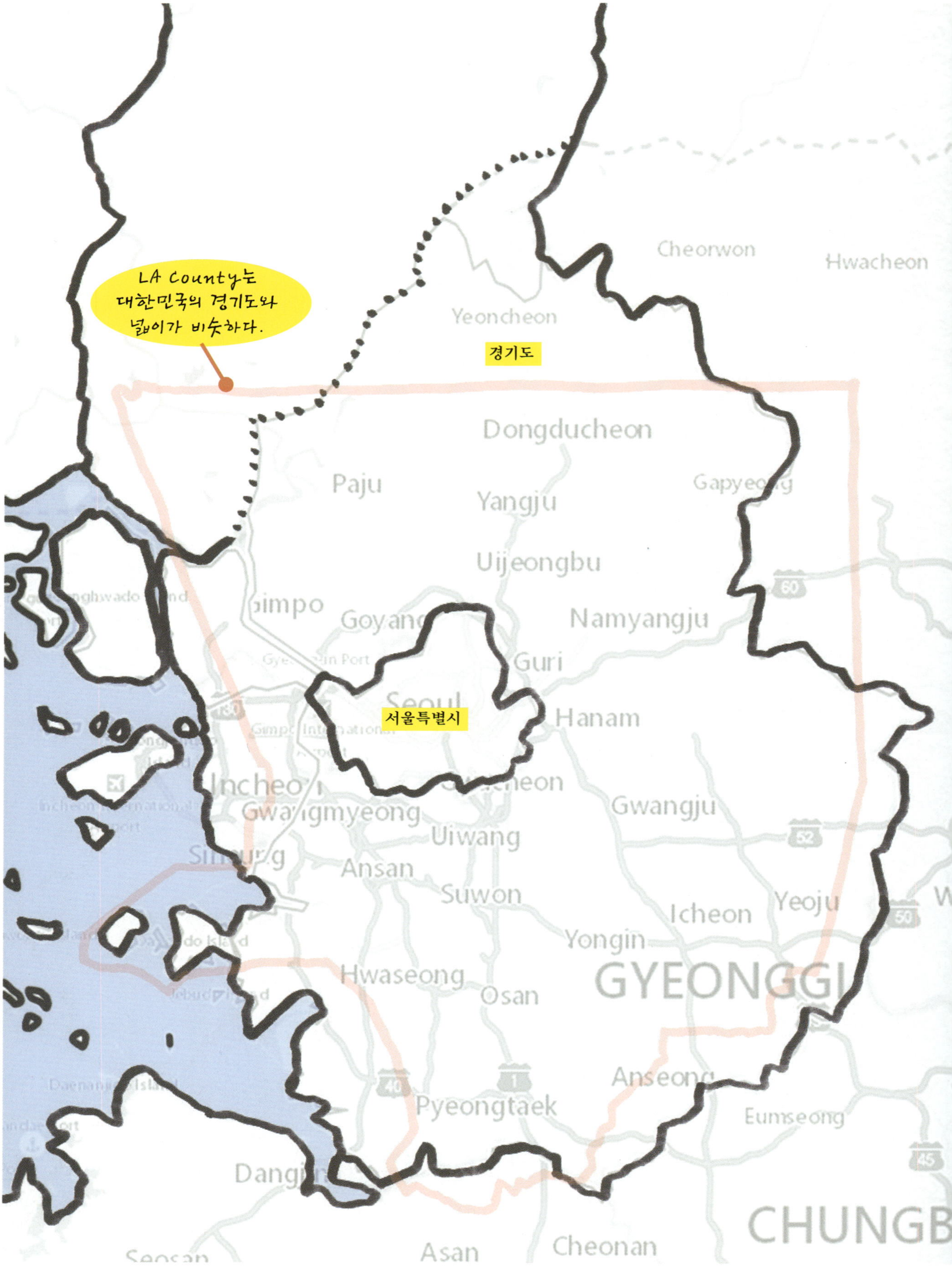
LA County는
대한민국의 경기도와
넓이가 비슷하다.
경기도
서울특별시
Cheorwon
Hwacheon
Yeoncheon
Dongducheon
Paju
Yangju
Gapyeong
Uijeongbu
Namyangju
Guri
Hanam
Gwangju
Uiwang
Ansan
Suwon
Icheon
Yeoju
Yongin
Hwaseong
Osan
GYEONGGI
Anseong
Pyeongtaek
Eumseong
Asan
Cheonan
CHUNGB

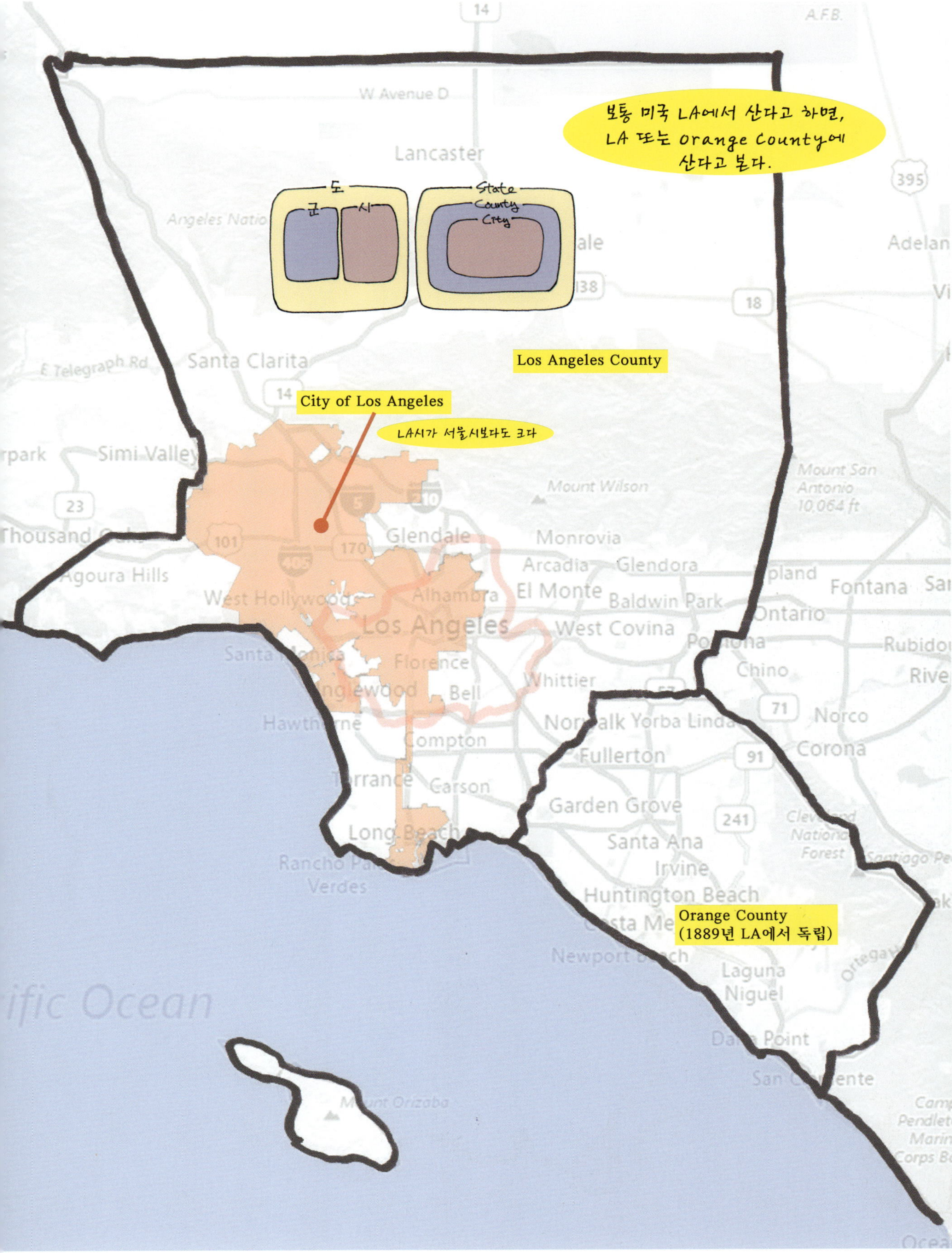

보통 미국 LA에서 산다고 하면,
LA 또는 Orange County에
산다고 본다.
도
군
시
State
County
City
Los Angeles County
City of Los Angeles
LA시가 서울시보다도 크다
Orange County
(1889년 LA에서 독립)

Civic Center
Hill Street
EXIT ONLY
110 SOUTH
Downtown
Stadium Way
Dodger Stadium
EXIT ONLY
1/4 MILE

BRADBURY BUILDING

오늘날 영화의 메카로 불리는 로스앤젤레스... 이 곳에 영화 속에서나 나올 법한 재미난 이야기로 지어진 건물이 하나 있다. 한국 사람들에게는 잘 알려지지 않았지만, 미국 주류 사회에는 꽤나 많이 알려진 건물이다. 19세기 말에 지어진 건물로, 브래드베리 빌딩이라 부른다. 이 건물에 대한 재미난 이야기를 소개한다.

우리 속담에 '호랑이는 죽어서 가죽을 남기고, 사람은 죽어서 이름을 남긴다'고 했다. 보통은 아주 훌륭한 업적을 쌓아서 역사에 이름이 기록되는 것을 뜻하지만, 다른 방법도 있다. 19세기말 LA의 백만장자, 루이스 브래드베리Lewis Bradbury (1823~1892)는 자신의 이름을 새긴 훌륭한 건축물을 지어 남기려고 했다. 이야기는 여기에서 시작한다.

https://www.findagrave.com

그는 어린 나이에 돈을 벌기 위해 멕시코로 향했다. 은광과 금광을 개발하면서, 엄청난 재산을 모았다. 1870년 즈음에는 샌프란시스코 인근의 오클랜드Oakland까지 올라가서 부동산 개발업으로 재산을 늘렸다. 골드러쉬(1848)가 시작해서, 인구가 매년 엄청나게 증가하던 시기였다. 운도 좋았지만, 돈

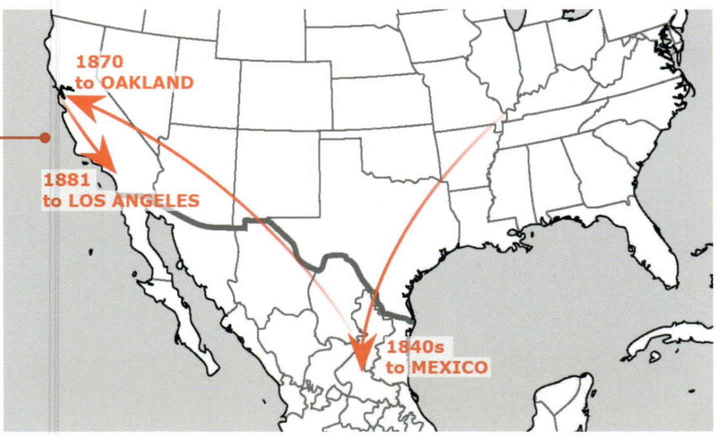

Wikipedia : unknown

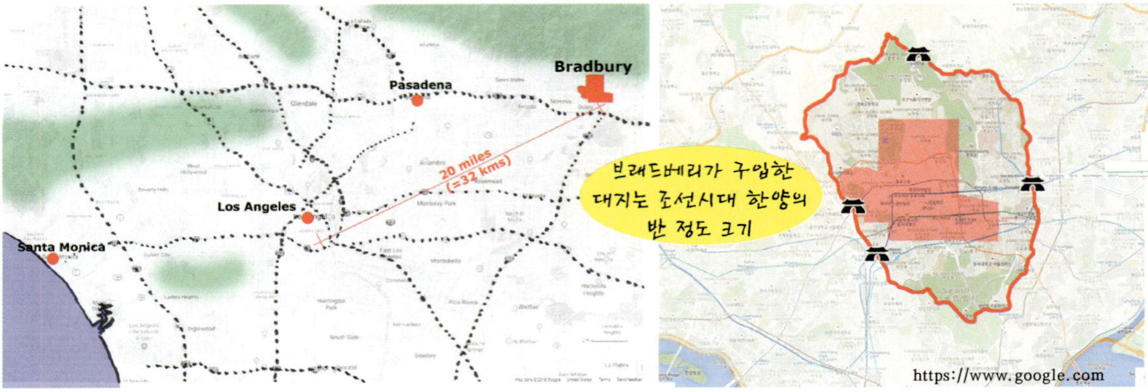

버는 재주가 있었던 것같다. 1881년에 내려와서 LA 동쪽에 거대한 대지를 구입했다. 서울로 치면 남양주 쯤 되는 곳으로, 조선시대 한양의 반 정도되는 규모다. 이후에는 넓은 대지에 정원을 꾸미는 것으로 소일했다. 많은 사람들이 부러워하는 한가롭고 여유있는 삶이었다.

https://www.kcet.org/shows/lost-la/rediscovering-downtown-las-lost-neighborhood-of-bunker-hill

1887년에는 LA의 중심지인 벙커힐Bunker Hill에 그림같은 저택도 구입했다. 그러던 그에게 불현듯 재미난 생각이 떠올랐다. 훌륭한 상업 건축물을 짓고 머릿돌에 그의 이름을 새겨 넣으면, 건물 주변을 오가는 사람들이 그의 이름을 오랫동안 기억하지 않을까... 한동안 조용했던 그의 삶이 활기찬 에너지로 부글부글 끓어 오르기 시작했다. 이 때가 1889년 경이었다. 하지만 브래드베리는 자신의 몸이 예전같지 않음을 느끼게 되었다. 몇 년 후면 그의 나이 70이다. 서둘러야 했다. 참고로 당시 미국인의 평균 수명이 50이 안 되던 시기였다.

그의 저택이 들어서 있던 벙커힐이라는 곳이 지금은 고층 건물이 들어선 언덕이지만, 100여년 전 이곳은 그림같은 주택들이 모여 있던 상류 주택지였다. 상업건물을 지을 만한 곳이 아니었다. 오늘날 서울로 치면 한남동 고급주택단지와 비슷하다고 하겠다. 그는 아침마다 이 언덕에서 내려다 봤을 때, 자신이

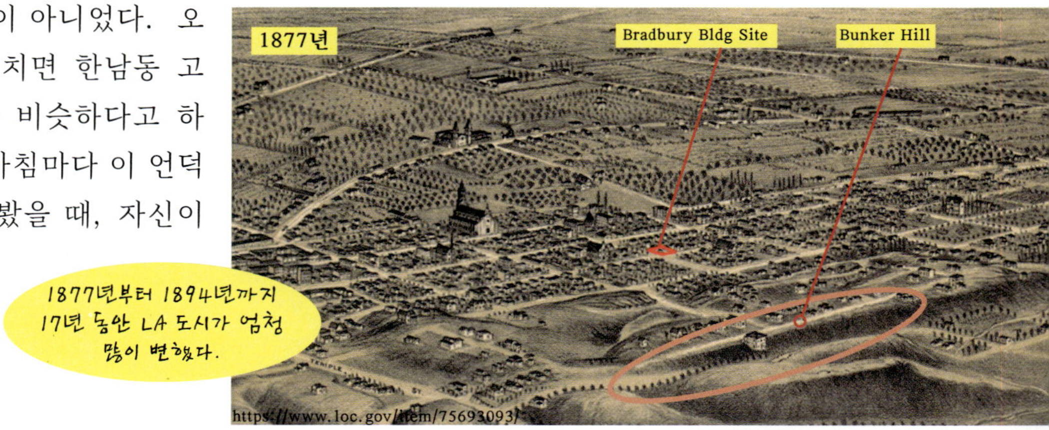

https://www.loc.gov/item/75693093/

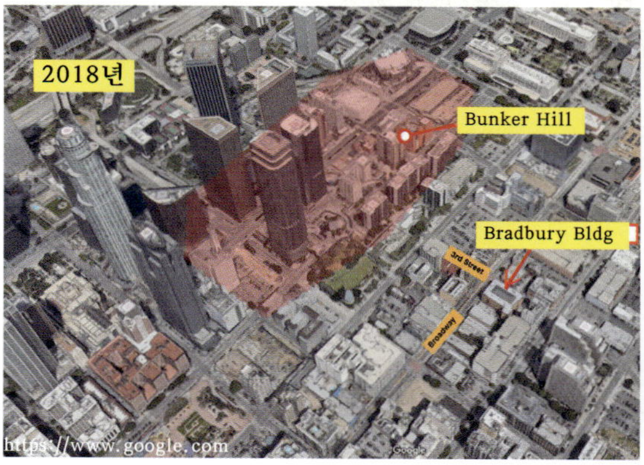

지은 훌륭한 건축물과 그 주변 풍광을 즐기고 싶었을 것이다. 인구가 끊이지 않게 유입되고, 도시 규모는 하루가 다르게 커져 갔다. 이듬해인 1890년에 새 건축물을 위한 대지를 구입했다. 3가3rd Street와 브로드웨이Broadway가 만나는 땅으로 그의 집에서 내려다 보이는 가까운 곳이다.

Unknown Resource : before 1940

이제 건축가를 찾아야 했다. 지금이야 LA가 현대건축을 이끄는 도시 중 하나로 건축설계사무소가 널려 있지만, 1890년 즈음 LA는 건축적으로 변방이었다. 건축설계사무소는 손에 꼽을 정도로 몇 개 되지 않았고, 이들에게서 수준높은 건축설계를 기대하기 힘들었을 듯 싶다. 건축대학 하나 없었고, 요즘처럼 대도시도 아니었다. 아직은 지방의 읍 정도라고 보면 될 것이다. LA에 영화사가 몰려 오려면, 아직도 20년은 더 기다려야 했다.

한국에서도 지방에 좋은 건축물을 짓기 위해, 대개 서울에서 건축가를 모셔 오곤 한다. 왜냐 하면, 지방도시에서 변변한 건축가를 찾기가 힘들기 때문이다. 그래서 어떤이는 브래드베리의 재력이면 뉴욕에 있는 사무실에 부탁할 수 있지 않냐고 묻기도 하는데, 이건 보통 일이 아니었다. 아니 당시에 뉴욕에서 LA로 건축가를 모셔오는 것은 사실 불가능에 가까웠다. 대륙을 건너려면 마차나 기차를 이용해야 했다. 대륙횡단 기차길이 열린 것도 이제 고작 10년 남짓 되었다. 아직은 다른 교통수단이 없었다. 자동차나 비행기가 보급되려면 수십 년은 더 기다려야 했다. 따라서 대륙을 횡단한다는 것은 위험하기도 하고, 오는 데에만 한 달 가까이 길에서 고생을 해야 했다. 자칫하면, 서부영화에서처럼 인디언이라고 불렸던 아메리카 원주민의 습격을

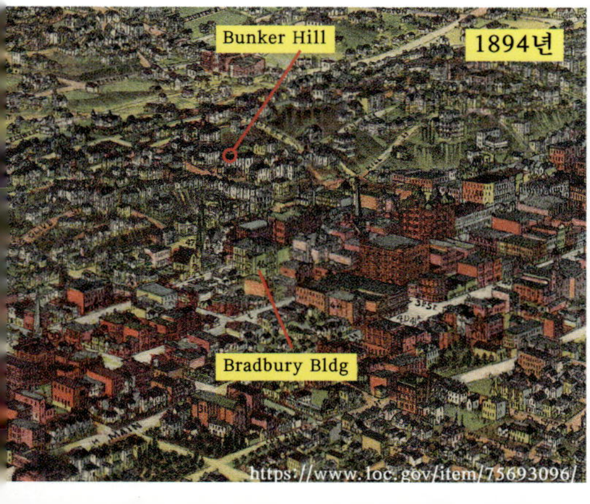

CENTRAL PACIFIC RAILROAD—MAP AND ... OMAHA TO SAN FRANCISCO.—[DRAWN BY C. H. WELLS.]
Wikipedia : C.H. Wells

Wikipedia : International News Service

당할 수도 있었다. 브래드베리는 건축가가 몇 명 되지 않는 LA에서, 어렵지만 가장 능력있는 건축가를 찾기 위해 수소문해야 했다.

브래드베리는 섬너 헌트Sumner Hunt(1865~1938)를 소개받았다. 뉴욕에서 건너온 지 얼마되지 않은 20대 중반의 젊은 건축가였다. 젊다기보다는 좀 어리지 않나라는 의구심이 들기도 한다. 하지만 나이가 무색하게 1891년 당시 새로 짓는 로스앤젤레스 시청사 설계를 마무리지었다. 지금도 우뚝 서 있는 시청사는 아니고, 그 전에 있던 건물로, 로마네스크풍의 건물이었다. 1928년에 새 시청이 지어지면서, 부숴졌다. 현재는 그 자리에 주차장이 들어서 있다. 아무튼 자신이 사는 도시의 시청을 설계했다는 것은 다른 건축가들이 갖지 못하는 대단한 자부심이 될 수 있다. 어린 나이지만 헌트는 이를 십분 활용해서 마케팅을 했으리라. 'LA시청을 설계한 전도유망한 건축가'... 헌트는 이를 자산으로 삼아 자신의 사무실을 열었다.

브래드베리는 헌트의 설계사무소를 찾아가 자신이 원하는 건축물에 대한 이야기를 나눴다. 그는 '돈에 구애받지 말고 훌륭한 상업 건축물을 설계해 달라'고 부탁했다. 헌트는 직감했다. 이런 기회는 평생 다시 오지 않으리란 것을... 자신이 구할 수 있는 최신 자료를 다 조사해서 최선의 설계안을 만들었다. 브래드베리가 급하다고 했으니까, 헌트도 서둘렀다. 약속한 날 브래드베리가 다시 설계사무소를 방문했다. 헌트는 혼신을 다해 자신의 안을 설명했다.

하지만 설명이 끝난 후, 그에게서 표정의 변화가 보이지 않았다. 오히려 실망스런 표정을 읽을 수 있었다. 설계안이 마음에 들었다면, 얼굴에 미소가 띄고 관심을 보였을 텐데, 이런 게 없었다. 브래드베리가 보기에는 그의 계획안이 최신 유행하는 스타일일지는 모르겠는데, 뭔가가 빠졌다고 느꼈나 보다. 아마도 그에게는 건축을 보는 혜안이 있었는지도 모르겠다. 그저 수고 많았다고 인사를 한 후, 생각해 보겠다고 하면서 일어나 사장실 방문을 열었다. 헌트는 머리 속이 하얘졌다.

문 밖은 설계실로 두 명 정도의 직원이 일하고 있었다. 설계사무소를 연 지 몇 개월 되지 않은 시점이었고, 제대로 된 프로젝트가 절실한 시기였다. 헌트는 어떻게든 브래드베리를 붙잡고 설득하고 싶은데, 어찌할 바를 몰라 머리 속이 복잡했다. 직원들도 분위기가 안 좋다는 것을 대번에 느낄 수 있었다. 제도판에서 작업을 계속할 상황이 아니었다. 그냥 의자에서 일어나 뻘쭘하게 브래드베리에게 인사를 했다.

https://www.slideshare.net/oscarnthegrouch/ppt-concer-thallbradbury

브래드베리도 이들에게 간단하게 인사를 하고 지나던 참이었다. 그런데, 갑자기 멈춰 섰다. 제도판에 걸려 있는 하나의 스케치가 눈길을 사로잡았다. 제도판 앞에 서 있는 사람에게 물었다. "혹시 이거 그리셨나요?" "네" 조지 와이먼George Wyman(1960~1939)이 대답했다. "이 스케치가 흥미로워 보이는데, 어떤 건지 설명해 주실 수 있나요?" "네? ..." 와이먼은 머뭇거리다가, 서랍에서 책 한 권을 꺼냈다.

"... 제가 요즘 읽은 책입니다. 뒤를 돌아보며 2000-1887 (Looking Backward: 2000-1887)이라는 공상 과학 소설인데, 100 여년 후인 2000년의 미래 모습을 설명하고 있습니다." 책장을 넘기며 표시한 부분을 펼친다. "여기를 보면 미래의 공공건축에 대해 묘사한 부분이 나옵니다. 이 부분이 너무나 인상적이어서, 제가 내부 모습을 스케치해 보았습니다." 브래드베리는 와이먼이 보여준 페이지를 읽어 보고, 그의 스케치를 다시 보았다. 처음에는 잘 몰랐는데, 글을 읽고 나니 그의 스케치가 훨씬 더 눈에 들어왔다. 잠시 생각을 한 후, 와이먼에게 묻는다. "성함이 어떻게 되지요?" "조지 와이먼이라고 합니다." "와이먼씨, 당신의 스케치가 상당히 인상적입니다. 괜찮으시면, 제가 지으려고 하는 상업건물의 설계를 맡아 주시겠습니까?" 순간 와이먼의 몸은 굳어졌다. 그 방에서 브래드베리를 제외한 모든 사람이 엄청나게 놀랐다. 와이먼은 한동안 말을 하지 못 했다.

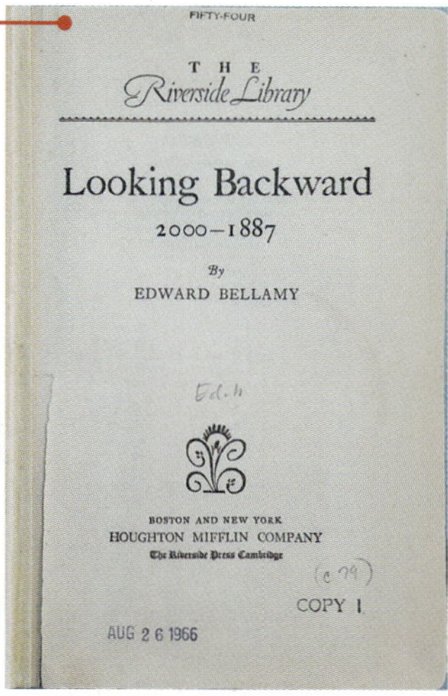

브래드베리는 이해하지 못 했지만, 다른 사람들은 그럴 수 밖에 없었다. 그도 그럴 것이 당시 와이먼은 헌트가 고용한 제도공이었다. 제도공은 다른 사람들이 아이디어를 내고 스케치를 그리면, 그것을 도면으로 옮기는 단순한 작업을 하는 사람을 뜻한다. 지금도 제도공이 아이디어를 내서, 스케치를 그린다는 것은 아주 드문 일이다. 와이먼은 어찌할 바를 몰라 머뭇거렸다.

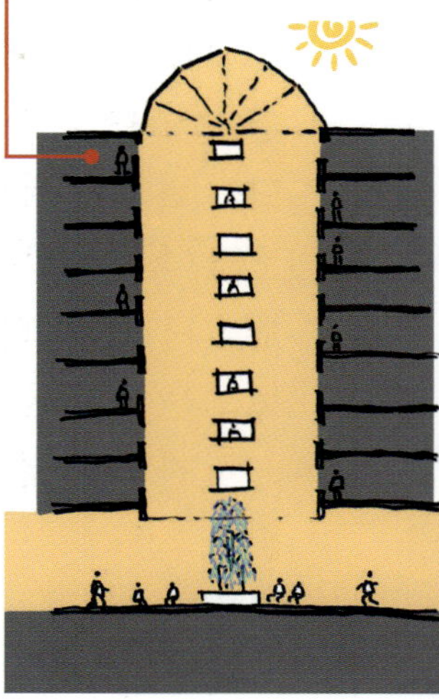

와이먼이 용기내어 입을 열었다. "무슨 말씀인지..." 브래드베리가 다시 이야기한다. "당신의 스케치가 아주 마음에 듭니다. 당신이라면, 내가 원하는 건축물을 설계할 수 있을 듯 합니다." 하지만 와이먼이 손사래친다. "저는 단순한 제도공입니다. 저는 건축물을 설계할 정도의 능력이 되질 않습니다." 사실 와이먼이 헌트보다 5살 정도 연배가 위였지만, 맡은 직책은 반대였다. 와이먼이 단순 제도공이고, 헌트는 설계사무소 소장(사장)이었다. 와이먼이 건축 교육을 제대로 받아 본 적 없었기 때문이다. 설계사무소에서 일을 하면서, 건축에 대해 차츰 배워가는 중이었다.

브래드베리는 포기하지 않고 대안을 생각한다. "그럼 이건 어떨까요. 와이먼씨가 기본적인 스케치를 하고, 실무 도면은 여기 사장인 헌트씨가 책임을 지는 것으로요. 공동 작품이 되겠네요. 어떻게 생각하십니까, 헌트씨?" 헌트는 당황스럽고 내키지 않았지만, 별 수 없어서... 그렇게 하자고 했다. "와이먼씨, 당신만 결정하면 됩니다." "... 죄송합니다. 제가 지금 정신이 없네요. 너무 큰 일이라..." 브래드베리는 다그치지 않았다. "괜찮습니다, 와이먼씨. 이해합니다. 며칠 생각할 시간을 드리겠습니다. 우리 서로 좋은 인연으로 발전하기를 바랍니다."라고 인사를 하고, 사무실을 떠났다.

이쯤에서 와이먼에 대해 알아 보는 것이 좋겠다. 그는 오하이오 Ohio 주 출신으로 내성적인 성격을 갖고 있었다. 남 앞에 나서는 것을 좋아하지 않고, 조용히 뒤에서 티나지 않게 지냈다. 고등학교 때 미술반에서 활동했고, 건축에 관심이 있었지만, 가정형편 상 대학에 진학하지는 못 했다. 대신 고교 졸업 후에는 삼촌이 운영하는 건축설계사무소에서 얼마 동안 일을 한 게 전부였다. 어떤 이유에서인지는 모르지만, 10여년 후 대륙을 건너 LA로 이사왔고, 얼마 전에 오픈한 헌트의 사무소에서 말단 직책으로 일을 하던 중이었다.

그냥 조용히 윗사람의 지시를 따를 뿐이었다. 스케치도 그저 자신이 그리고 싶어서 자신만을 위해 그린 것 뿐이었는데, 다른 사람으로부터 관심을 받게 되자 엄청나게 쑥스러웠다. 이런 그에게 건물설계를 맡아 달라고 하자, 그가 어찌 할 줄 모르는 건 당연했다.

Wikipedia : unknown

와이먼은 퇴근 후, 아내와 오늘 일에 대해 상의했다. 아내는 그를 진정시킨 후, 시간을 두고 천천히 생각하자고 했다. 그리고 며칠이 흘렀다. 토요일 저녁에 둘은 식탁에 앉아 신령한 기운을 빌리기로 했다. 집안을 깨끗이 청소하고, 식탁에 앉아 신과 연결하는 판planchette board을 올려 놓고 손잡이를 잡았다. 주술 행사를 하는 동안, 와이먼은 자신도 모르게 판에 뭔가를 끄적였다. 와이먼은 오래 전에 죽은 동생 마크가 나타나 그에게 조언을 했다고 한다. 판에 그려진 것에 따르면, '계약을 해라. 성공적일 것이다'라고 라는 문구가 씌여 있었다고 한다.

월요일 아침에 와이먼은 브래드베리에게 가서, 계약서에 싸인을 했다. 브래드베리의 계획대로 와이먼이 디자인을 하고, 헌트가 실시설계를 하기로 했다. 제도공이 디자인을 하고, 건축사가 실시설계 도면을 만들었다. 건축계에서 믿기 힘든 신데렐라 이야기같은 일이 벌어졌다고 이해하면 될 듯 싶다.

이후 설계는 빠른 시일 내에 마무리 짓고, 바로 공사에 들어갔다. 예상했겠지만, 그다지 순조롭지는 않았다. 건물의 기초 공사를 위해 땅을 파다가 지하수가 솟아나는 것이 발견되어 공사가 중단되기도 했다. 브래드베리가 직접 나서서 재빨리 수습했다.

브래드베리는 당시 최고급 자재를 사용하고 싶었기에, 전세계 각지의 재료를 비교한 후 바로바로 주문했다. 건물 내부를 담쟁이처럼 감싸는 가는 철재는 프랑스에서 가져왔다. 벽돌은 멕시코에서, 대리석은 벨기에에서, 그리고 목재는 동남아에서 수입했다. 전세계 각지에서 오다 보니 배달 사고가 비일비재했다. 아직 19세기말인 걸 감안하면, 그럴 수도 있겠다 싶다. 많은 사건 사고가 일어났지만, 생각보다 빠른 1893년 초에 완성되었다. 설계부터 시공까지 2년도 안 되어 마무리되었다. 당시로써는 엄청나게 빨리 진행된 것이다. 브래드베리의 강한 의지 덕분이었다.

그럼 이제 브래드베리 빌딩의 완성된 모습을 살펴 보자.

외부는 주변 건물들과 비교해서 튀어 보이지 않도록 수수하게 만들었다. 그래서인지, 보통 사람들은 이게 건축적으로 중요한 건물이라고 하면 의아해 한다. 전체적으로 오렌지색 벽돌이 건물을 두르고 있다. 건물 입면은 일반적인 건물에서처럼 3단으로 구성된다. 1층에는 길 가에서 바로 진입할 수 있는 상점을 배치하고, 벽을 두툼하게 보이게 해서 시각적으로 튼튼한 기단 역할을 한다. 5층 건물이다 보니, 몸통에 해당하는2, 3, 4 층은 특별한 거 없이 직사각형 창문만 뚫었다. 머리에 해당하는 5층에는 유리창에 아치를 넣고, 꼭대기를 살짝 내밀어서 처마같은 분위기를 내어 마무리했다. 전체적으로 르네상스시대 건물이 연상된다.

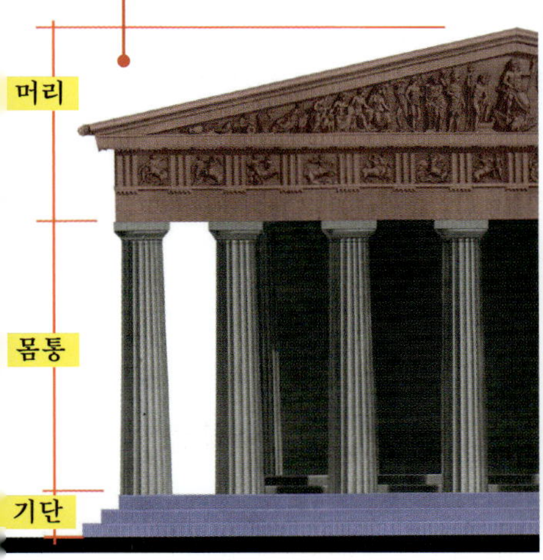

Palazzo Medici Riccardi

Wikipedia : sailko

https://www.loc.gov/resource/
hhh.ca0212.sheet/?sp=1

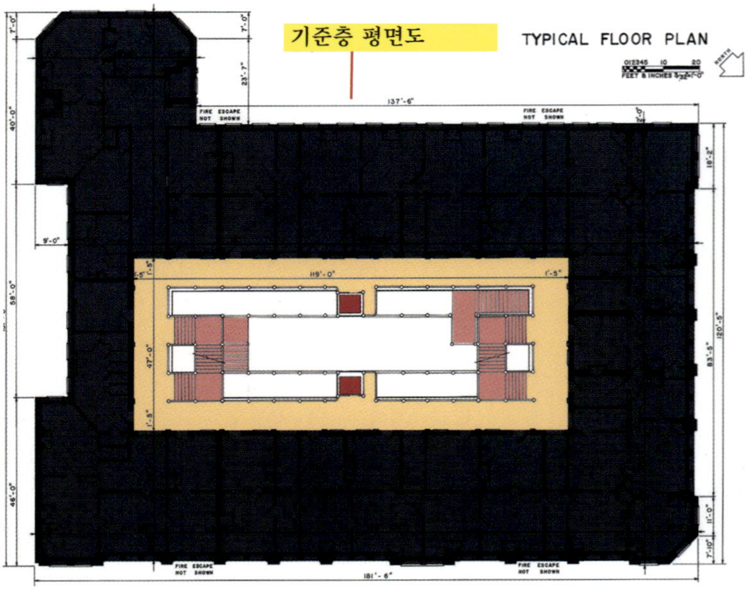

커다란 유리지붕을 통해
햇살이 내려와서
건물 내부를 밝게 비춘다.

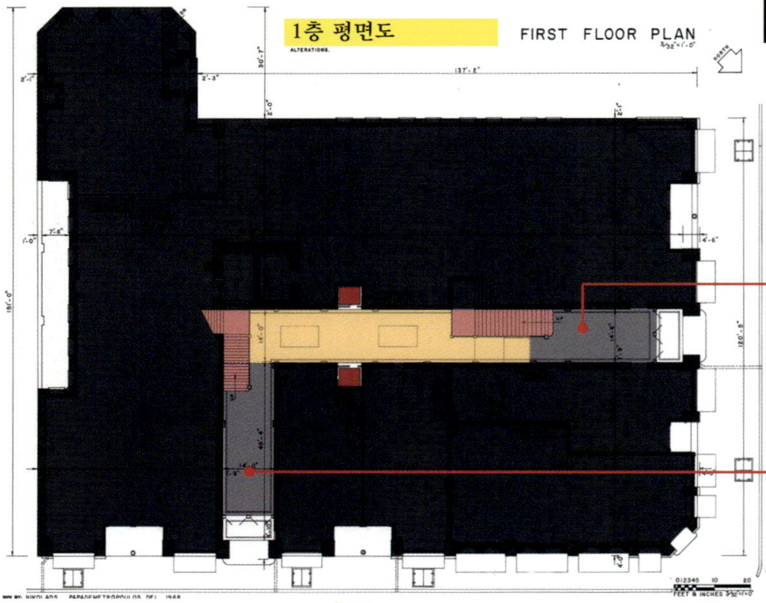

상대적으로 어두운 복도를 지나면,
밝고 화사한 아트리움을 만나게 된다.
강렬한 공간체험이다.

https://www.loc.gov/resource/
hhh.ca0212.sheet/?sp=1

건축물 외부에 브래드베리 이름이 3군데에서 보인다. 건물의 북쪽면과 서쪽면이 만나는 곳에 수직으로 녹색 입간판을 세워 지나가는 사람들에게 건축물을 세운 사람이 누구인지 알려주고 있다. 그리고 북쪽과 서쪽에서 건물 중정으로 가는 곳에 아치arch를 만들어 입구를 표시하고, 아치 위에 브래드베리라는 글자를 새겨 넣었다.

아치 아래에 있는 양여닫이 문을 열고 안으로 들어가면, 좀 어둡다. 2군데 모두 비슷하다. 밝은 공간에 있다가 바로 안에 들어와서 빛의 대비가 느껴진다. 너비 4m (14ft)남짓의 복도는 반으로 나눠 하나는 2층으로 올라가는 계단이 되고, 다른 하나는 1층 복도로 계속 이어진다. 대개는 복도가 넓고, 계단이 좁아서 수평 동선을 유도하기 마련인데, 여기서는 둘의 폭을 같게 했다. 폭을 같게 한 이유는 1층과 2층으로 가는 동선의 양을 같다고 보아서라고 생각한다. 1층보다 2층으로 동선을 끌기 위한 공간 처리라고 볼 수도 있다.

계단 사이를 지나면, 중정이다. 어두운 복도를 지나와서, 상당히 밝게 느껴진다. 그런데 공간이 좀 어중간하다. 로비라고 보기에는 좀 좁다는 느낌이 들고, 그냥 조금 큰 엘리베이커 홀같기도 하다. 소파를 놓기에도 어중간하다. 경비원이 책상에 앉아서 사람을 통제한다. 엘리베이터를 타거나, 우편물 가져가기 위한 게 아니면, 굳이 여기로 올 일이 없어 보인다.

좀 어색한 1층 엘리베이터 홀

외부공간과 같은 벽돌을 사용한 것으로 보아 외부공간을 내부로 끌어들이려는 의도가 있는 것같은데, 공간이 여유롭지 않아 좀 어색하다.

2층으로 가는 계단을 올라가면, 밖에서와는 달리 내부공간이 화려하게 장식된 것이 한눈에 들어온다. 그리고 유리천장에서 햇빛이 한가득 건물 내부로 들어온다. 밝아서 내부공간이 상쾌하고 화사하다. 전기가 상용화되지 않던 19세기 말의 상업 건축에서는 보기 힘든 공간이다. 외부에서 각각의 유닛으로 걸어가는 공간이 단순한 통과 공간이 아니라, 아트리움atrium을 옆에 끼고 있어 거닐고 싶은 공간이 되었다.

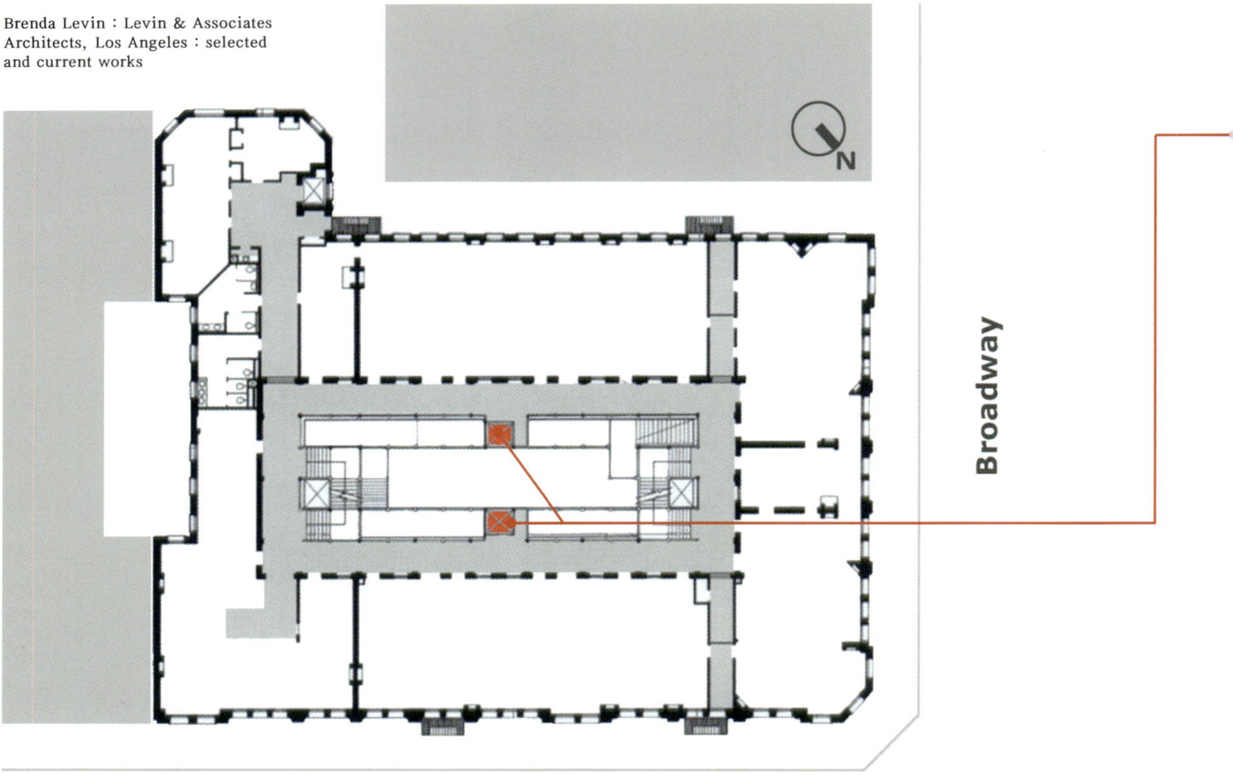

https://www.loc.gov/resource/hhh.ca0212.sheet/?sp=1

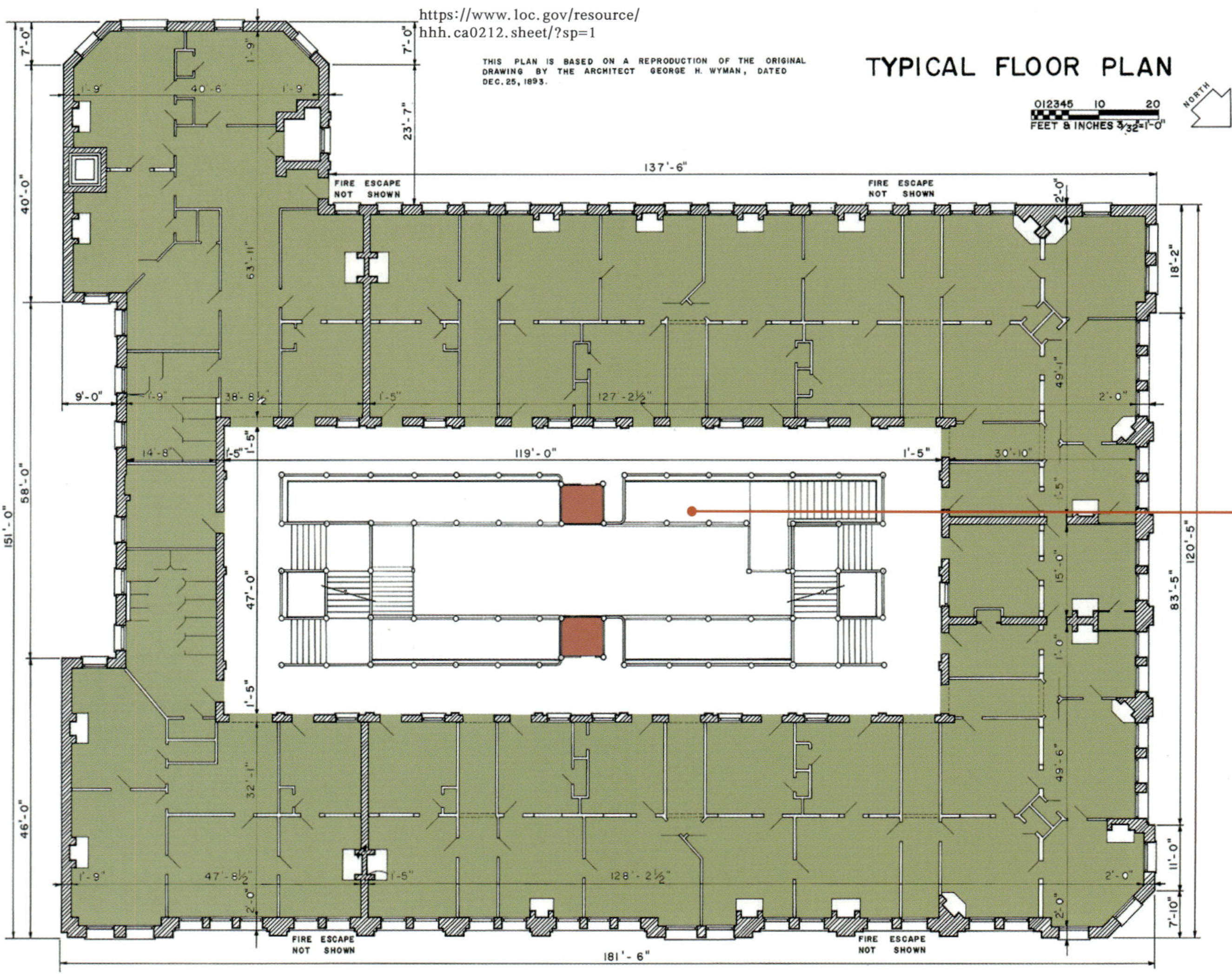

북쪽과 남쪽의 중간에 2개의 엘리베이터 샤프트elevator shaft가 있는데, 철사로 구조물을 만들어 공간이 막히지 않게 했다. 마치 담쟁이가 건물 내부를 두르고 있는 느낌이 든다. 3, 4, 5층의 복도는 좀 좁은 느낌이 들지만, 2층은 넓게 만들었다. 여기에 소파를 갖다 놓으면, 좋은 커뮤니티 공간이 될 것으로 보인다. 이 건물의 실질적인 로비공간은 2층에 있다고 봐야 할 듯 싶다.

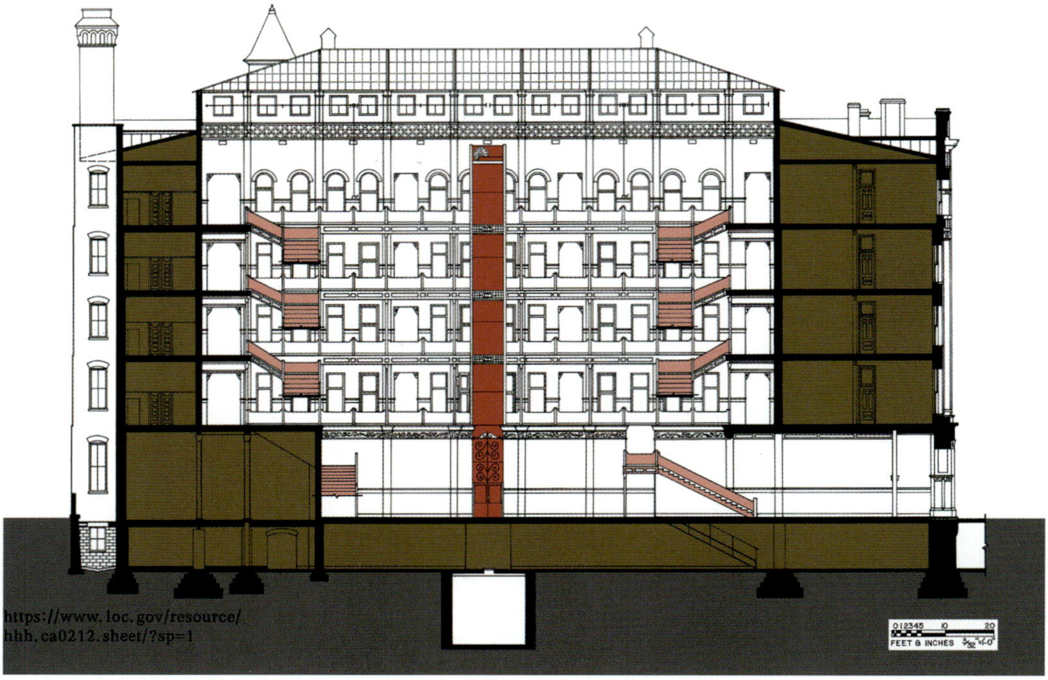

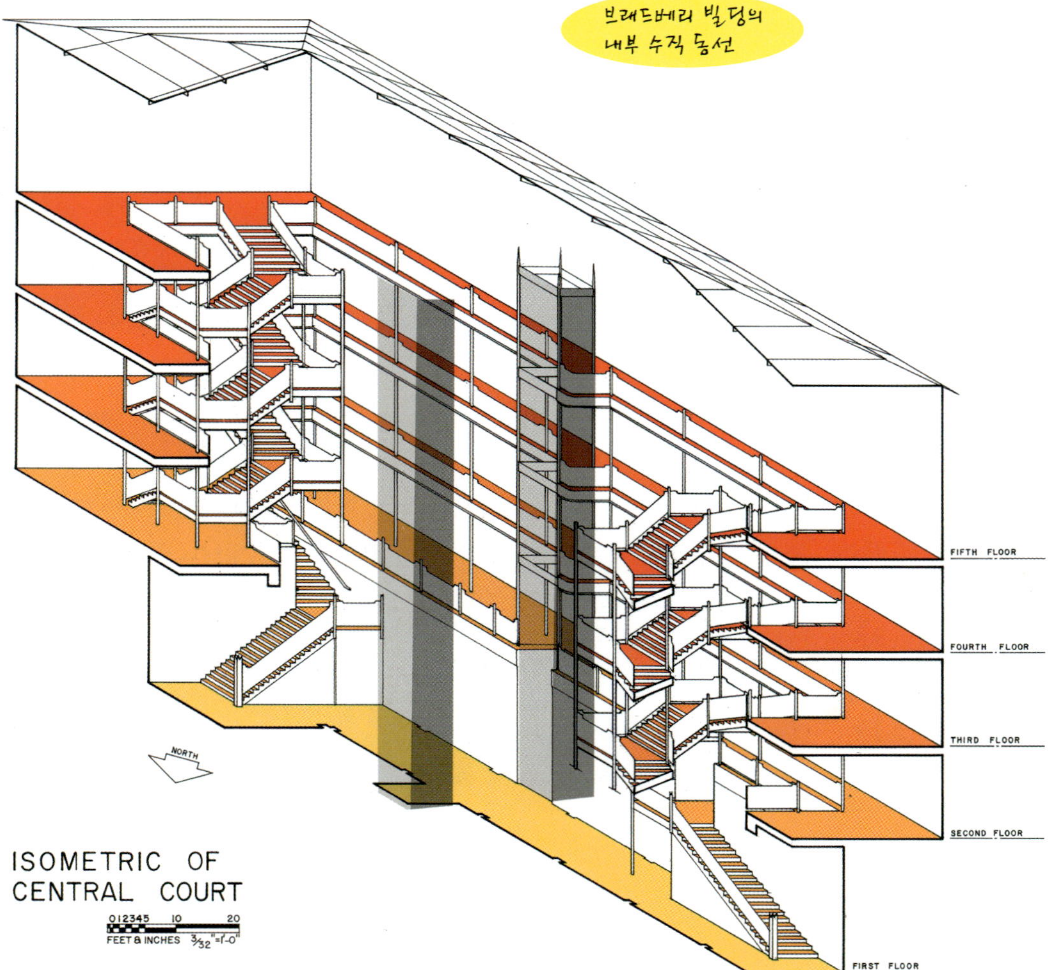

Wikipedia : Robert C. Giebner

이쯤에서 아까 와이먼이 참고한 소설책의 내용을 살펴 보자. 뒤를 돌아보며 2000-1887의 내용 중에 브래드베리의 내부와 관련된 부분이다.

"... 내가 감동한 것은 20세기 공공 건물의 내부였다. 내부가 빛으로 가득했는데, 벽에서 들어오는 빛뿐만 아니라 100피트(30m) 위의 돔에서도 빛이 내려온다. 돔의 아래는 홀의 중앙으로 아주 멋진 분수가 시원하게 물을 뿜으면서 공기를 시원하게 해 주고 있다. 벽과 천정은 은은한 색으로 칠해져서 빛을 흡수하지 않고 반사해, 내부를 보다 밝게 하고 있다. 분수 주변에는 의자와 소파가 놓여 있어서 사람들이 앉아서 대화를 나눈다. ..."

이 글을 통해 19세기 말의 일반적인 건축물이 어떠했는지 상상할 수 있을 것같다. 책이 출판된 1887년 당시에는 아직 전기가 일반 건물에 보급되기 전이어서 건물 내부가 요즘에 비해 많이 어두웠을 것이다. 그래서 100년 후에는 내부공간이 밝았으면 좋겠다는 작가의 바람을 담고 있다. 작가가 로마의 판테온Pantheon, Rome을 본 적이 있는지, 돔에서

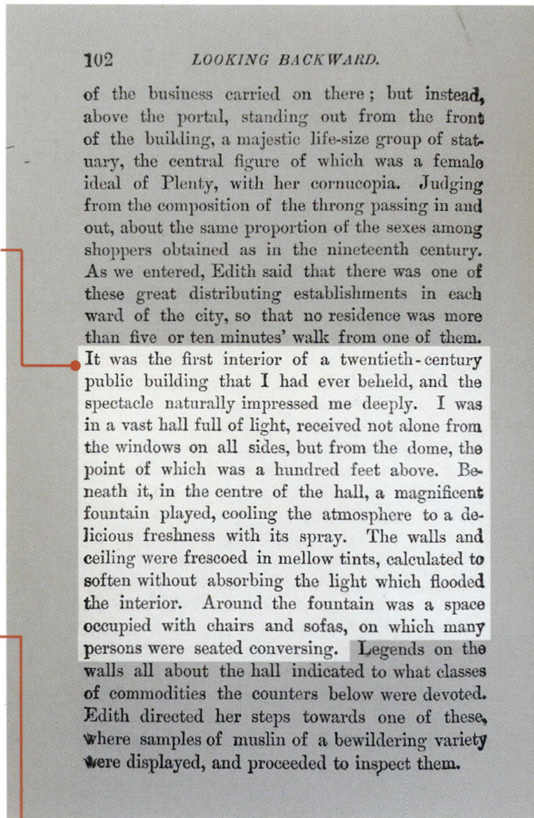

102 LOOKING BACKWARD.

of the business carried on there; but instead, above the portal, standing out from the front of the building, a majestic life-size group of statuary, the central figure of which was a female ideal of Plenty, with her cornucopia. Judging from the composition of the throng passing in and out, about the same proportion of the sexes among shoppers obtained as in the nineteenth century. As we entered, Edith said that there was one of these great distributing establishments in each ward of the city, so that no residence was more than five or ten minutes' walk from one of them. It was the first interior of a twentieth-century public building that I had ever beheld, and the spectacle naturally impressed me deeply. I was in a vast hall full of light, received not alone from the windows on all sides, but from the dome, the point of which was a hundred feet above. Beneath it, in the centre of the hall, a magnificent fountain played, cooling the atmosphere to a delicious freshness with its spray. The walls and ceiling were frescoed in mellow tints, calculated to soften without absorbing the light which flooded the interior. Around the fountain was a space occupied with chairs and sofas, on which many persons were seated conversing. Legends on the walls all about the hall indicated to what classes of commodities the counters below were devoted. Edith directed her steps towards one of these, where samples of muslin of a bewildering variety were displayed, and proceeded to inspect them.

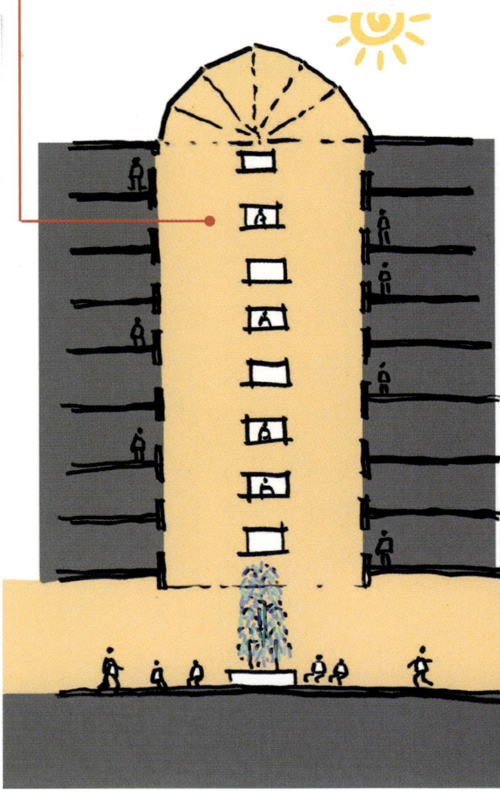

https://civitavecchia.portmobility.it/it/il-pantheon-di-roma

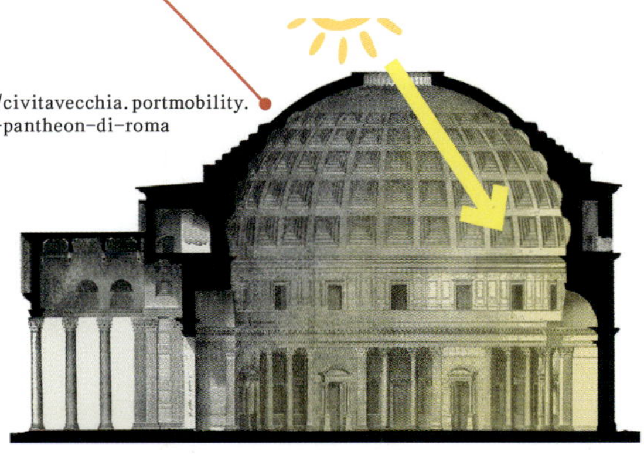

빛이 내려온다는 표현을 썼다. 브래드베리 빌딩에서는 돔 대신에 철제 트러스와 유리로 박공 지붕을

만들어 중정이 햇빛 가득한 공간으로 만들었다. 내부 벽은 소설에서처럼 유약을 발라 하늘에서 내려온 햇빛이 아래까지 잘 내려가도록 반사판 역할을 하고 있다. 분수는 없지만, 햇빛이 가득한 내부공간과 건물 사용자들이 쉽게 어울릴 수 있는 공간이다. 와이먼은 소설에 묘사된 공간을 현실에 맞게 잘 응용해서 실현시켰다.

유리 지붕에는 환기 구멍을 내어서 더울 때는 더운 공기를 밖으로 배출하는 역할을 하게 했다. 안 그랬으면, 여름에 이 중정이 찜통처럼 더웠을 것이다. 과학적으로도 잘 설계가 되었다. 아마 1851년에 지어진 런던의 수정궁the Crystal Palace을 참고했을 것이다.

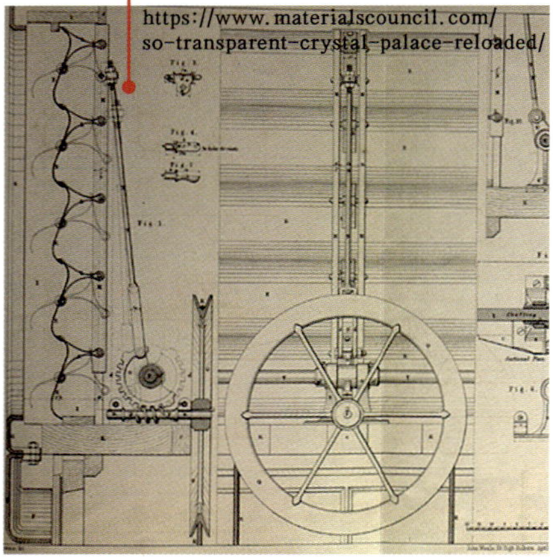

설계가 끝나고, 공사 견적을 냈을 때는 $175,000 정도 들 것이라고 예상했다. 하지만, 공사가 끝나고 정산해 보니 $500,000이 들어 갔다. 요즘(2018)으로 치면, 아마 $35,000,000 정도의 금액이다. 규모에 비해 엄청나게 값비싼 건물이다. 설계 시작 전부터 고급으로 지으려고 했음에도 불구하고, 그 금액의 3배가 쓰였다. 브래드베리라는 갑부가 건축주였기에 가능했지, 일반적인 경우였다면 값싼 자재로 대체했거나 중간에 공사가 중단됐을 지도 모른다. 브래드베리는 아쉽게도 그렇게 보고 싶어했던 건물이 완성되는 것을 보지 못 했다. 하늘도 무심하게 완성까지 몇 개월 남겨놓고 숨을 거두고 만다. 따스한 햇살이 유리 지붕을 통과해서 내부 아트리움을 환하게 비추는 모습을 보지 못한 것이 아마 하늘나라에서도 한이 되었을 듯 싶다.

와이먼은 이 건물이 완성되고 난 후, 우편으로 건축 수업을 들었다. 건축대학에 다니고 싶었지만, 당시 LA 뿐만 아니라 캘리포니아에 건축대학이 하나도 없었기 때문이다. 다른 주까지 가서 대학을 다닐 형편이 아니었으리라 생각한다. 요즘으로 치면 인터넷으로 건축 대학 수업을 들었다고 생각하면 될 듯 싶다. 브래드베리 빌딩이 지어진 이후에는 와이먼에게 건축물 설계를 해 달라는 의뢰가 몰려 들었다. 이후 몇 채를 더 설계해서 완성했지만, 현재까지 남아 있는 것은 없다. 다들 브래드베리 빌딩에 비해, 완성도가 많이 떨어졌던 것같다. 브래드베리는 자기 스스로 더 좋은 집을 짓기 위해 노력한 이상적인 건축주였다. 하지만, 실제 사회에서 만나는 건축주들은 예산과 공사기간에 더 민감하기 때문에 와이먼이 상대하기 힘들었으리라 생각한다.

Wikipedia : ModelTMitch

Wikipedia : Carlquinn

브래드베리 빌딩을 보고, 별로 감동을 받지 않는 사람들도 있다. 이들은 브래드베리 빌딩과 요즘 최신 건축물을 비교한다. 포드가 개발한 모델티Ford Model T(1908)와 테슬라의 모델3Tesla Model 3(2017)를 비교하는 것처럼 어리석은 짓이다. 비슷한 시기에 지어진 건물끼리 비교해야 타당하다. 시카고 학파Chicago School의 건물과 비교하면 좋겠다. 브래드베리 빌딩보다 10여년 후인 1907년에 플로리다에 지어진 블라운트 빌딩Blount Building을 예로 든다. 블라운트빌딩은 전체적으로 브래드

Wikipedia : Ebyabe

https://www.bing.com/maps

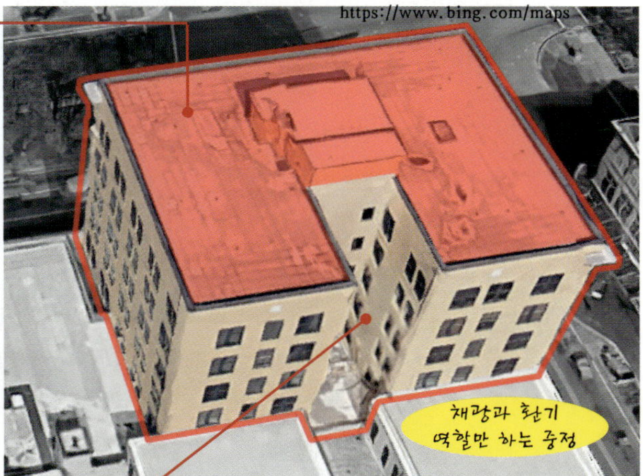

베리 빌딩과 비슷한데, 7층으로 브래드베리 빌딩에 비해 2개층이 더 높다. 그뿐이다. 브래드베리 빌딩처럼 훌륭한 내부공간은 만들지 못 했다. 20세기 전에 전세계에 지어진 어떤 상업 건축물과 비교해도, 브래드베리 빌딩은 결코 밀리지 않는다. 가우디도 20세기에 들어서야 중정이 들어간 건축물을 설계한다.

Wikipedia : Sara Terrones

Casa Batllo (1906)
by Antoni Gaudi

세월이 흘러 1982년에 개봉한 SF 영화의 백미, 블레이드러너Blade Runner의 배경으로 브래드베리 빌딩이 등장한다. 40년 전(1980년)에 상상을 통해 2019년의 미래 모습을 보여 주고 있는데, 굳이 90년 전에 지어진 건물을 선택했다. LA에는 보나벤쳐 호텔Bonaventure Hotel처럼 현대식으로 지어진 건물이 여럿 있었다. 하지만, 영화를 연출한 리들리 스콧 Ridley Scott 감독은 다른 후보 건축물들은 물리고, 브래드베리 빌딩을 선택한다. 이 건물에서 시대를 뛰어넘는 힘을 느낀 듯 하다.

2019년이면 오늘날 우리가 살고 있는 시대로 영화 속에서의 모습은 많이 다르다. 과학은 지금보다 많이 발달해 있지만, 사회가 많이 암울해 보인다. 브래드베리 빌딩도 현실에서는 밝고 사람을 기분좋게 해주지만, 영화 속에서는 을씨년스럽다. 그래서 이 건물이 나왔는지 인지하는 사람이 별로 없는지도 모르겠다.

블레이드러너는 영화 자체가 어둡다.

유리 지붕

Screen Captured from DVD

Atrium

브래드베리가 죽을 때 자손들에게 물려 준 유산이 당시 돈으로 2백만 달러가 넘었다. 2018년 가치로 1억 5천만 달러라고 보면 될 거 같다. 엄청났다. 유가족들은 사업은 말할 것도 없고, 돈 관리하는 데에 재주가 없었나 보다. 욕심만 있었던 것으로 보인다. 그가 1881년에 매입한 한양의 반 정도 되는 땅은 유산 다툼으로 조각내서 다 팔았다. 다행히 각각의 새 주인들이 뜻을 모아서, 새로 독립된 시로 만들었다. 캘리포니아의 경우 같은 동네의 유권자 500명 이상이 뜻을 모으면, 시로 독립해서 관리할 수 있다. 시의 이름은 브래드베리 시 City of Bradbury로 지었다. 의도치는 않았지만, 브래드베리는 자신의 건물 뿐만 아니라 다른 곳에도 그의 이름을 남기게 되었다.

https://www.bing.com/maps

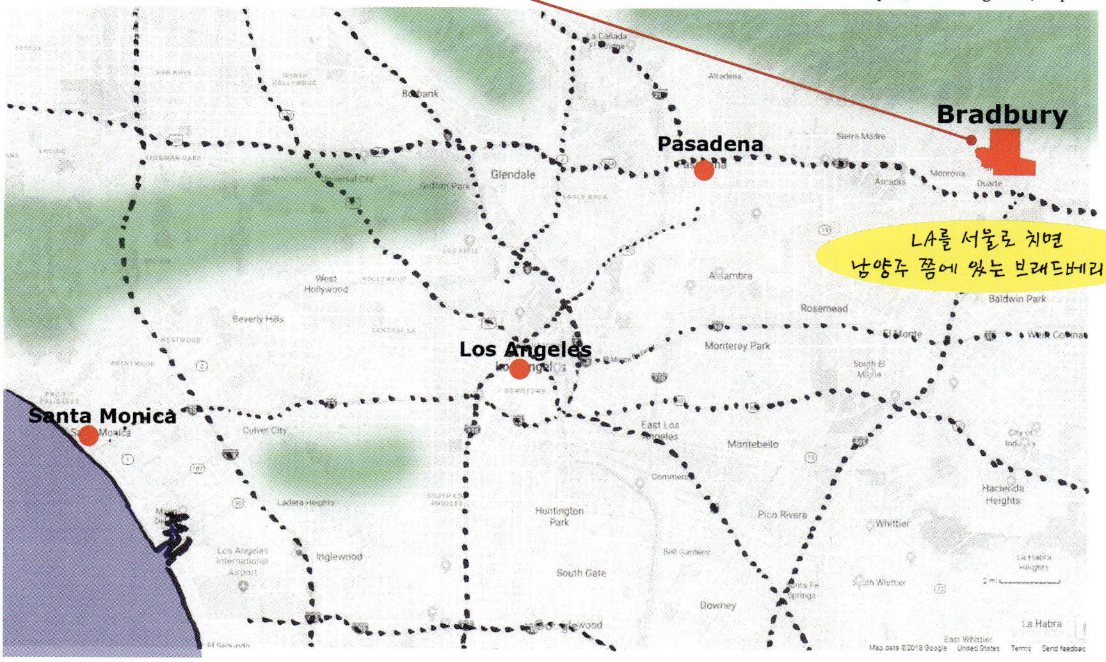

Bradbury Building Address :
304 S Broadway, Los Angeles, CA 90013

PROTECTION BY
SAN MARINO
285-7778
ARMED RESPONSE

GAMBLE HOUSE

갬블 주택은 세계적인 대기업 P&G 그룹의 2세 경영자 데이빗 갬블 부부David and Mary Gamble가 1909년에 패사데나Pasadena에 지은 겨울 별장이다. 이들의 본가는 그룹 본사가 있는 오하이오주의 신시내티Cincinnati, Ohio에 있었다. 1895년에 은퇴한 부부는 겨울이 되면 대륙을 건너와 패사데나에서 상대적으로 덜 추운 겨울을 보냈다. 10년 남짓의 겨울을 머물면서, 이곳이 맘에 든 부부는 아예 여기에 별장을 짓기로 한다.

현재 P&G 그룹 본사

Wikipedia : Derek Jensen

현재의 헌팅턴 도서관Huntington Library 인근을 비롯해 여러 곳을 둘러 보고 나서, 1907년에 현재 갬블 주택이 있는 대지를 구입했다. 당시 이미 이 주변에는 멋진 고급 주택들이 많아서, 앞에 지나가는 오렌지 그로브 길Orange Grove Blvd을 백만장자의 거리Millionaires' Row라고 부르기도 했다. 현재도 시내가 가까우면서, 주변의 풍광이 좋은 조용한 주거지다.

1901년 Pasadena 인근.

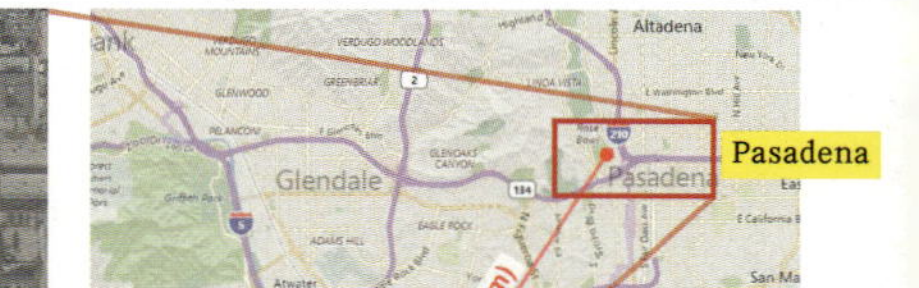

https://www.oldpasadena.org/about/history-of-old-pasadena/

https://www.bing.com/maps

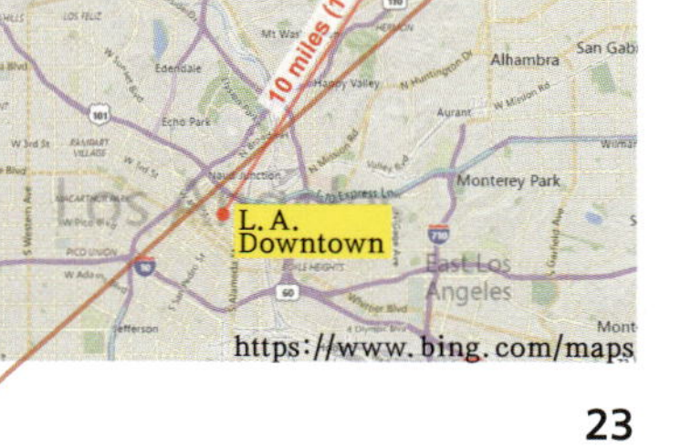

https://www.bing.com/maps

공사중 대화를 나누는 갬블 부부와 찰스 그린

부부는 아직 건축가를 정하지 않았는데, 마침 옆 대지에서 집을 짓고 있는 모습이 눈길을 끌었다. 그들이 보아오던 일반적인 미국의 집과는 달리 통나무를 짜맞추어 정교하게 집을 짓는 모습이 흥미로웠다. 코울 주택 Mary E. Cole House으로 현재는 용도가 바뀌어 교회 부속 건물로 쓰이고 있다. 현장에서 건축가를 만나 이야기를 나눴다. 건축가는 찰스 그린과 헨리 그린Charles Greene (1868–1957) & Henry Greene (1870–1954)으로 형제였다. 이들은 자신들이 인근에 지은 주택들도 소개하고, 직접 만든 가구 같은 소품도 보여 주었다. 형제의 일관되고 인상적인 작업에 매력을 느낀 부부는, 그들에게 주택 설계를 맡기기로 결정했다.

Charles Greene

Henry Greene

그린 형제는 두 살 터울로, 어릴 때부터 학교를 같이 다녔다. 십대 시절 세인트루이스에 있는 워싱턴 대학교Washington University in St. Louis에서 중고생들을 위한 건축 관련 프로그램을 이수했다. 이 때 목공예와 목구조를 배우고, '예술 공예 운동Arts and Crafts movement'에 대해 접한 것으로 보인다.

예술 공예 운동이 생소한 사람을 위해 잠깐 당시의 시대적 상황을 살펴 보자. 영국에서 18세기 말 시작된 산업혁명은 19세기 중반에 폐해가 나타나기 시작했다. 윌리엄 모리스William Morris를 비롯한 예술가들은 공장에서 기계로 대량 생산된 제품에 반기를 들고, 장인에 의해 만들던

William Morris's Red House (1859)

Wikipedia : Steve Cadman

시절로 돌아가자고 주창한다. 이 운동은 재료의 물성物性을 제대로 이해하고 물성에 맞는 창의적인 제품을 만들자는 일종의 신예술 운동이다. 나중에 프랑스의 아르누보Art Nouveau와 독일의 바우하우스Bauhaus에 큰 영향을 끼친다.

목구조를 통해 건축에 흥미를 느낀 그린 형제는 더 많은 것을 배우고 싶어서 MIT(Massachusetts Institute of Technology) 건축과에 진학한다. 당시 MIT는 미국 내 최초로 건축과를 만든 대학교이고(1865), 미국 내에서 보자르식의 고전 건축Beaux-Arts architecture을 가르치는 곳으로 유명했다. 그리스 로마 건축에서 시작한 유럽의 정통 건축 교육체계로 비례와 좌우 대칭, 그리고 장식을 중시하는 건축을 설계하도록 가르쳤다. 보자르 교육은 오른쪽 사진에서 보다시피, 재료의 특성보다는 형태를 중점으로 설계를 했다. 그린 형제가 생각하던 건축과 대학에서 가르치던 건축은 사뭇 달랐다. 그들은 예술 공예 운동 스타일을 원했을 것이다. 졸업 후 보스턴의 여러 설계사무소에서 2년 정도 실무를 익혔다. 학교나 일선 설계사무소나 마찬가지였다. 현실에 실망을 느낀 형제는 부모님이 새로 정착한 LA 인근 패사데나로 옮기기로 결정한다.

Wikipedia : Ad Meskens

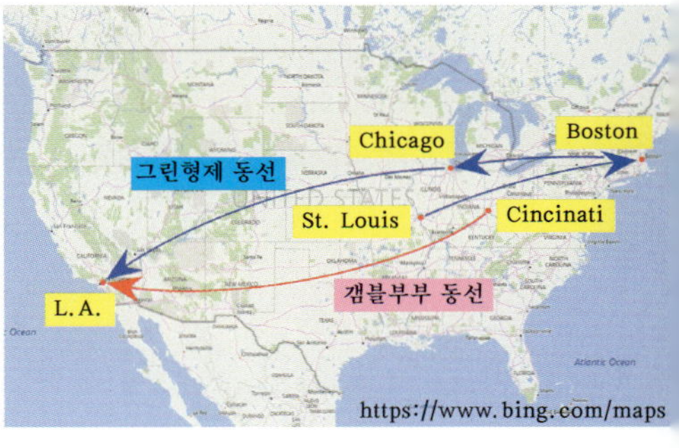

https://www.bing.com/maps

그린 형제는 대륙을 횡단하는 도중에 시카고에 들러서 세계 박람회World's Columbian Exposition(1893)를 구경하게 되었다. 콜럼버스가 아메리카 대륙을 발견한 지(1492) 400주년을 기념하고, 발전된 미국의 모습을 전세계에 과시하는 성격의 거대 행사였다. 대부분의 건물은 보자르식으로 지어졌다. 대개 일반인들은 이런 스타일의 건축물을 보면서 정통성을 느끼기 때문이다. 하지만, 여기서 그린 형제의 눈을 사로잡는 건물이

Wikipedia : C. D. Arnold (1844-1927); H. D. Higinbotham

http://connected.pem.org/wp-content/uploads/2014/02/ce2.jpg

따로 있었으니, 바로 일본관이었다. 우리나 일본인에게는 주변에서 흔히 보던 건물이었겠지만, 그린 형제를 비롯한 많은 건축가들에게는 놀라움 자체였다. 일본의 전통 사찰 하나를 축소하여 지었다. 중국 건축에서 보이던 과장된 모습보다는 단순하면서 목구조의 특성을 제대로 보여준 것이었다. 그린 형제가 원하던 것은 이런 건물이었다. 여기서 그들이 어떻게 설계해 가야 할 지 길을 찾게 되었다. 한국관도 지어졌지만, 지하철 역에서 흔히 접할 수 있는 매점처럼 보인다. 일본관에 비하면 너무나 초라했다.

1893년 대륙을 건너온 형제는 패사데나에 건축 설계사무소를 열고, 인근에 여러 채의 주택을 지었다. 이들은 일본 문화와 예술 공예 운동에 영향을 받았고, 가구나 목판화같은 예술 작업도 하면서 이를 바탕으로 그들만의 건축 작업도 해 나갔다. 이 중 대표작으로 갬블 주택을 꼽는데, 별 이견이 없다.

이제 갬블 주택을 어떻게 설계했는지 살펴 본다. LA 건축관련법에는 대지의 앞과 뒤에 공지로 비워 둬야 하는 셋백set-back 규정이 있다. 아직 법이 제정되기 전이지만, 일반적으로 이렇게들 지어왔다. 그래서 앞마당과 뒷마당에는 집을 짓지 않았다. 대개 건물은 중간에만 지었다. 앞마당은 지나가는 사람도 훤히 구경할 수 있어 공적인public 성격을 띠고, 뒷마당은 집에 가려져서 사적인private 성격을 갖는다.

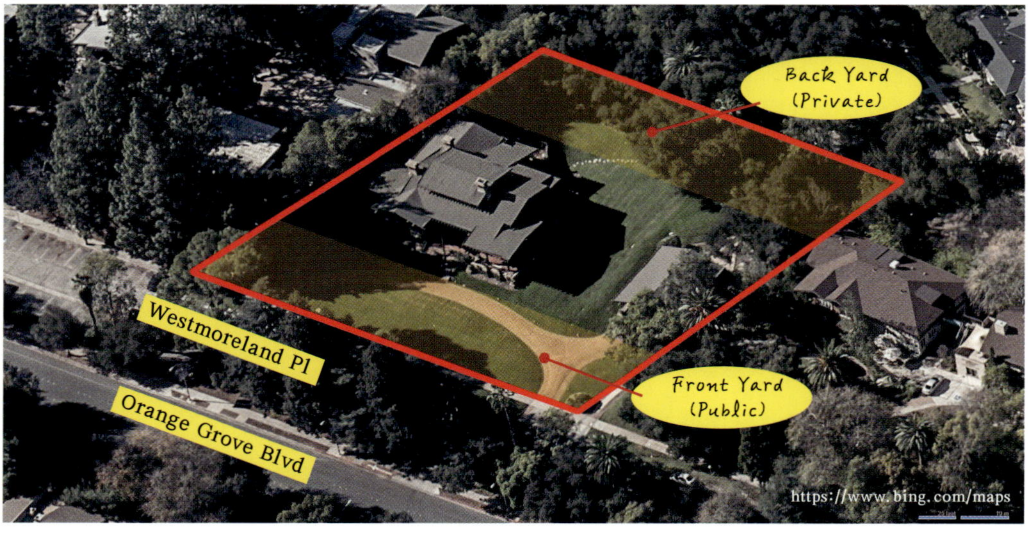

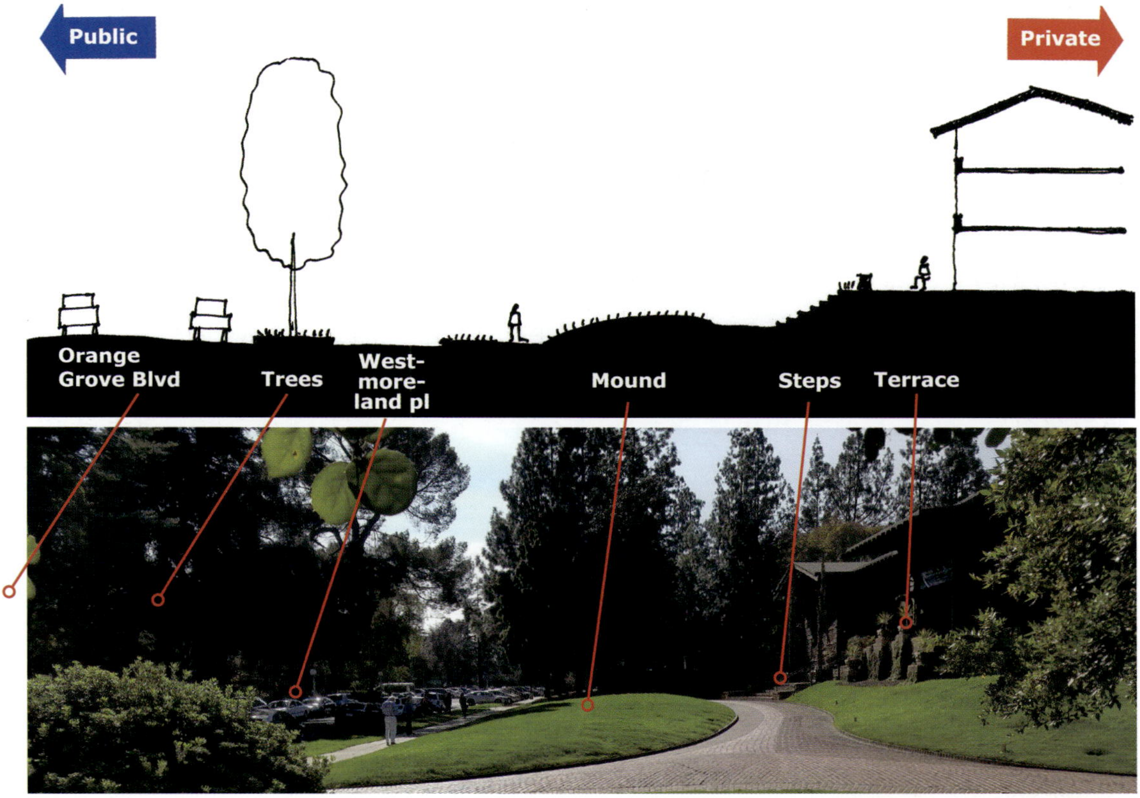

집 앞에는 길이 보통 하나 있지만, 갬블 주택에는 하나의 길이 더 있다. 위의 그림을 보면, 이해가 쉽다. 오렌지 그로브 길이 보통 차가 다니는 길이고, 안 쪽에 웨스트모어랜드라는 샛길을 하나 더 두었다. 그리고, 앞마당에 살짝 언덕을 만들어, 집과 도로 사이에 위계를 두었다. 우리 집으로 가는 길은 보다 귀한 곳을 향해 가는 과정이라는 뜻을 품고 있다.

전체 건물은 살림채와 차고, 이렇게 2개의 건물로 구성된다. 패사데나 도심에서 올 때, 차고보다는 본건물인 살림채가 먼저 보이는 것이 낫다고 생각한다.(1안) 하지만 자동차 동선을 고려하면, 반대가 나을 것같다.(2안) 기사가 주인을 모셔다 드린 후, 차를 주차하기 때문이다. 하지만, 집을 나설 때는 1안이 낫다. 여러 상황을 고려한 후, 차고는 살림채 뒤에 물러나 보이게 배치했다. 또한 살림채가 놓인 자리가 살짝 언덕이어서, 눈에 잘 뜨이기도 한다. 자연스레 건물의 배치가 정해졌다.

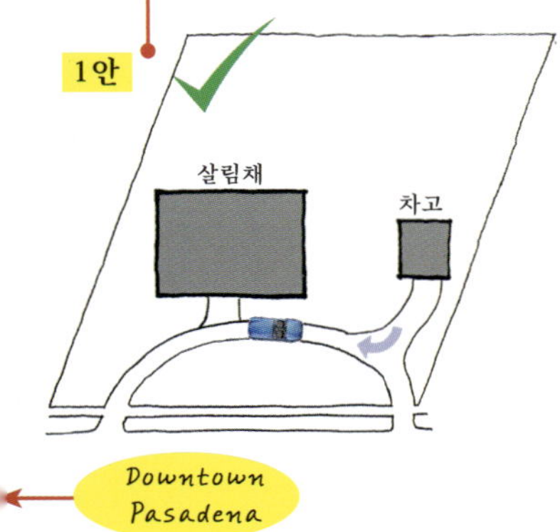

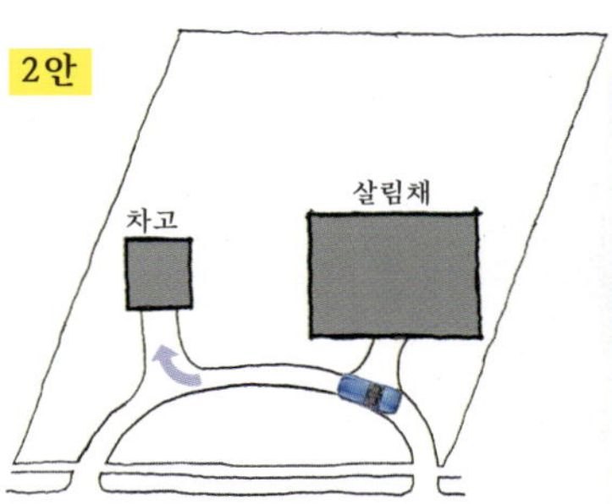

살림채가 차고보다 높은 언덕에 자리한다.

갬블 주택이라고 하면, 살림채를 가리킨다. 차고에는 신경을 덜 썼다. 이제는 살림채를 어떻게 설계했는지 살펴 본다. 처음 갬블 주택을 보자, 샬레chalet라는 스위스의 전통 가옥이 연상되었다. 갬블 형제가 지은 주택은 모두 이런 스타일이다. 근처에 그들이 지은 9채의 주택이 있다고 한다. 그 덕에 언제부터인지 이 동네를 리틀 스위스Little Switzerland라고 부르기 시작했다. 샬레는 알프스 산지에 있어서, 추운 겨울을 이겨내기 위해 외기에 면한 표면적을 최소화한 주택이다. 그래서 평면이 단순한 직사각형에 가깝다. 하지만, 여기 갬블 주택은 전체적인 외관만 비슷하다. 평면은 오히려 일본의 주택과 비슷하다. 여러 개의 사각형이 90도 격자에 맞춰 자유롭게 펼쳐진 모습이다.

스위스의 샬레

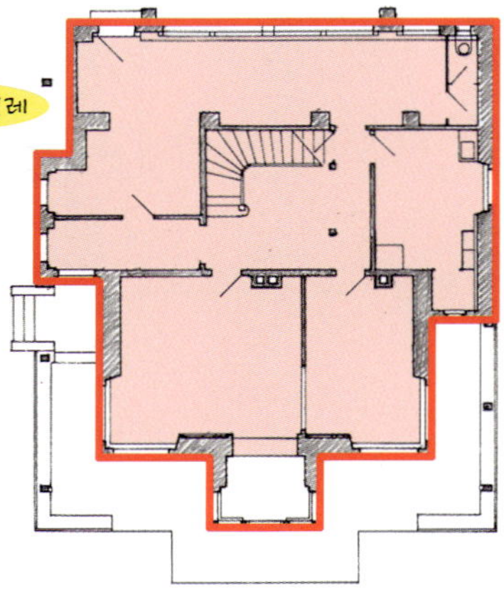

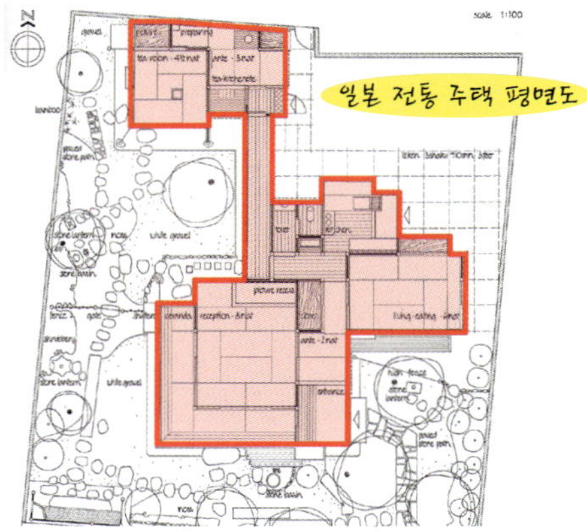

일본 전통 주택 평면도

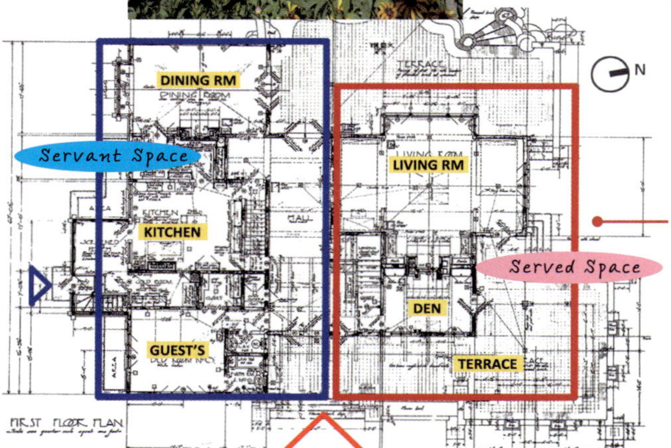

Wikipedia : Historic American Buildings Survey

갬블 주택의 1층 평면을 보면, 기능에 따라 구역을 나눈 것zoning을 볼 수 있다. 남쪽에는 일하는 사람들이 사용하는 서비스 공간servant space을, 북쪽에는 주인이 쓰는 공간served space을 배치했다. 바닥 패턴을 봐도 주인 공간과 서비스 공간을 구분할 수 있다. 주인 공간에는 헤링본herringbone 패턴을, 나머지 공간은 일반 러닝본드running bond 패턴으로 바닥을 꾸몄다.

그리고 두 공간 사이에 계단과 복도를 배치함으로써, 3 부분으로 나뉘었다고 이해할 수도 있다. 계단과 복도 공간은 무더운 여름에 문을 열어 맞바람을 치게 하여 더위를 해소할 수 있었을 것 같다는 생각도 든다. 마치 우리 전통 가옥에서 대청 마루의 앞 뒷 문을 열면, 맞바람이 치도록 한 것과 같은 효과다.

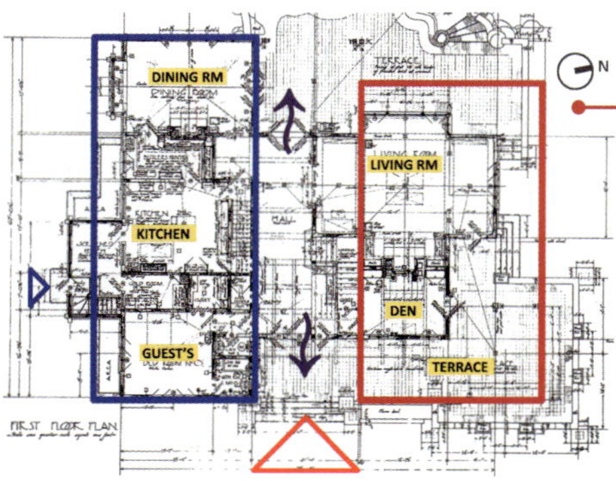

단면도를 보면, 수직적으로도 구역을 나누어 배치한 것을 볼 수 있다. 1층은 가족의 생활 중에서도 공적인 공간이다. 덴den(작은 사무실)과 거실 등에서 손님과 만나기도 하고, 간단한 업무를 볼 수도 있다. 한옥으로 치면, 사랑채에 해당한다.

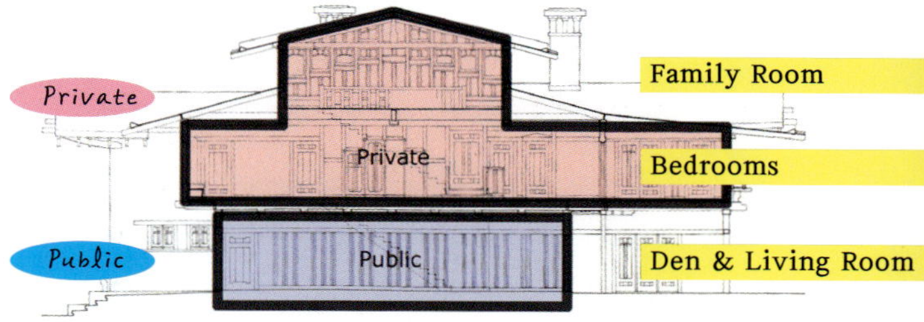

Wikipedia : Historic American Buildings Survey

반면에 2-3층은 가족만을 위한 공간이다. 2층에는 총 6개의 침실이 있다. 주침실은 북서쪽 가장 넓은 공간에 마련했다. 조용하고 전망도 좋다. 서양에서는 남향보다는 전망이 더 중요하다. 주침실을 포함해서 침실 4개는 가족용이고, 2개는 일하는 사람들이 썼던 것으로 보인다. 주인 부부에게는 아들 3명이 있었다. 주인 부부 침실과 3 명의 아들 침실 이렇게 4개의 방이 건물의 모서리를 차지해서 서로의 프라이버시를 보호하게 했다. 일하는 사람의 침실은 주 계단에서 올라 왔을 때, 벽에 가려져 있다.

3층은 가족실로 당구대를 갖다 놓았다. 3층이 가장 높은 곳이어서, 전망도 제일 좋다. 한옥의 안채 대청에 해당한다고 생각한다.

참고로 손님방은 1층 현관 옆에 있다.

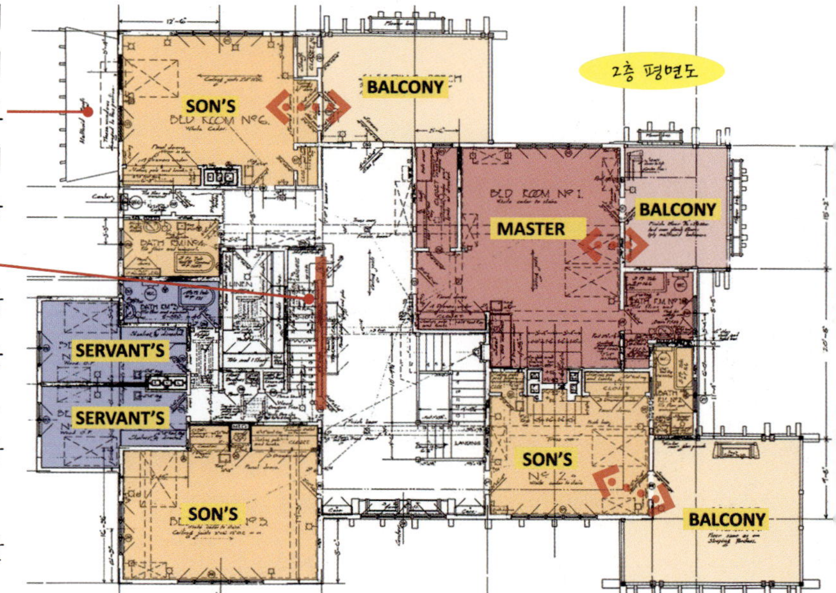

Wikipedia : Historic American Buildings Survey

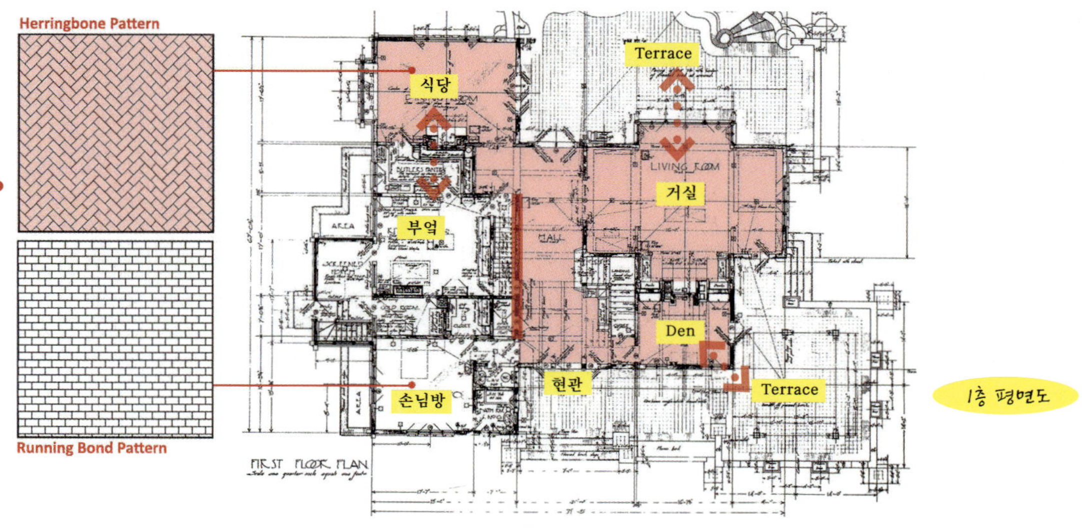

침실 옆에 커다란 발코니를 두었는데,
낮잠자는 공간sleeping porch으로 불렀다.
캘리포니아의 기후에 반해서
이런 이름을 붙인 것으로 보인다.
Edward R. Bosley
Balcony - Sleeping Porch

아들방
Den
Terrace

입면을 보자. 건축가 그린 형제가 보자르 스타일의 건축을 추구했다면, 입구를 기준으로 좌우 대칭으로 배치했을 것이다. 그런데, 정면에서 보면, 좌우가 다른 것이 보인다. 왼쪽(남쪽)은 덩어리가 눈에 띄지만, 오른쪽(북쪽)은 기둥만 있고, 덩어리가 없이 비어 있다. 동양화에서 보이는 여백의 미를 여기서도 보여 주는 것 같다. 건축가는 일본 미술과 예술 공예 운동에 상당히 영향을 받았다는 것이 느껴진다. 17세기 영국에서 시작된 영국식 정원 운동English Landscape Movement과도 맥을 같이 한다.

Apollo and the Muses on Mount Helion
by Claude Lorrain (1680)

Wikipedia : http://www.mfa.org/collections/object/apollo-and-the-muses-on-mount-helicon-31442

이제는 이 살림채의 동선circulation을 살펴 보자. 주출입구는 동쪽에서 계단을 올라온 후 만나는 현관이다. 이 현관을 지나면 계단이 보이는 현관 홀이 있는데, 이 홀에서 모든 공간으로 동선이 뻗어간다. 현관을 뿌리에서 올라온 기둥이라고 보면, 마치 갬블 주택의 내부 동선을 아래 그림처럼 나뭇가지가 뻗어가는 것으로 이해 할 수 있을 듯하다. 하나의 입구는 보안상으로도 유리하다. 서비스 출입구는 남쪽에 가려져 있다.

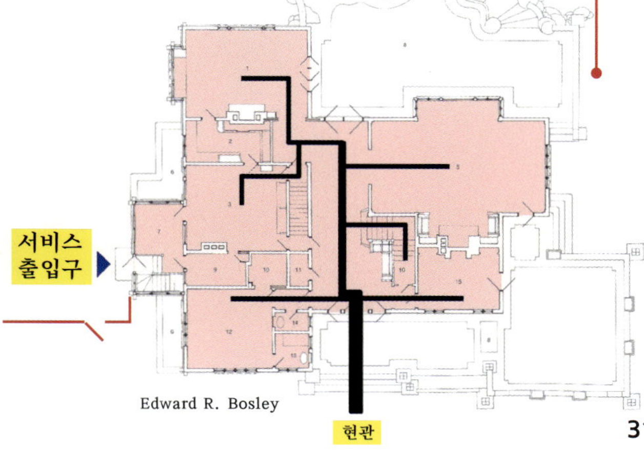

Edward R. Bosley

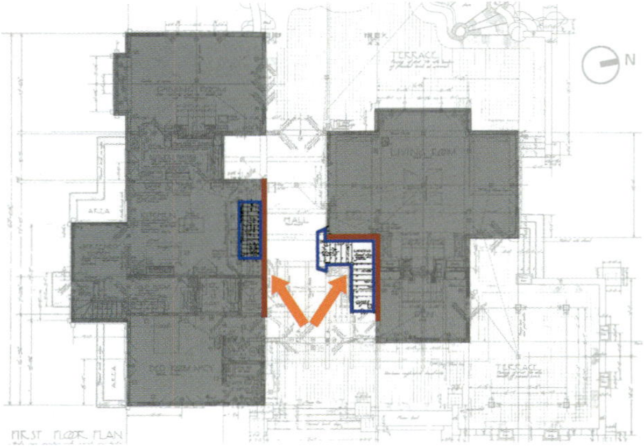

이 집에는 계단이 2개 존재한다. 하나는 현관 홀에서 바로 보여서, 2층으로 어떻게 가는지 바로 보여준다. 주인 가족이 이용한다. 이 외에 또 하나의 계단이 있는데, 이것은 눈에 띄지 않는다. 현관 홀에서 남쪽을 볼 때 벽으로 막혀 있어서, 처음 온 사람은 알 수가 없다. 이 벽 너머에 있다. 서비스 동선이다. 빨래, 청소 또는 그 이외의 심부름하는 사람들이 이용하는 계단이다. 이런 공간은 굳이 드러낼 필요가 없다.

집안 곳곳에 이 주택을 얼마나 정성을 들여 지었는지 알 수 있다. 대문의 유리에 장식된 스테인드 글라스를 보면, 동양화에 그려진 소나무가 생각난다. 곳곳에 동양화 느낌의 목판 부조를 벽에 붙여 놓았다. 한옥에 걸린 편액을 보는 듯 하다. 어디를 가든지 일본스러운 것을 찾을 수 있다.

Edward R. Bosley

이 집에서는 금속 못을 찾기 어렵다.
고급 가구에서 나무 부재를 짜맞추듯
부재 간의 이음새가 깔끔하다.

천장에 매달린 등

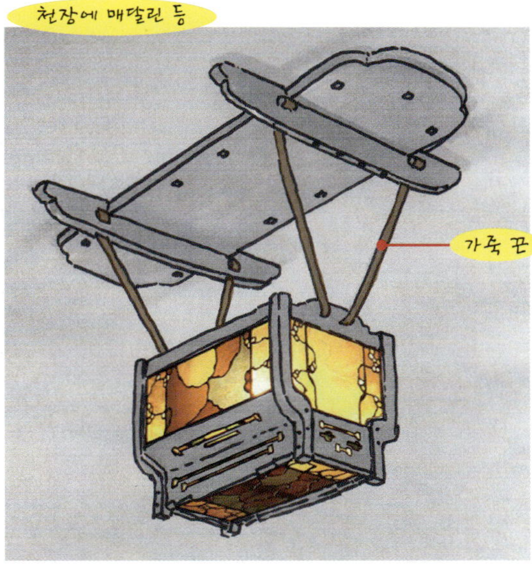

Edward R. Bosley, Gamble House
Greene and Greene / Phaidon, 1992

집 밖으로 나와 뒷마당으로 가면, 앞마당과는 달리 한적하다. 대지 경계를 따라 키 큰 나무를 심어, 그늘이 져 있어서 더욱 그런 듯 하다.

여기에 아기자기하게 작은 연못을 만들고 식물을 심었는데, 일본의 작은 정원이 떠오른다.

갬블 주택의 기둥 상세

Wikipedia : Wiiii

일본 浄土寺 건물의 공포 상세

기둥과 보가 만나는 곳의 디테일을 보면, 일본 목구조의 공포栱包가 연상된다. 서양에는 없는 방식이다.

이 밖에도 계단 난간을 보면, 예술 공예 운동에 영향을 받아 쇠를 정교하게 가공했는데, 아르누보와는 또 다른 그린 형제 특유의 형태를 만들어냈다.

이들은 건축주에게 단순히 주택만 설계해 주는 것에 머물지 않고, 가구를 비롯하여, 가족 문양family crest까지도 제공했다고 한다. 건축가의 설계가 아주 마음에 들었기 때문에 가능한 일이다.

주택이 오래 전에 지어졌다고 해서 문화 유산이 되는 것은 아니다. 단순한 기능을 넘어 많은 의미와 상징 같은 것이 담겨 있다. 이 집이 미국을 대표하는 예술 공예 운동 주택으로 언급되는 데에는 그만한 이유가 있기 때문이다.

Gamble House Address :
4 Westmoreland Pl, Pasadena, CA 91103

https://www.realtor.com/

https://www.bing.com/maps

Wikipedia : Unknown

에니스 주택Ennis House은 1924년에 에니스 부부Charles W. and Mabel Ennis를 위해 지은 큰 주택이다. 건물 크기에 비해 사용하는 사람이 얼마 되지 않아 저택이라고는 하지 않았다. 집 전체가 콘크리트 블럭으로 둘러싸여 있다. 특이하다. 미국을 대표하는 건축가 프랭크 로이드 라이트Frank Lloyd Wright가 설계했고, 그의 콘크리트 블럭 주택 중에서 대표작이라 할 수 있다. 로스필리스Los Feliz 언덕 위에 있어서 전망도 좋다. 이 주택은 어떤 이야기를 품고 있을까?

라이트는 콘크리트를 이용해서 반즈돌 저택Barnsdall House(1921)을 완성한 이후, 이를 발전시켜 1920년대에 여러 곳에 콘크리트 블럭 주택을 지었다. 밀라드 주택Alice Millard House(Pasadena, 1923), 스토러 주택John Storer House(Los Angeles, 1923), 프리만 주택Samuel Freeman House(Los Angeles, 1923), 그리고 존즈 주택Richard Lloyd Jones House(Tulsa, Oklahoma, 1929)까지... 각 주택마다 특징적인 패턴으로 만들어진 콘크리트

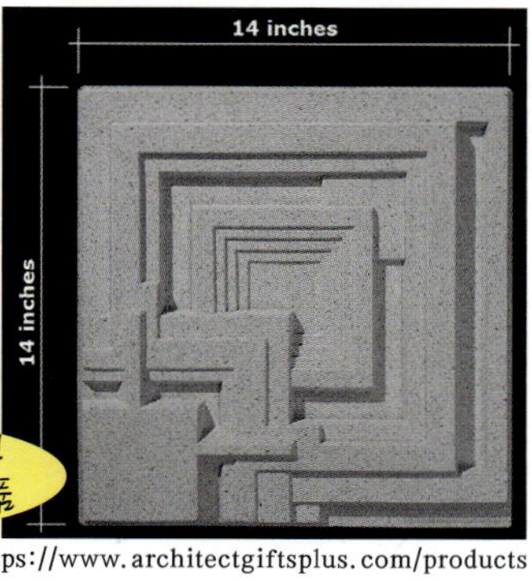

에니스 주택에 쓰인 콘크리트 블럭 복제품

https://www.architectgiftsplus.com/products

블럭이 외부와 내부 구별 없이 감싸고 있다. 침실이든 거실이든 대부분의 벽과 천장이 다 똑같은 재료다. 어떤 사람은 주택 같지 않다고 얘기하고, 어떤 이는 괴기스럽다라고까지 한다.

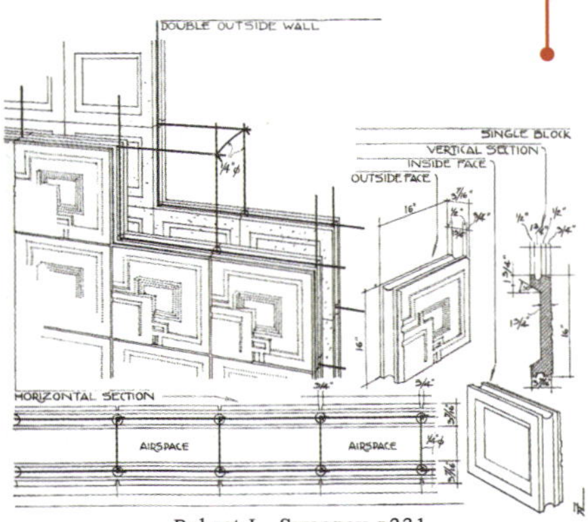

Robert L. Sweeney p231

사람들이 이상하게 여기는데도, 굳이 콘크리트 블럭으로 집 전체를 감싼 이유가 있었을까? 답은 근대 건축Modern Architecture의 초기 개념에서 찾을 수 있을 것 같다. 근대건축은 장식을 배제하고, 재료의 진실성truth to materials을 추구했다. 많은 사람이 단순한 사각형이나 기본 도형으로 이루어진 형태의 건축을 근대건축이라고 생각하기도 하지만, 출발은 장식을 배제한 재료의 진실성이다. 여기서 더 나아가 내부와 외부의 공간의 연속성continuity in space까지도 포함한다. 콘크리트 블럭이라는 재료의 특성을 살리고, 내부와 외부의 공간이 상호 관입한다는 것은 근대 건축을 제대로 표현하려는 건축가의 의지라고 볼 수 있다. 물론 이런 스타일의 주택을 좋아하는 사람도 있다. 하지만, 많은 사람들이 반감을 드러냈다. 라이트는 설사 건축주가 싫어 하더라도 설득하여 그가 원하는 대로 설계하는 재주가 있었던 사람이다.

재료의 진실성truth to materials

Brick says, 'I like an Arch.'

내부와 외부의 공간의 연속성 continuity in space

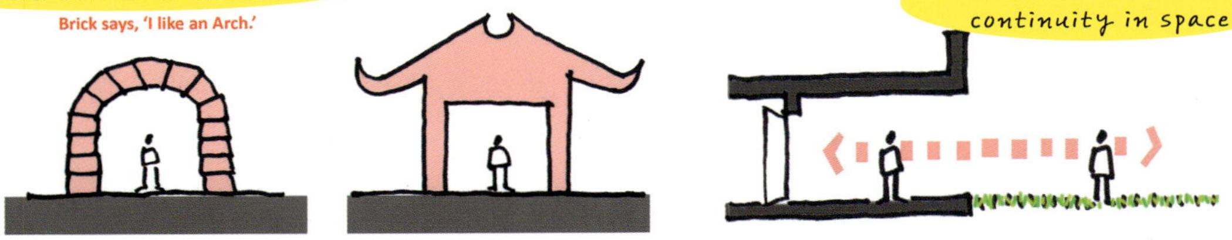

그는 스스로를 아메리카인American이라고 불렀다. 호부호형을 못 하게 하는 것도 아니고, 미국인이 자신을 미국인이라고 부르는 게 뭐가 이상할까? 그의 부모는 영국의 웨일즈Wales 출신으로, 영국을 비롯한 유럽의 건축 전통은 이미 미국 전체에 널리 퍼져 있었다. 하지만, 아메리카 원주민의 건축은 거의 무시되다 시피했다. 물론 지금이라고 해서 상황이 그다지 나아진 것도 아니다. 그는 아메리카 대륙에서 태어난 사람이므로, 아메리카 대륙으로부터 물려받은 유산을 어떤 형태로든 자신의 건축에 반영하고 싶었다. 20세기 초에 이런 생각을 하고, 더 나아가 이것을 실현했다는 것이 대단하다. 이 생각은 그를 아메리칸 원주민 유적을 공부하도록 이끌었고, 이 중에서 마야 건축 유적에서 영감을 받아 콘크리트 블럭 주택 시리즈가 탄생하게 되었다.

Wikipedia : Mesoamerican

마야 유적 중 욱스말Uxmal에 있는 궁전의 모습

이 집이 단지 콘크리트 블럭이라는 특이한 재료로 지어져서 훌륭한 건물이라고 부를 수만은 없다. 이 집이 담고 있는 심오한 건축 공간 수법을 소개하려고 한다. 한눈에 드러나지는 않는다. 하지만, 건물 안팎을 관심갖고 돌아다녀 보면, 어떤 것을 설명하는지 느낄 수 있다.

먼저 라이트의 삶의 발자취를 살펴 보는 것이 이 집을 이해하는 데 도움이 된다. 그의 어머니는 그가 어릴 때부터 이미 건축가가 되기를 희망했다. 그래서 그는 당시 어머니가 선물로 주신 프뢰벨 블럭Froebel gifts을 끼고 살았다고 회고했다. 이 때 기본 도형 조각을 가지고, 조형 감각을 익히면서, 건축의 기본을 쌓았던 것으로 보인다. 그리고, 그가 어릴 때 살던 곳이 위스콘신 주Wisconsin의 시골이었다. 이 동네에서의 추억이 그의 건축관의 기본을 형성했다고 한다. 물론 프뢰벨 블럭을 가지고 놀고 시골에 살았다고 해서, 누구나 훌륭한 건축가가 되는 것은 아니다. 라이트는 이를 잘 소화시켜서 그만의 큰 자양분으로 만들었다.

Wikipedia :Kippelboy

라이트는 1886년(19세)에 위스콘신 대학교University of Wisconsin의 토목과에 진학했다. 이 때는 대학 내에 건축과가 없어서, 건축과와 유사한 토목과에 입학했다. 20세기 초까지만 해도 토목과 출신 유명 건축가가 여럿 있었다. 하지만, 그는 2학년 때 학교를 그만 두고, 바로 시카고로 직장을 찾아 나섰다. 이 시기가 그에게 경제적으로 힘든 시기이기도 했지만, 학교에서 배우는 것도 그에게 흥미를 주지 못한 것으로 보인다. 위스콘신 대학교가 있는 밀워키 Milwaukee 를 서울로 치면, 세종시 정도 되는 멀지 않은 거리에 시카고가 있다. 시카고는 당시 1871년의 대화재로 폐허가 된 뒤, 도시 전체가 새롭게 거듭나는 중이었다. 덕분에 건축설계사무소는 호황이었다. 몇 개의 사무소를 거치면서, 1888년에 마침내 그가 스승으로 여기는 루이스 설리반을 만나게 되었고, 그의 사무소에서 일자리를 얻었다.

https://www.bing.com/maps

설리반Louis Sullivan(1856-1924)도 우리가 한 번 짚고 넘어가야 하는 인물이다. 미국 건축역사에서 큰 획을 그었기 때문이다. 시카고 고층 건물 설계의 선구자였다. 그리고 **"형태는 기능을 따른다 Form follows function"**라는 건축계의 명언을 남겼다. 그의 건축에 대한 태도는 라이트가 거장 건축가로 커 가는데 있어, 큰 가르침이 되었다. 신

Wikipedia : Unknown

임을 얻은 라이트는 설리반을 통해 들어온 주택 설계를 도맡아서 하게 되었다. 설리반 자신은 고층 건물에 중점을 두었다. 라이트는 설리반의 설계사무소 일 뿐만 아니라, 따로 개인적으로 일을 구해 많은 주택 설계를 했다. 워크홀릭workholic이었다.

Wikipedia : Ernst Wasmuth A-G

1893년 라이트가 설리반으로부터 독립을 하고, 인근에서 건축 설계하는 신진 건축가들과 함께 그들만의 건축 언어를 만들어 갔다. "프레이리 주택prairie house"이라고 부르는 개념으로, 프레이리(대평원)에서 영감을 얻어서 우선 수평선이 강조된다. 지붕이 다른 주택에 비해 멀리까지 뻗어 나가서, 처마가 깊다. 그리고, 평면은 자유롭게 뻗어 나간다. 이것은 일본 건축에서 영향 받은 것으로 보인다. 1893년 세계 박람회 the World's Columbian Exposition에 지어진 일본관은 당시 수많은 젊은 건축가들에게 큰 자극제가 되었다. 그리고 이와 맥을 같이하는 예술 공예 운동 Arts and Crafts movement 역시 빼놓을 수 없다. 이런 배경에서 라이트는 콘크리트 블럭 주택을 발전시킬 수 있었다.

Wikipedia : Unknown

그럼 이제부터 우리가 프랭크 로이드 라이트가 되어, 에니스 주택을 어떻게 설계했을까를 상상해 보자. 우선 대지가 있는 로스필리스로 가 보자.

대지는 가파른 경사지에 있어서, 큰 길에서부터 집으로 가는 길이 구불부불하다. 어느 길에서는 대지가 보이다가도, 어느 순간에는 시야에서 사라졌다가 다시 나타난다. 건축물과의 밀당이 시작되었다. 그리스의 아테네에서 아크로폴리스 오르는 길이 떠오른다. 대지 밖의 선적인 공간 체험linear spatial sequence을 라이트가 의도하지는 않았지만, 나중에 에니스 주택 내

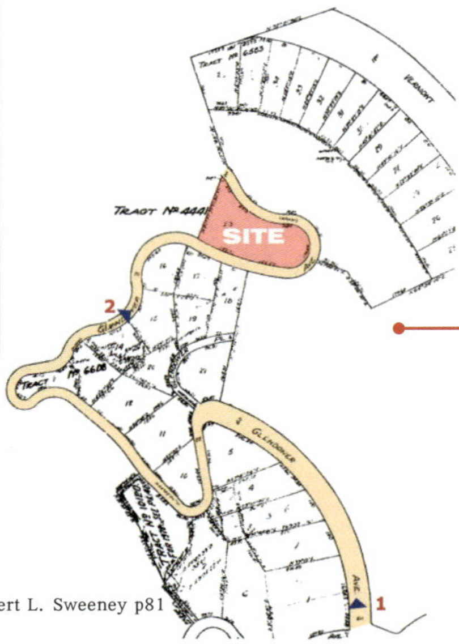

Robert L. Sweeney p81

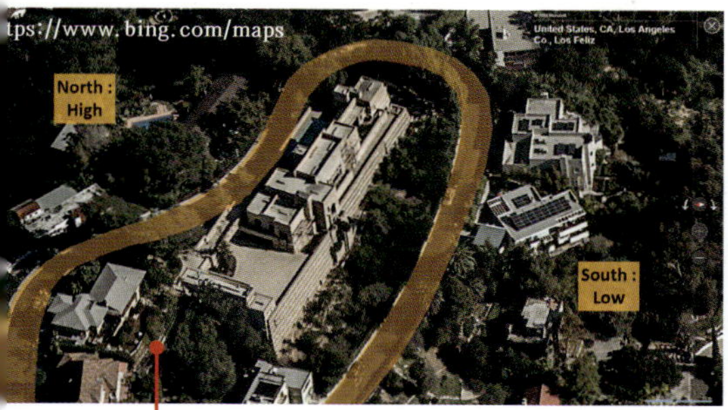

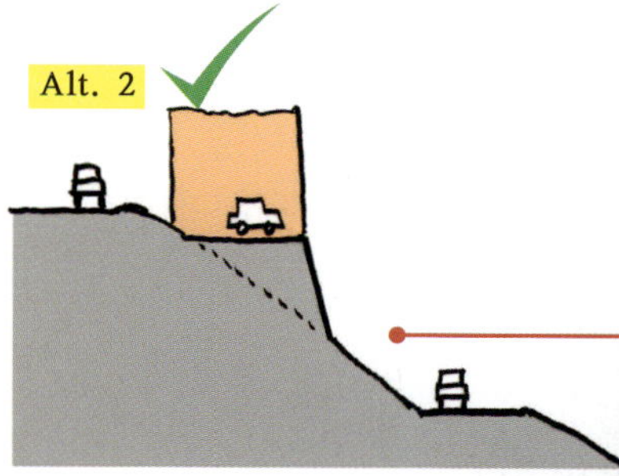

의 공간 시퀀스를 비교해 보면, 뭔가 연결된다는 느낌이 든다. 라이트가 공간을 주무르는 솜씨가 괜히 라이트가 아니구나라는 것을 일깨워 준다. 아마도 그가 시골에서 살던 기억이 좋은 자양분이었던 것같다.

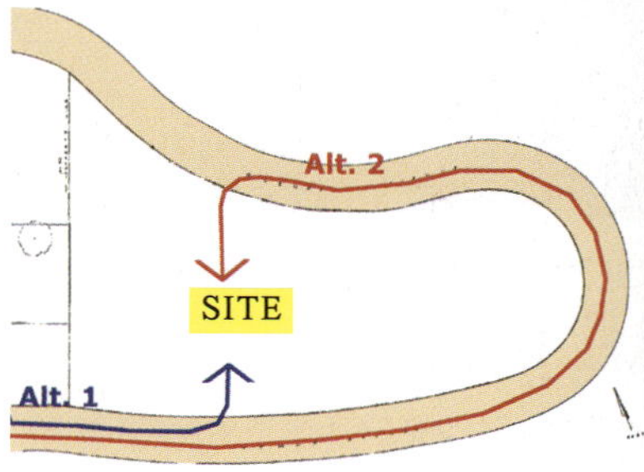

대지는 가파른 경사지에 있다. 북쪽이 높고, 남쪽이 낮다. 남쪽으로는 로스앤젤레스 시내가 한눈에 들어온다. 일반적으로 집을 짓기 어려운 땅이다. 그런데, 서양에서는 이런 경사지에 집을 짓는 경우가 많다. 보통 이런 대지 조건에서 집을 지을 경우, 진입로와 만나는 곳에 주차장을 만들고, 집을 그 위에 얹기 마련이다. 그림의 왼쪽에 보이는 경우다(Alt. 1). 그런데 라이트는 이렇게 하지 않고, 다시 길을 빙 돌아서, 가장 높은 곳에서 진입하게 했다(Alt. 2).

아래에 주차장이 있고, 그 위에 주거 공간을 마련한 예

만약에 큰 길에서부터 집에까지 걸어서 온다면, 한참을 걷는 것이어서 문제가 될 수 있다. 하지만, 어차피 집 주인은 자동차로 다닐 것이므로, 구불구불한 길을 한번 더 돈다고 해서 별 문제가 없다고 판단했다. 그리고, 집을 지을 수 있게 축대도 쌓아야 했다. 이 정도는 감수할 만했다. 그 대신 집이 높은 곳에 앉게 되어서 훨씬 더 나은 전망을 갖게 되었다. 아마 이 집에서 보는 야경은 더 멋질 것같다. 라이트는 1939년에 UCLA 인근의 브렌우드Brentwood에 이와 비슷한 방식으로 스터지스 주택Sturges House을 지었다.

이제 대지 내로 들어와서, 건물을 어떻게 배치할까를 생각해 보자. 라이트는 2개의 건물로 나누었다. 하나는 주인 가족이 지낼 살림채이고, 나머지는 차고(기사가 지낼 방 포함)이다. 물론 살림채가 크다. 두 개의 건물 배치를 위해 2가지 경우가 있을 수 있다.

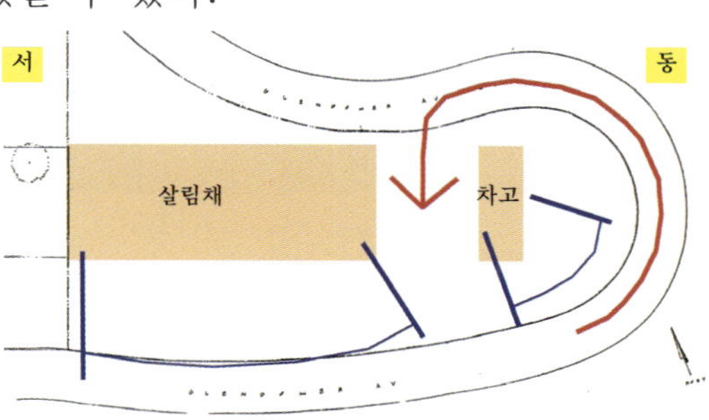

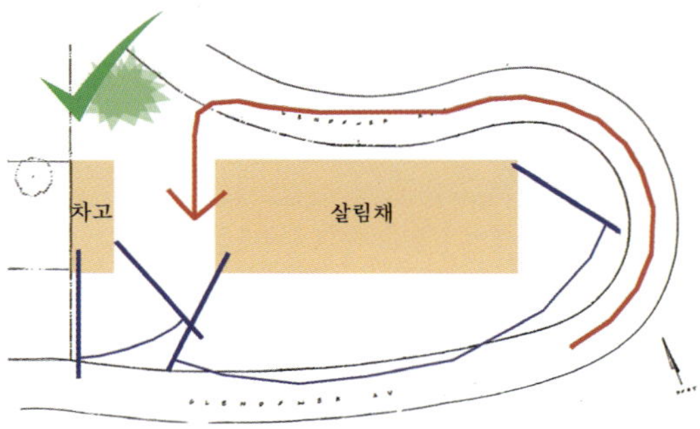

첫번째 차고를 동쪽에 배치할 경우, 차고 쪽은 좋은 경관을 갖는 반면, 살림채는 좋은 경관을 잃는다. 남동쪽 전망이 좋기 때문이다. 집에서 위로 15분만 올라가면, 그리피스 천문대에 닿는데, 일출을 보기 위해 많은 사람들이 찾아 오곤 한다. 로스앤젤레스의 전망대로 유명한 곳이다. 두번째 경우처럼 하면, 살림채에서 이에 준하는 전망을 얻을 수 있게 된다. 당연히 라이트는 이것을 택했다. 아래 단면도를 보면, 서쪽의 지대가 높아서, 살림채를 이쪽에 앉히면, 땅에 묻히게 된다. 하지만 차고는 전망과 상관이 없으므로, 서쪽에 있어도 아무 문제가 없다. 자연스런 선택이었다.

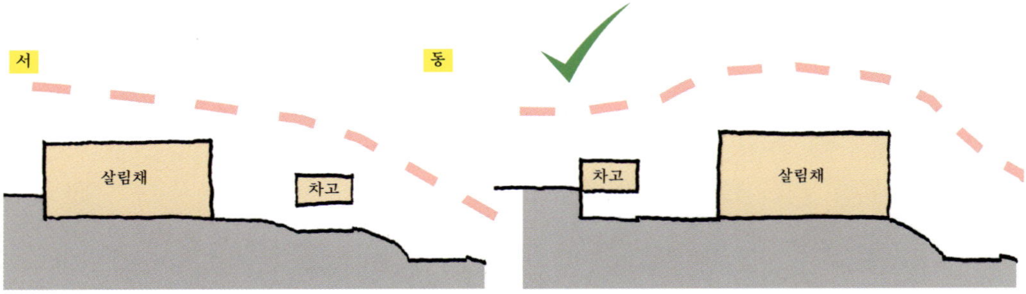

굽이굽이 돌아서 산길을 올라온 우리는 에니스 주택을 남쪽에서 맞이한다. 남쪽에서 바라보면, 주택이 높은 축대 위에 놓여 있어서, 아래에서 올려다 보는 우리로서는 좀 위압감이 든다. 건물을 지나 다시 비탈길을 한 굽이 돌면 우리는 길다란 담장의 북쪽에 서 있게 된다. 이번에는 우리의 머리 위에 있지 않고, 우리 옆에 길다랗게 놓여 있다. 2개층 정도는 줄어들었다. 그리고 저 앞에는 아름드리 나무가 서 있다. 길이 오른쪽으로 돌아가기 전에, 이 나무가 길을 인도한다. 에니스 주택에 들어가는 대문이 왼쪽에 보인다. 이 나무 주변으로 둥그렇게 담장을 쌓은 것을 보면, 이 나무를 중요한 요소로 여겼으리라 짐작할 수 있다.

건물이 5층 높이 정도로 보인다
: 위압감이 느껴진다

건물이 3층 높이 정도로 낮아졌다
: 위압감이 완화된다

unknown resource

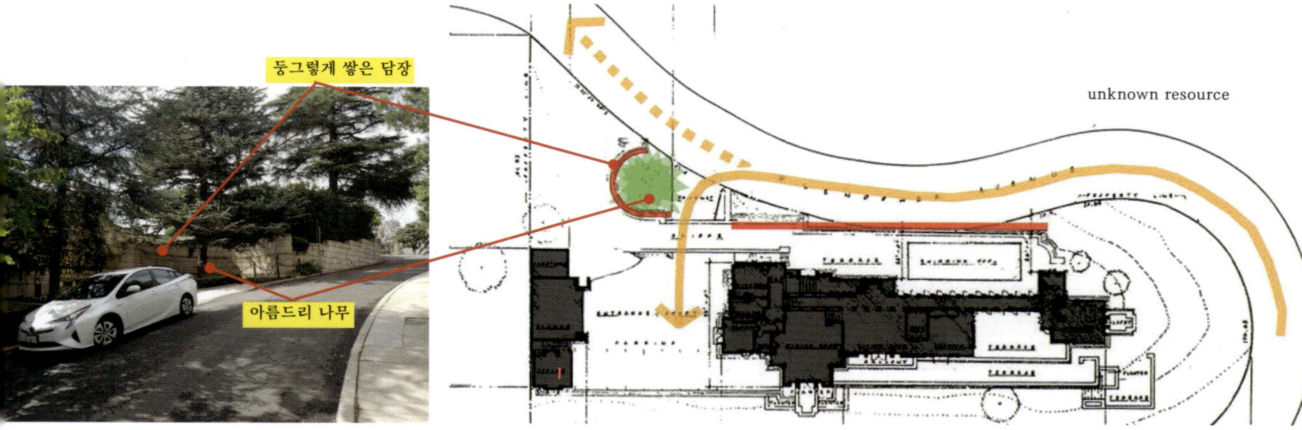

대문을 들어서면, 오른쪽(서쪽)에 운전기사가 머무는 차고가 있고, 왼쪽(동쪽)에는 에니스 가족이 머무는 살림채가 있다. 두 건물 사이로 로스앤젤레스 전경이 눈에 들어온다.

이제는 살림채를 어떻게 설계했는지 살펴본다. 기본적으로 '건물-마당-건물' 구조가 큰 틀에서부터 작은 부분에까지 이어진다. 그림을 보면 3가지 색의 다이어그램이 있다. 먼저 파란색부터 보자. '건물-마당-건물' 구조가 보인다. 왼쪽에 차고, 중간에 마당, 오른쪽에 살림채로 이루어진다. 다음에는 살림채 안에 있는 노란색 다이어그램이다. 왼쪽에 부엌과 손님방, 중간에 식당과 거실, 오른쪽에 침실 공간이다. 식당과 거실을 마당과 같은 공간으로 이해할 수 있다. 마지막으로 빨간색 다이어그램이다. 침실 공간은 왼쪽에 건넌방, 중간에 마당, 오른쪽에 안방 공간이다. 가장 사적인 침실 공간이 대문에서 가장 멀리 떨어져 있다. 크든 작든 같은 공간 패턴으로 주택이 짜여져 있음을 알 수 있다.

W.R. Storrer, Frank Lloyd Wright Companion, P222

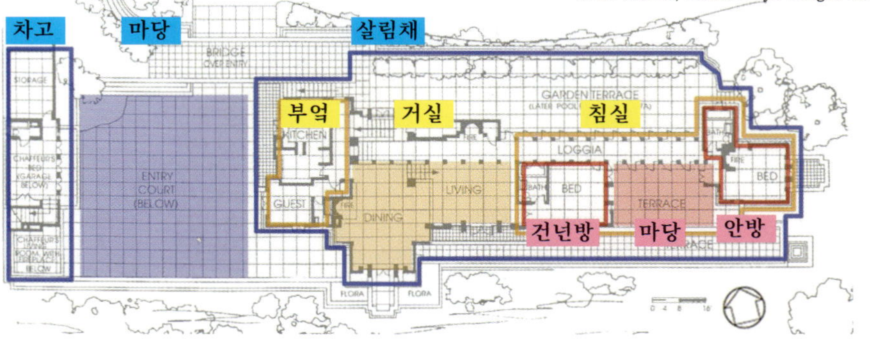

W.R. Storrer, Frank Lloyd Wright Companion, P222

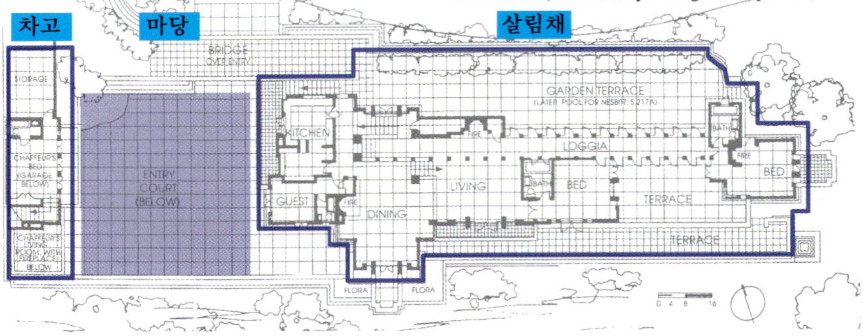

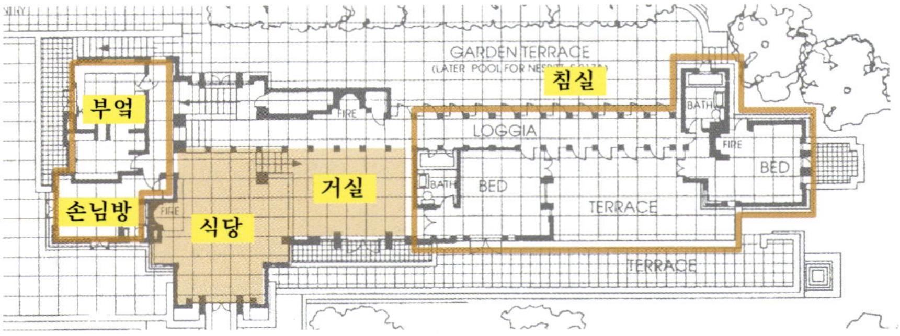

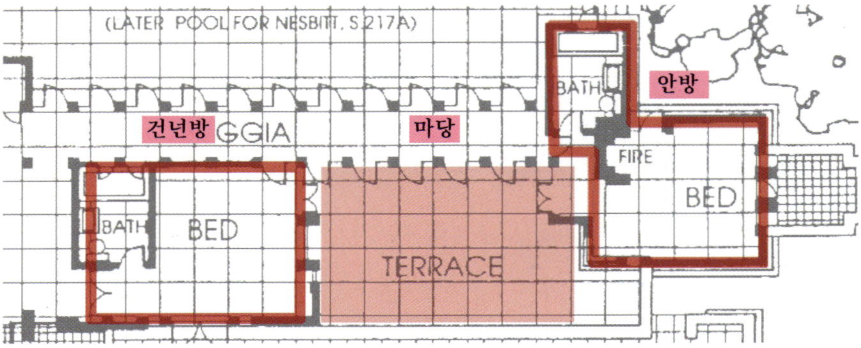

살림채는 이렇게 3부분으로 나눌 수도 있다. 부엌을 서비스 영역으로, 손님방-식당-거실을 공적 영역으로, 그리고 침실 공간을 사적 영역으로 구분할 수 있다. 어떻게 봐도 공간이 깔끔하게 잘 정리되어 있다.

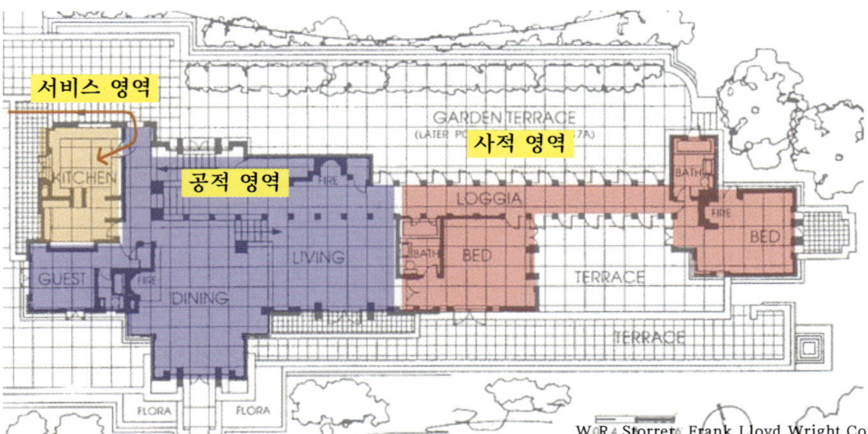

W.R. Storrer, Frank Lloyd Wright Companion, P222

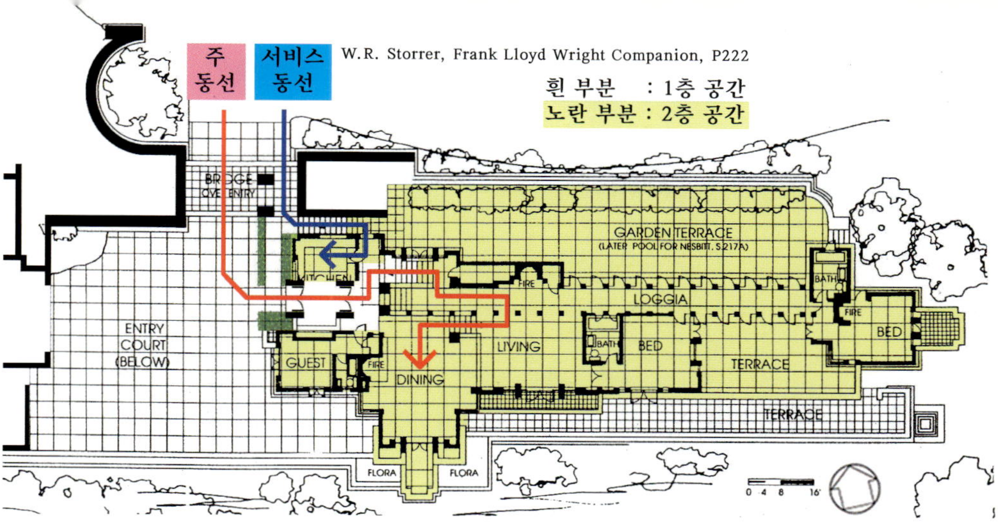

사실 경사진 대지 때문에 대지에 연결되는 대문이 하나 밖에 없다는 것이 쉽지 않은 문제였다. 서비스 동선을 다른 쪽으로 뺄 수가 없고, 주 동선과 공유해야 했기 때문이다. 부엌으로 가는 서비스 동선은 대문 가까이에 바로 붙여서 만들었다. 아이러니하게도 대문을 지나면서, 보통은 서비스 출입구를 의식하지 못한다. 서비스 동선이 가까이 있지만, 동선을 잘 처리해서, 주동선이 혼란스럽지 않다.

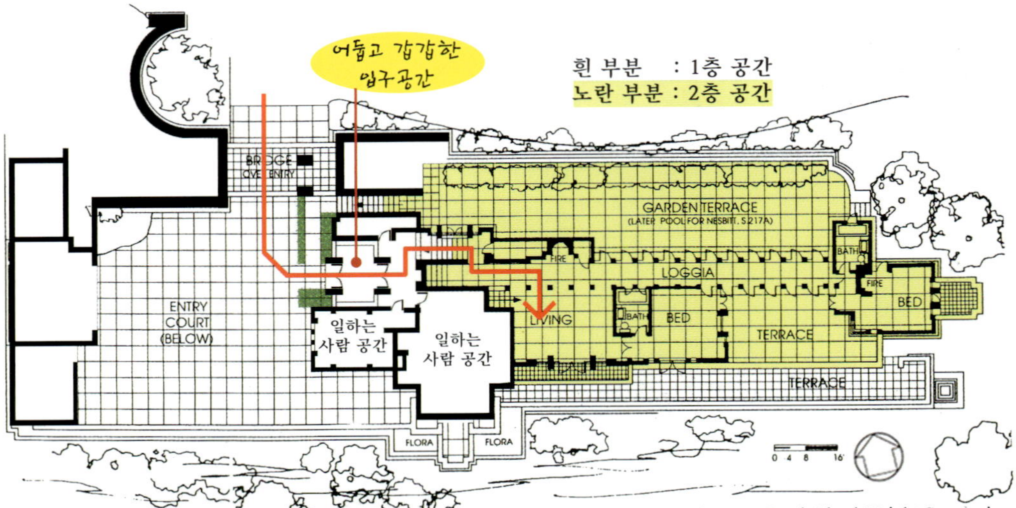

W.R. Storrer, Frank Lloyd Wright Companion, P222

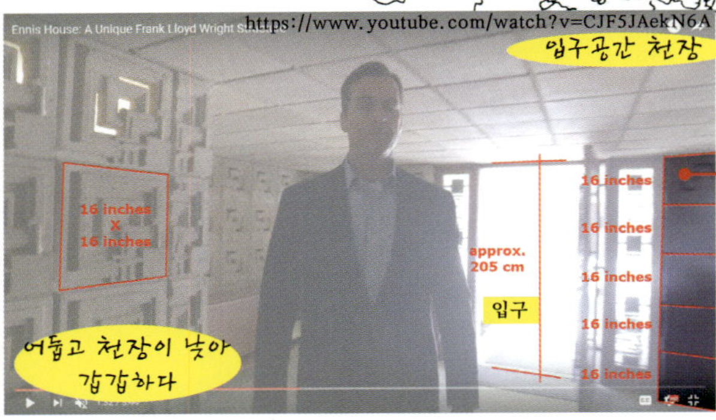

이제 차고와 살림채 사이 마당에서부터 살림채 안으로 들어가 본다. 살림채로 들어가는 입구는 건물 규모에 비해 상당히 낮다. 좁고 낮다. 빛도 잘 들지 않아서 꽤나 어둡다. 머물고 싶지 않은 공간이다. 빨리 지나가고 싶어 발걸음이 빨라진다. 입구를 지나면서 왼쪽에 계단이 보이고, 이를 빠른 걸음으로 올라가면, 이번에는 오른쪽에 기둥으로 둘러싸인 길다란 복도, 로지아loggia가 나온다. 그 옆에 에니스 주택의 중심공간인 거실이 있다. 좁고 낮은 입구를 지난 덕에, 거실의 천장 높이가 훨씬 더 높아 보인다. 이 주택에서 가장 높다. 반면 침실은 사적인 공간이므로 아늑한 분위기를 위해 거실보다 천장을 낮게 했다.

unknown resource

부엌은 가려져 있다

https://www.latimes.com/local/la-hm.0425.ennis-pg-photogallery.html

각 공간의 천장높이가 다양하다

https://la.curbed.com/2018/6/26/17507998/frank-lloyd-wright-ennis-house-for-sale

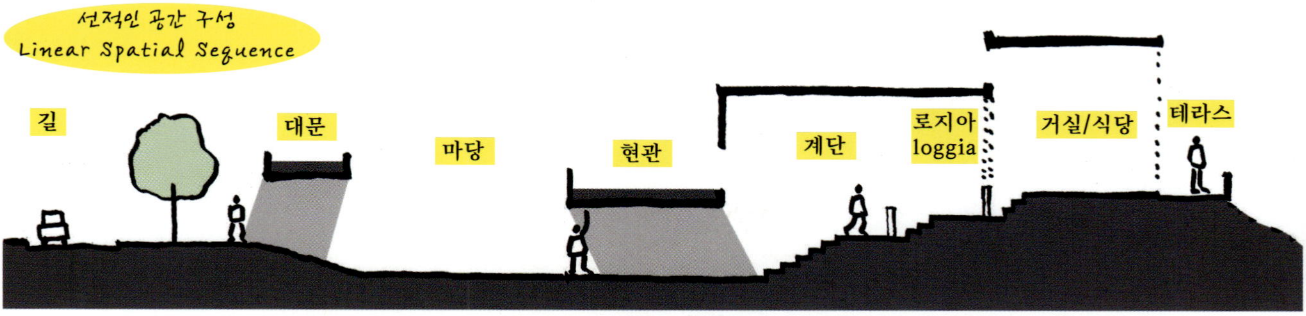

진입로에서부터 거실까지 오는 공간을 정리하면 위와 같다. 선적인 공간 구성이 잘 짜여 있다.

부엌과 손님방은 아래층 공간의 위에 자리잡고 있어서, 거실에서 가려면, 몇 계단을 올라가야 한다. 식당도 반 층 위에 올려져 있다. 침실은 거실과 같은 레벨에 자리하고 있다.

이번에는 선적인 공간 체험을 위해 이용한 건축 수법 몇가지를 따로 떼어내어 살펴보고자 한다. 우리는 볕이 잘 드는 거실을 강조하기 위해 어두운 복도를 지나왔다. 이런 과정을 통해 거실의 햇빛이 훨씬 더 밝게 느껴진다. 이렇게 어둠을 강조해서, 공간을 구분한 곳이 2군데 있다.

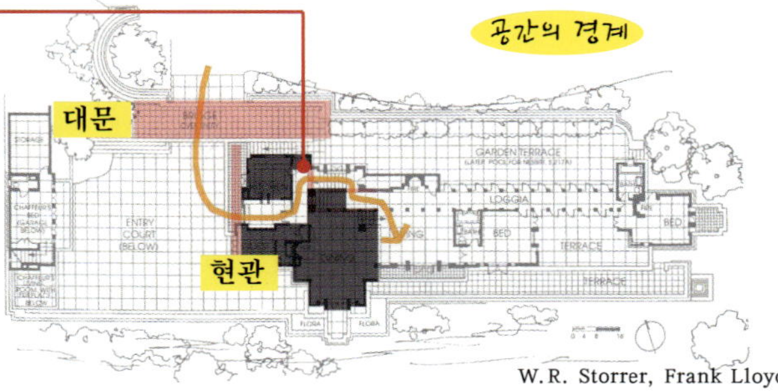

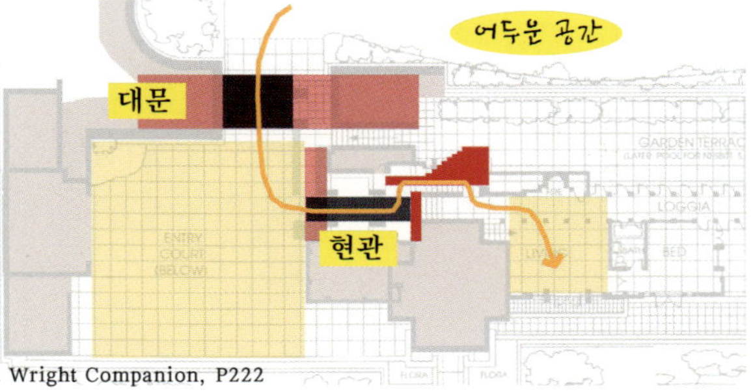

W.R. Storrer, Frank Lloyd Wright Companion, P222

첫번째는 대문간이다. 대문의 경우, 보통은 벽에 구멍만 내면 끝이지만, 한옥에 문간채가 있듯이 문을 깊게 만들어 마치 짧은 터널을 지나는 느낌이다. 대신 문은 판재로 가리지 않고, 가는 쇠 막대기로 가볍게 틀만 잡았다. 대문이 열려 있어도, 문간의 그림자 덕에 발걸음이 한번 멈추게 된다.

로지아와 거실

Ennis House: A Unique Frank Lloyd Wright Structure
거실은 로지아 천장에 비해
2배보다 더 높다
16" x 6 =
8'-0" (2.4m)
16" x 14 =
18'-8" (5.6m)
거실
OPEN
HOUSE
NYC
로지아
2:09 / 3:44
https://www.youtube.com/watch?v=CJF5JAekN6A

천장이 높은 거실
Dining Room
16" x 11 =
14'-8" (4.4m)
Living Room
16" x 14 =
18'-8" (5.6m)
Fire Place
16" x 10 =
13'-4" (4m)
식당
로지아
벽난로
거실
https://la.curbed.com/2018/6/26/17507998/frank-lloyd-wright-ennis-house-for-sale

두번째는 살림채로 들어오는 현관이다. 밝은 마당에서 어두운 현관은 사람을 끌어 들이지 않는다. 현관 앞에 명확한 캐노피가 없어서 입구를 드러내 보이지 않는다. 천장 높이가 7 ft (210cm)도 안 된다. 한국의 아파트도 대개 천장 높이가 230cm 정도 되는데, 이보다도 20cm 남짓 더 낮다. 이어지는 계단도 현관의 축에서 어긋나 있어서, 현관은 인공 조명이 없으면, 정말 어둡다. 외부인을 차단하는 효과가 있어 보인다. 에니스 주택에는 이렇게 2개의 어둠의 문간을 지나서 집안으로 들어간다. 집안으로 깊숙이 들어갈 수록 어둠의 대비는 더 강해진다.

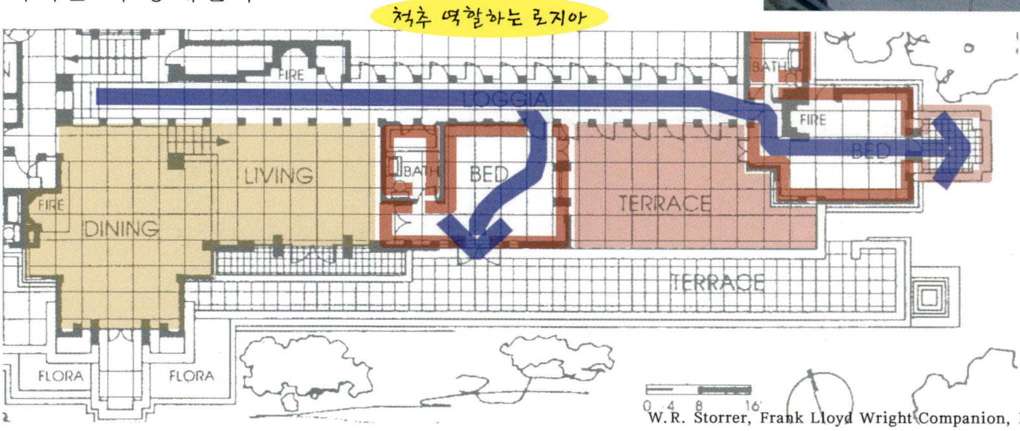

W.R. Storrer, Frank Lloyd Wright Companion, P222

이제 방의 높이가 가장 높은 거실에서 침실 공간으로 가는 과정을 살펴 본다. 살림채 현관에서 거실까지는 천장이 낮은 곳에서 높은 곳으로 확장하면서 진행되었지만, 거실에서 침실까지는 이와 반대다. 공적인 곳에서 사적인 곳으로 가는 과정이므로, 높이도 낮아지고, 방의 크기도 작아진다. 그렇다고 해도 집의 규모에 비해 침실의 크기가 너무 작아 보인다. 그리고, 가족의 프라이버시를 생각하면, 거실에서 침실로 갈 때 다른 길로 가는 것도 생각할 만한데, 여기서는 거실에서 다시 로지아로 나와서 가게 되어 있다. 전망이 좋은 남쪽에 중요한 방인 침실과 거실을 배치하다 보니, 연결공간인 로지아는 북쪽에 자리하게 되었다. 로지아는 부엌, 손님방, 식당, 거실을 지나 모든 방을 가로지르는 이 주택 전체의 척추 역할을 하고 있다.

unknown resource

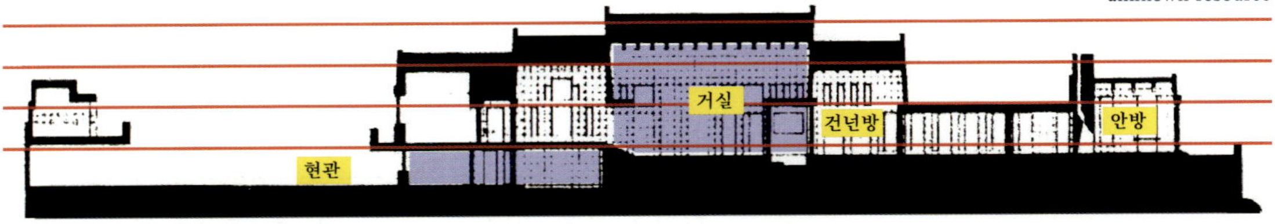

위의 단면도를 보면, 각 방의 높이를 비교할 수 있다. 아래 살림채의 현관 공간을 1로 보면, 거실은 높이가 무려 3이다. 확실한 대조를 보여 준다. 우리 전통가옥의 경우, 개개인의 방은 좌식 문화여서, 대개 천장 높이가 낮다. 하지만, 미국은 입식 문화이기 때문에, 전체적으로 천장 높이가 높다. 여기서는 개개인의 침실도 현관의 높이보다 높게 만들었다. 건넌방은 현관 높이의 2배, 안방은 1.5배 정도다.

https://la.curbed.com/2018/6/26/17507998/frank-lloyd-wright-ennis-house-for-sale

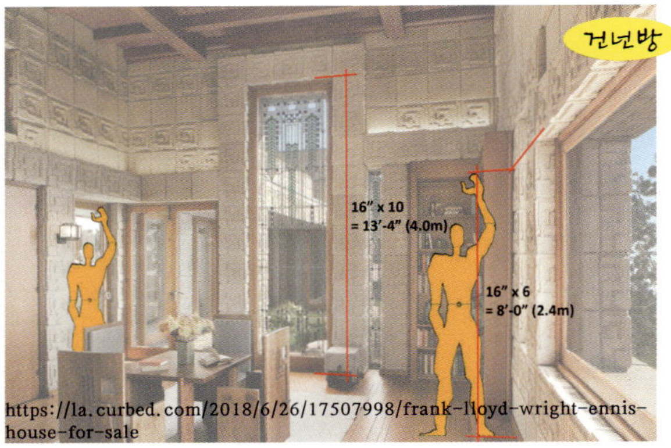

https://la.curbed.com/2018/6/26/17507998/frank-lloyd-wright-ennis-house-for-sale

https://la.curbed.com/2018/6/26/17507998/frank-lloyd-wright-ennis-house-for-sale

https://la.curbed.com/2018/6/26/17507998/frank-lloyd-wright-ennis-house-for-sale

에니스 주택을 설명하면서, 라이트가 즐겨 사용하는 벽난로fireplace를 빼놓을 수 없다. 그는 주택의 중심에 언제나 벽난로를 놓았다. 추운 겨울날 따스한 벽난로 주변에 온가족이 오붓하게 모여 정겨운 시간을 보내는 것을 상상해 보면, 그가 왜 즐겨 사용했는지 짐작할 수 있다. 이 집에는 3개의 벽난로가 있다. 하나는 집 전체의 중

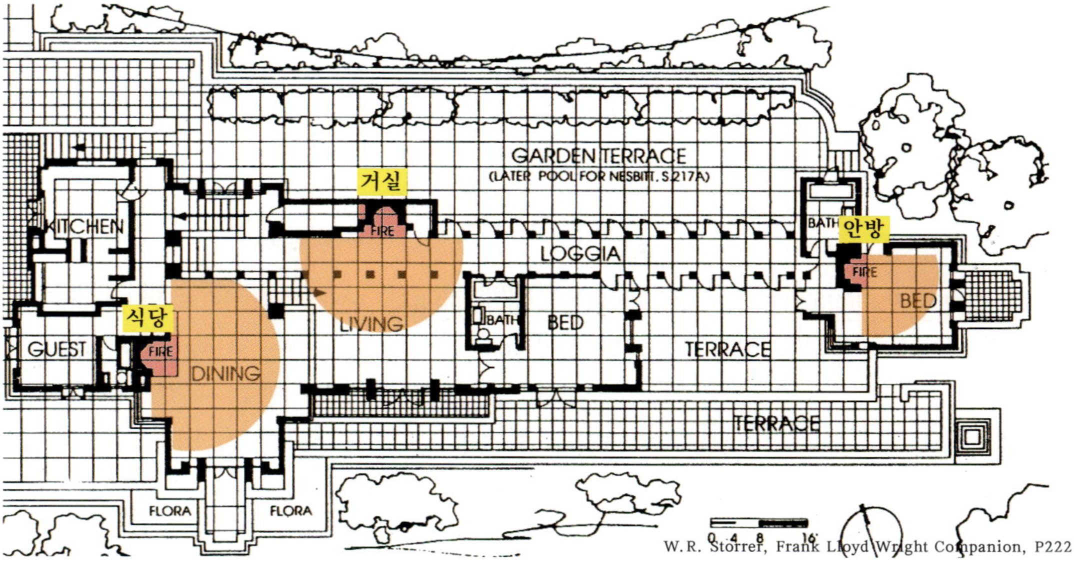

W.R. Storrer, Frank Lloyd Wright Companion, P222

심인 거실에, 다른 하나는 식당에, 마지막 하나는 안방에 있다. 이 집에서 이 3 공간이 가장 중요한 곳이라는 것을 의미한다고 유추할 수 있다. 거실에 있는 벽난로는 사실 거실에 있지 않고, 로지아에 있다. 사람이 머무는 곳에 있지 않고, 왔다갔다 하는 통로 공간에 있는 이유를 아직도 모르겠다.

http://theennishouse.com/

https://tedsoqui.photoshelter.com/gallery-image/Ennis-House

https://la.curbed.com/2018/6/26/17507998/frank-lloyd-wright-ennis-house-for-sale

이제 로지아를 나와 북쪽 정원으로 간다. 로지아의 북쪽은 원래 마당이었는데, 주인이 여러번 바뀌면서, 수영장으로 바뀌었다. 여기서 서쪽을 보면, 계단이 이어지고, 자연스레 발걸음이 따라간다. 계단 위는 아까 우리가 지나왔던 대문간의 지붕이다. 다리를 건너는 느낌이다. 다리 너머에 숲이 조성되어 있다. 대개 다리를 건너면, 다른 세상에 왔다고 여긴다. 아마도 주인 가족에게 산책하고 사색하라고 만

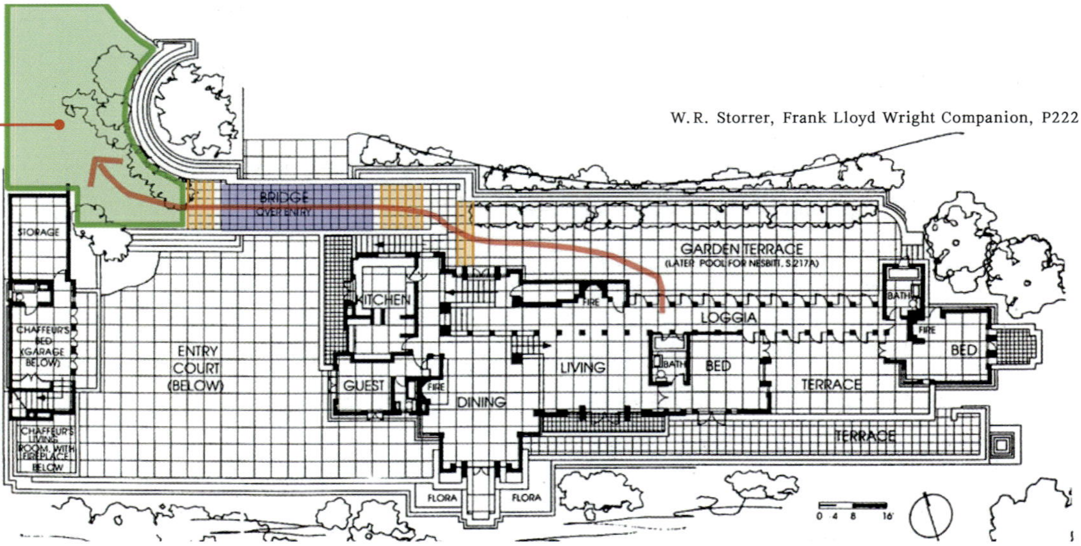

W.R. Storrer, Frank Lloyd Wright Companion, P222

든 장소일 거라 생각한다. 자칫하면, 버려진 공간이 될 수도 있는데, 라이트는 대지 전체를 효율적으로 이용했다. 이 숲에서 살림채 너머로 보이는 LA 도심 전망이 정말 멋스럽다. (p. 36)

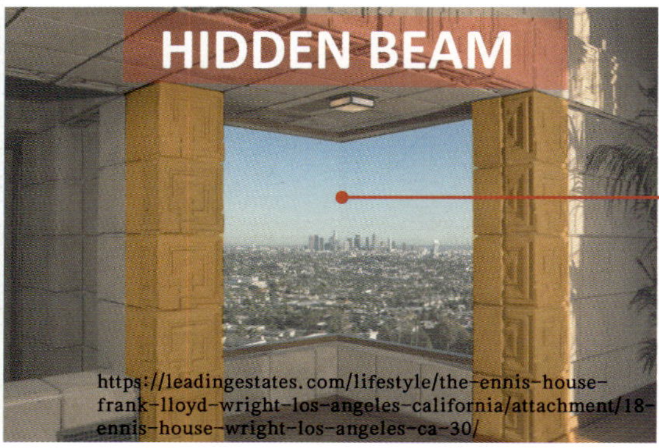

https://leadingestates.com/lifestyle/the-ennis-house-frank-lloyd-wright-los-angeles-california/attachment/18-ennis-house-wright-los-angeles-ca-30/

이 집 전체를 구경하면서, 기억나는 디테일은 식당의 모서리다. 어떤이는 뭐가 특별하냐고 오히려 내게 묻는데, 1920년대에 2개의 유리를 직각으로 만나게 한 것이다. 이 집에서 뿐만 아니라 라이트의 건축에서 심심치 않게 찾을 수 있다. 그렇다고 해서, 이 디테일이 결코 쉬운 것이 아니다. 요즘도 어렵다. 유리가 만나는 면에 기둥이 없을 뿐더러, 창틀도 없다. 유리 끼리만 만난다. 그래서, LA 도심의 경관을 방해물 없이 담았다. 라이트니까 해낼 수 있었다.

에니스 주택 때의 일이 아닐 수도 있지만, 라이트의 일화 하나를 소개한다. 처음으로 2 개의 유리를 직각으로 기둥 없이 만나게 설계하려 했을 때다. 구조 전문가는 기둥이 꼭 필요하다고 설계를 변경하라고 권고했다. 이런 사례가 없다고도 했다. 라이트는 발코니의 경우 모서리에 기둥이 들어가지 않는 점을 떠 올려, 발상의 전환을 요청했다. 마침내 구조 전문가는 유리의 끝에 기둥 2개를 추가하는 것으로 합의

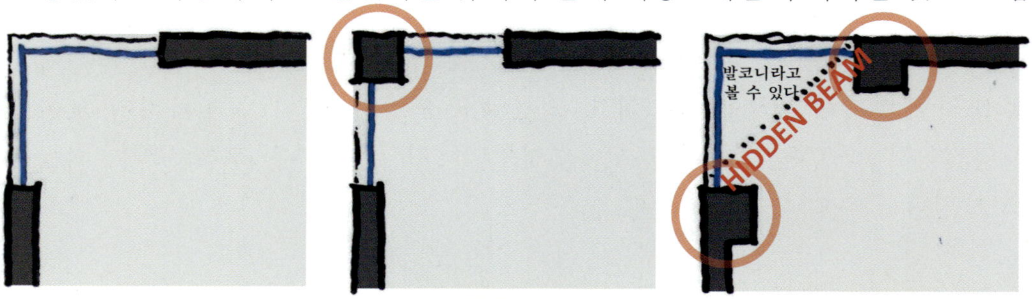

초기 라이트의 디자인 : 모서리에 아무 프레임이 없고, 유리만 있다.

구조 디자이너의 권고안 : 모서리 기둥이 꼭 필요하다. 그런데, 이러면 전망이 가린다.

합의안 : 기둥을 안쪽으로 옮겨서 초기안을 살려냈다.

했다. 라이트는 설계할 때 자신의 아이디어를 살려내려고 노력하는 의지의 사나이라는 것을 엿볼 수 있다.

이상을 종합하면, 라이트의 주택은 단순히 사람이 들어가 사는 콘크리트 상자가 아니다. 하나하나의 공간에 의미를 부여하고 우리의 삶을 보다 윤택하기 위해 고민한 흔적을 찾을 수 있었다. 그가 어려서부터 익힌 조형 감각과 그의 몸에 벤 공간 감각이 이런 걸작을 만들어 냈다.

screen capture from DVD

공상과학 영화, 블레이드 러너Blade Runner(1982)에 이 집도 등장한다. 주인공 해리슨 포드가 사는 고층 아파트의 유닛이 이 집이다. 천장이 낮은 것으로 보아 실제로는 이 집에서 일하는 사람이 머물던 아래층 공간으로 추측한다. 에니스 주택은 미국 미디어에 가끔씩 등장하는 유명한 주택이다.

에니스 주택을 비롯하여 LA 인근의 대부분 콘크리트 블럭 주택은 라이트의 큰 아들 로이드 라이트Lloyd Wright가 감리를 하면서 마무리 지었다. 그리고, 이 아들은 나중에 20여 년이 지나고 나서, 자신의 이름을 내걸고 설계한 웨이페어러스 교회Wayfarers Chapel을 짓는다(1951). 그가 건축가였다는 것을 팔로스버디스에 있는 아담한 교회를 보고 나서야 알았다. 아버지의 후광이 너무 커서인지 모르지만, 프랭크 로이드 라이트의 아들은 그다지 이름을 얻지는 못했다.

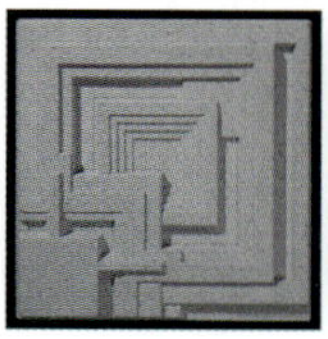

空間

SPACE GROUP

사족 : 에니스 주택을 감싸고 있는 콘크리트 블럭을 보자, 바로 한국의 '공간 종합건축사 사무소' 로고가 떠올랐다. 아마도 김수근 선생이 프랭크 로이드 라이트에게서 영향을 받은 듯 싶다.

2019년 5월 현재 에니스 주택이 매물로 나와 있다. 10개월 동안 팔리지 않았다. 현재 소유한 주인이 팔기를 희망하는 가격은 $23,000,000이다. 엄청난 금액이다. 부동산 중개인에게 내부를 구경해도 되겠냐고 물었더니, 내가 부자처럼 보이지 않아서인지 바로 거절한다. 개인이 매입하면, 다시는 이 집을 구경하기는 어려울 것으로 보인다.

Ennis House Address :
2607 Glendower Ave, Los Angeles, CA 90027

SCHINDLER HOUSE

LA 현대 건축의 아버지라 부를 수 있을 정도로 LA 건축에 지대한 영향을 끼친 루돌프 쉰들러Rudolf Schindler의 자택이다. 1922년에 지어졌다. 쉰들러 가족만을 위한 주택은 아니고, 건설업을 하던 체이스Chase 가족과 함께 살기 위해 지은 집이다. 이 주택이 단순히 2 가족을 위한 살림집으로 생각할 수도 있지만, LA 건축 역사적인 측면에서 봤을 때는 그 이상이다. 감히 월트 디즈니 콘서트홀과 비교해도 결코 뒤지지 않는다고 말할 수 있을 정도로 중요한 위치를 차지하는 건축물이다. 작지만 알차게 짜여져 있다.

쉰들러 주택을 제대로 이해하기 위해 건축주이자 건축가인 루돌프 쉰들러의 삶을 살펴 보자. 그는 1887년 생으로 위대한 건축가 르꼬르뷔제Le Corbusier와 같은 해에 태어났다. 오스트리아 비엔나 출신으로 대학Academy of Fine Arts Vienna도 비엔나에서 다녔다. 여기서 그는 오토 바그너Otto Wagner 밑에서 건축 설계를 배웠다. 바그너는 오스트리아 분리파Secession를 대표하는 건축가 중 하나였다. 분리파의 건축은 "장식은 죄악이다Ornament and Crime(by 아돌프 로스Adolf Loos)"라는 선언문에서 알 수 있듯이, 재료의 진실성을 건축에 반영하려고 노력했다. 이때부터 건축의 도덕적인 면이 쉰들러의 마음속에 각인되어 그의 건축에 드러나게 된다.

Wikipedia : Andreas Faessler

VS

Wikipedia : Thomas Ledl

Wikipedia : Frank Lloyd Wright

Robie House (1910)

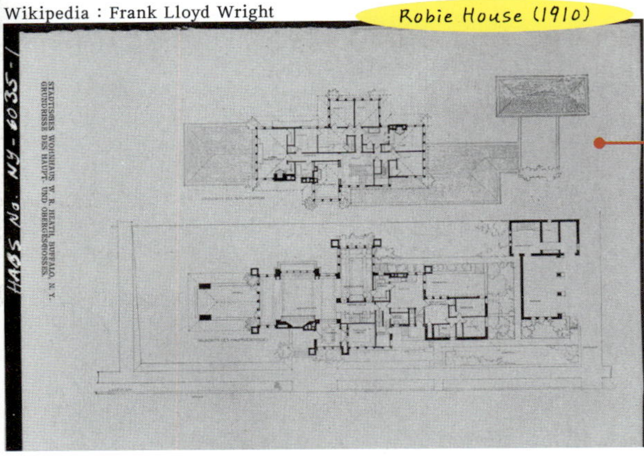

Wikipedia : Unknown

Chicago in 1900

Wikipedia : Boston Public Library

Wikipedia : Unknown

1911년, 쉰들러는 대학에 다니다가, 우연치 않게 프랭크 로이드 라이트의 작품집Wasmuth Portfolio을 구경할 기회가 있었다. 이 때 그의 작품에 완전히 매료된 쉰들러는 라이트 밑에서 건축 실무를 익히고 싶었다. 그래서 라이트의 사무실이 있는 시카고에 대해서 알아 보았다. 마침 그의 아버지와 설계 교수 아돌프 로스는 시카고에 다녀 오는 것이 젊었을 때의 좋은 경험이 될 거라고 적극 추천해 주었다. 그의 아버지는 수 년 전에 시카고에서 일한 적이 있었다. 시카고는 젊은 건축가에게 유럽과는 다른 새로운 경험을 쌓을 수 있는 좋은 곳이라 생각했고, 사실 또한 그러했다.

쉰들러는 대학을 졸업하자, 바로 대서양을 건너 라이트를 찾아 왔다(1914). 하지만, 운대가 맞지 않았다. 라이트는 개인 사정으로 건축을 쉬고 있었다. 쉰들러는 몇 해 동안 다른 사무소에서 일해야 했다.

1915년에는 휴가를 얻어 캘리포니아로 여행을 다녀왔다. 중간에 뉴 멕시코를 지나다가 타오스Taos, New Mexico라는 지역에 아메리카 원주민 마을 푸에블로Pueblo가 있다고 해서 들렀는데, 예상치 않게 깊은 감명을 받았다. 그가 일하던 시카고는 하늘로 치솟아 오르는 고층 건물들이 많았는데, 이 건물들에서는 인간적인 면이 결여되어 건축 설계에 회의를 느끼던 참이었다. 푸에블로에서는 건축물을 통해 땅의 기운이 느껴지고, 마을 주민의 삶이 건축 속에 고스란히 담겨 있는 것을 느낄 수 있었다. 이를 통해 건축의 본질을 다시 생각하게 되었다. 좋은 건축은 건축가에게 건축의 바른 길을 보여 주기도 한다.

라이트는 일본 도쿄에 제국 호텔Imperial Hotel 프로젝트를 수주한 후, 쉰들러를 채용할 수 있었다. 시간이 날 때마다 라이트의 주택들을 하나하나 둘러 보았다. 그가 작품집을 통해 꿈꾸던 건축을 직접 눈으로 확인할 수 있었다. 라이트는 단순히 건축물의 형태를 설계하는 것이 아니라, 공간으로 건축 작품을 만드는 예술가였다.

Wikipedia : Frank Lloyd Wright

쉰들러는 라이트를 위해 일한 첫번째 유럽인이었다. 그는 라이트에게서 2~3년 정도 경력을 쌓은 후, 자신의 고향으로 돌아갈 생각을 하고 있었다. 그의 은사인 아돌프 로스Adolf Loos에게서도 건축 실무를 익히고 싶었기 때문이다. 그런데, 그럴 수 없게 되었다. 1917년에 미국이 제1차 세계 대전(1914~1918)에 참전하면서, 오스트리아인은 미국에서 출입국이 금지되었다. 독일과 손잡은 오스트리아가 미국의 적대국이었기 때문이다. 쉰들러의 인생이 바뀐 순간이다. 쉰들러는 라이트 밑에서 계속 일할 수 밖에 없었다. 1919년에는 미국인과 결혼도 했다. 결국 그는 생을 마칠 때까지 미국에서 살게 된다.

https://www.bing.com/maps

1920년에는 라이트가 쉰들러 부부를 탈리에신Taliesin에 초대했다. 위스콘신의 한적한 마을에 있는데, 시카고에서 기차로 하루 잡고 가야 했다. 거리가 300km로 서울에서 대구까지 가는 거리와 비슷하다. 탈리에신은 라이트를 흠모하는 사람들이 함께 생활하는 생활 공동체로, 라이트가 장인匠人이고, 나머지 사람들은 라이트에게 건축을 배우는 도제徒弟라고 생각하면 될 것같다. 여기서의 생활도 인상적이었지만, 이들 부부는 건축물과 주변을 감싸고 있는 조경에 푹 빠지게 되었다. 건축물과 조경이 별개의 것이 아니라 처음부터 그래 왔던 것처럼, 전체가 하나가 되어 조화롭게 이루어져 있었다. 이들 부부는 이 탈리에신에 대해 이야기하면서, 그들이 언젠가 지을 보금자리에 대한 꿈도 키워갔다. **"집과 조경이 조화되는 집"**이 될 것이다.

Wikipedia : Henry Fuermann and Sons

얼마 후, 쉰들러에게 운명같은 기회가 찾아 왔다. 로스앤젤레스에 반즈돌 저택Barnsdall House을 짓는데, 총괄 책임자를 맡게 되었다. 라이트는 제국호텔에 모든 관심이 쏠려 있어서, 이 프로젝트에는 시간을 쓸 여유가 없었다. 영어가 서툰 외국인 쉰들러에게는 파격적인 인사였다. 건축주가 노발대발했지만, 젊은 외국인 쉰들러

는 그만의 건축에 대한 열정으로 건축주를 설득해 갔다. 이 저택은 성공적이었다. 건축주가 상당히 마음에 들어 했다. 건축주 반즈돌 양은 석유재벌 2세로 자신의 저택을 계기로 쉰들러와 친해졌고, 그가 로스앤젤레스에 정착하는 데, 큰 도움을 주었다.

Wikipedia : Unknown

한편 로스앤젤레스에도 그가 본받을 만한 건축가가 있었다. 얼빙 길Irving Gill(1870-1936)로, 길 역시 라이트처럼 시카고에서 설리반Louis Sullivan 밑에서 건축 실무를 익혔다. 길은 시카고에 남지 않고 대륙을 건너와 샌디에고San Diego에 건축가로서 발자국을 남겼다. 1910년 이후에는 로스앤젤레스에도 여러 작품을 남겼다. 그의 건축은 장식이 없고, 스페인 미션 건축Spanish mission style architecture이나 분리파Secession 건축이 연상되는 디자인을 했다. 쉰들러는 길이 LA에 지은 다지 주택Dodge House(1916)을 보자, 바로 그의 대학 은사였던 로스의 슈타이너 주택Steiner House(1910)이 떠올랐을 것이다. 이들은 건축에 대한 태도가 비슷해서, 디자인의 결과도 비슷하게 나왔다고 이해할 수 있다.

Wikipedia : Rand, Marvin

Wikipedia : Marcelahernandezmoreira

길의 건축에 있어서 또 다른 특이한 점은 틸트업tilt-up 방식으로 집을 지었다는 것이다. 1910년 대 초반부터 이 방법을 쓰기 시작했는데, 아주 효율적이었다. 보통은 콘크리트로 벽을 만들 때, 거푸집을 만들고, 좁은 벽에 콘크리트를 붓는다. 하지만 좁은 틈에 콘크리트를 붓기가 쉽지 않고, 시간도 많이 걸렸다. 잘못하면, 벽 중간에 콘크리트가 채워지지 않는 경우도 종종 있었다. 틸트업 방식은 이런 단점을 해소한 혁신적인 공법이다. 벽을 눕힌 상태에서 콘크리트를 붓고, 다 굳은 후에 일으켜 세우는 방식이다. 세울 때 크레인을 이용하는 것만 빼면, 훨씬 쉬웠다.

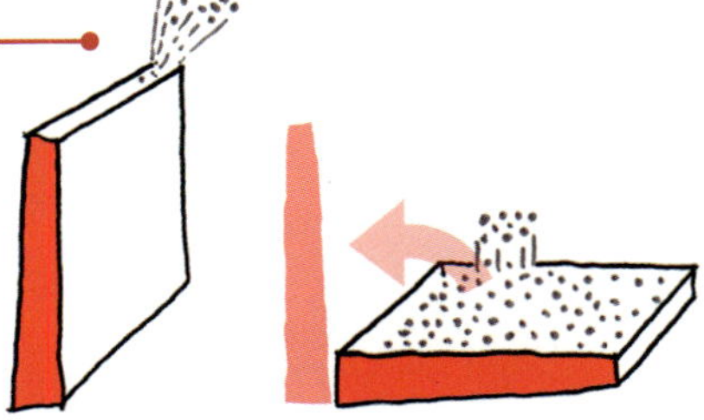

1921년 가을 반즈돌 저택 프로젝트가 마무리된 후, 쉰들러는 독립하기로 결정한다. 그의 나이 34세였다. 첫 프로젝트는 자신의 집, 쉰들러 주택이었다. 이 참에 잠깐 쉰들러의 부인, 폴린Pauline Gibling을 소개하는 게 좋겠다. 그는 스미스 대학Smith College(명문 여자 대학)을 나온 재원으로, 그의 대학 친구, 매리언Marian도 LA로 이주해 왔다. 이 둘은 일반적인 현모양처라기보다는 신여성이었다. (참고로 미국 여자의 참정권은 1920년이 되어서야 미국 전국에서 인정받게 되었다. 그만큼 미국도 보수적인 사회였다.) 여자로서 남자의 보조적인 역할보다는 대등한 입장에서 일에 참여했다. 자연스레 이 둘의 의견이 건축 설계에 상당 부분 반영이 되었다. 매리언의 남편, 체이스Clyde Chase는 얼빙 길의 설계에 따라 집을 짓는 시공 일을 했기에, 이들 4명은 남편은 남편끼리, 부인은 부인끼리 더 친해지게 되었다. 서로의 가치관이 비슷하다고 느낀 이들 4명은 한 곳에 집을 지어 함께 살자고 의견을 모았다. 자연스레 쉰들러가 설계를 하고, 친구의 남편 체이스가 시공을 맡게 되었다.

http://maps.assessor.lacounty.gov

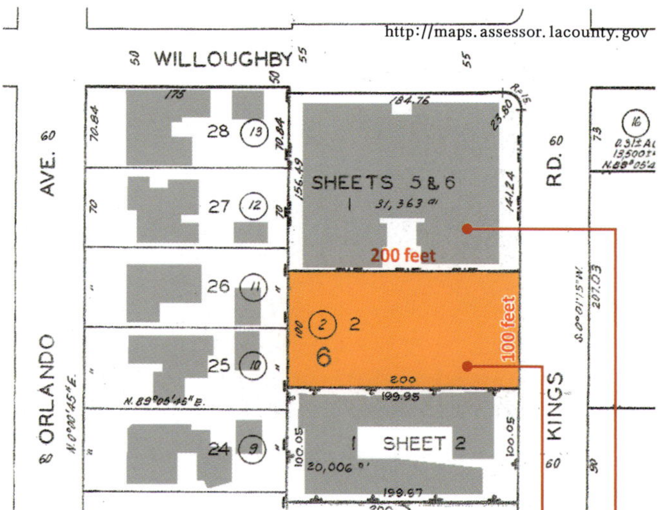

https://www.bing.com/maps

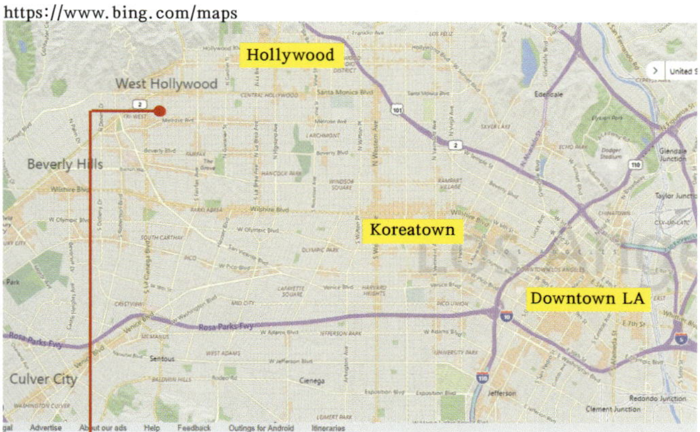

대지는 웨스트 헐리웃City of West Hollywood의 넓은 평지이다. 남북으로 길이가 100 ft(약 30 m)이고, 동서로는200 ft(약 60 m)이다. 20,000 ft2라고 하면, 1,858 m2(562평)이다. 예전에 구획되어서인지, 대지가 상당히 크다. 주변의 땅도 크다. 주변은 벌써 대부분 집합주택으로 바뀐 지 오래다. 동서로 대지가 길고, 대지의 동쪽으로 길이 닿아 있다. 미국은 남향을 선호하는 경향이 없어서인지, 길은 남북으로 뚫려 있는 경우가 많고, 자연스레 집은 동향이나 서향으로 자리잡게 된다. 쉰들러는 독립된 부부의 생활을 위해 입구를 나눴다. 북쪽에는 체이스 부부의 출입구를, 남쪽에는 쉰들러 부부의 출입구를 배치했다.

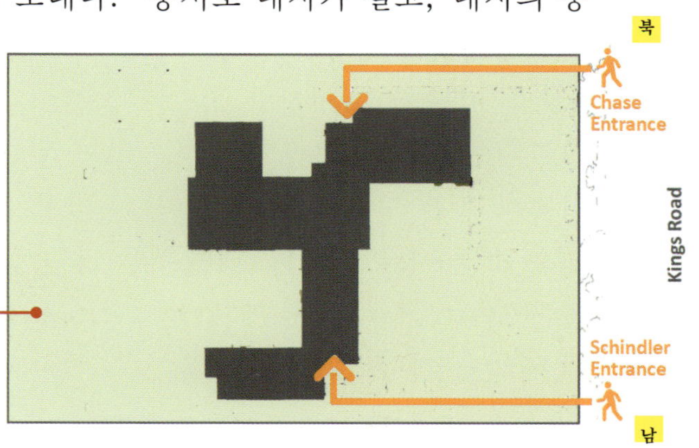

두 출입구 사이는 조경공간인데, 촘촘히 서있는 나무가 벽처럼 둘러져 있어서 밖에서는 안에 있는 잔디밭을 보기 어렵다. 길에서 각각의 집으로 가려면 나무로 둘러싸인 통로를 지나야 한다. 숲 속을 뚫고 지나가는 느낌이다.

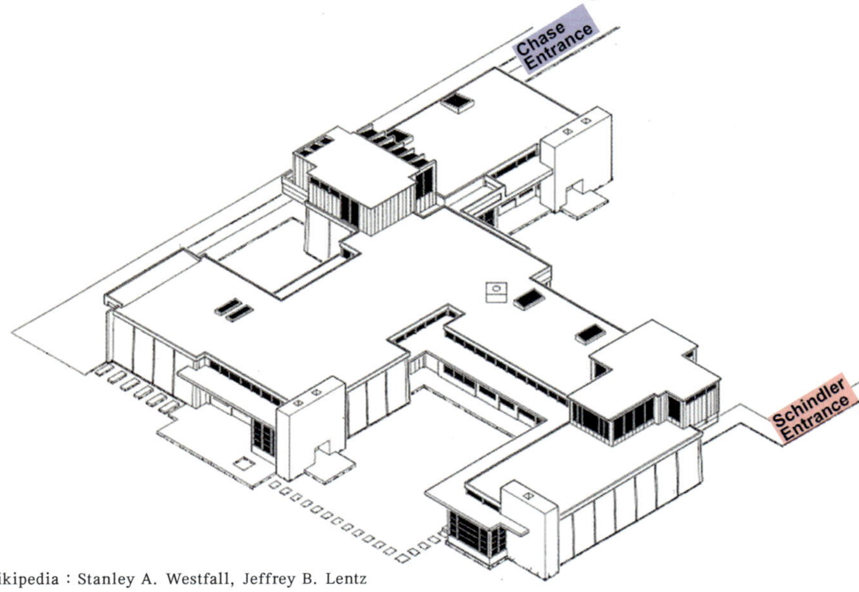

Wikipedia : Stanley A. Westfall, Jeffrey B. Lentz

일반적인 주택과 상당히 다르다. 건물 형태는 겉모습만 봐서는 일반적인 상자형 건물과 비슷해 보이지만, 공간구성은 상당히 파격적이다. '부엌-거실-침실'이라는 일반적인 공간 구성이 아니다. 방의 용도가 아니라, 사용자에 따라 방을 마련했다. 각각의 방은 단순히 비워 두어, 특별한 용도를 지정하지 않았다. 잠을 자면 침실, 일을 하면 사무실이 되고, 공부를 하면 공부방이 되는 식이다. 뿐만 아니라 각각의 방은 항상 마당과 맞닿게 만들었다. 서양 건축의 공간 개념보다는 우리 건축의 '방'과 가까운 개념이다.

이 건물에 거주할 사람은 쉰들러 부부, 체이스 부부, 이렇게 4 명이었다. 아직 이들에게는 아이가 없었기에 4개의 독립된 공간을 만드는 것에서 시작했다. 부부가 방을 함께 쓰는 것이 아니라, 각자 따로 영역을 구분했다는 것이 특이하다. 4개의 방은 부부별로 2개의 영역으로 나눴다. 각 사용자의 방은 'ㄷ'자 형의 평면 구조로 3면이 막혀 있고, 1면은 열려 있는 단위 공간에서 시작한다. 개인의 방과 마당이 합쳐져서 하나의 단위공간이 된다. 열린 면은 마당patio을 향한다. 3개의 막힌 벽은 콘크리트 벽일 수도 있고, 나무벽일 수도 있다. 재료는 중요하지 않다. 벽이 안과 밖의 공간을 구분한다. 열린 면에는 미닫이 문을 설치해서, 필요하면 닫을 수도 있고, 열 수도 있다.

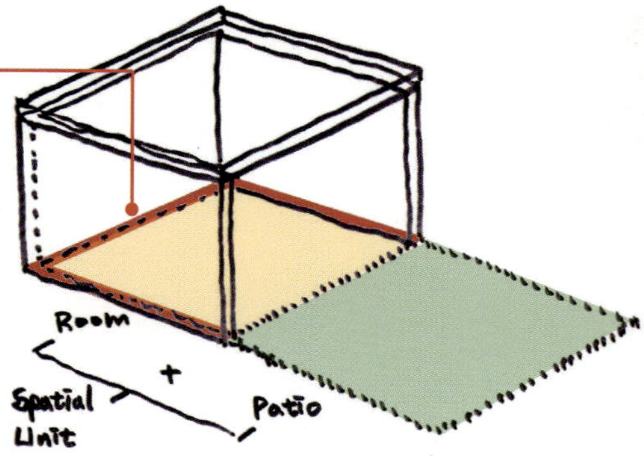

쉰들러는 각 부부 별로 'ㄱ'자 형 건물과 마당을 배정했다. 'ㄱ'자 로 나뉜 방에 각각 남편과 부인의 방이 있고, 마주 보는 마당을 부부가 함께 쓰도록 공간을 정리했다. 이 마당은 건물과 식물로 가려져서 부부만의 아늑한 공간이 된다. 외부공간이지만, 천장만 없을 뿐, 사방이 둘러싸여서 포근하다. 이 두 개의 'ㄱ'자 건물을 부인들의 방을 기준으로 대각선으로 배치했다. 점대칭이다.

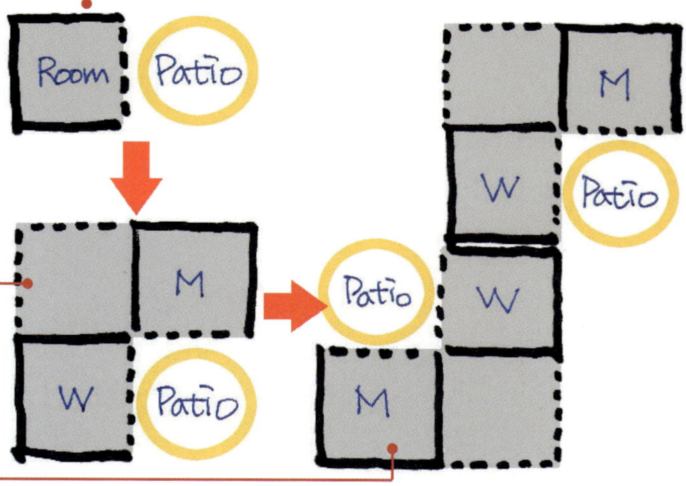

그리고 이 건물의 서쪽에 공유하는 부엌과 손님 방, 그리고 차고를 할애했다. 전체 평면은 바람개비 모양이다.

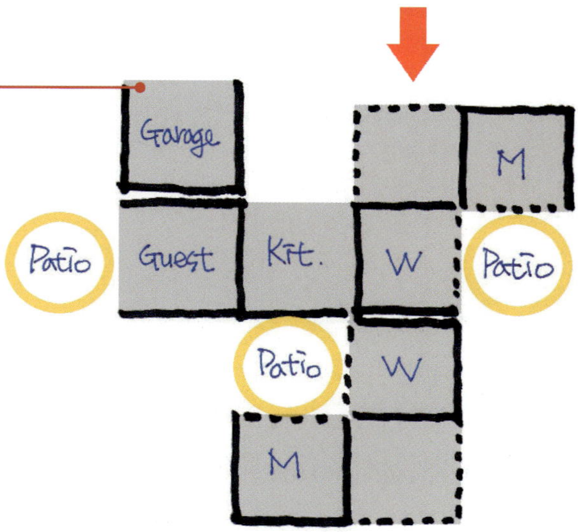

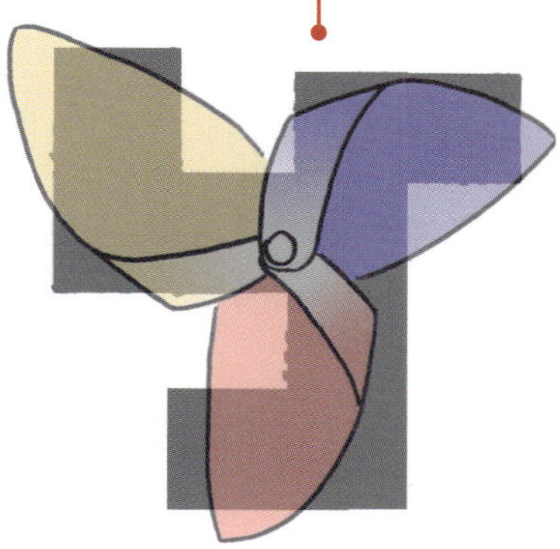

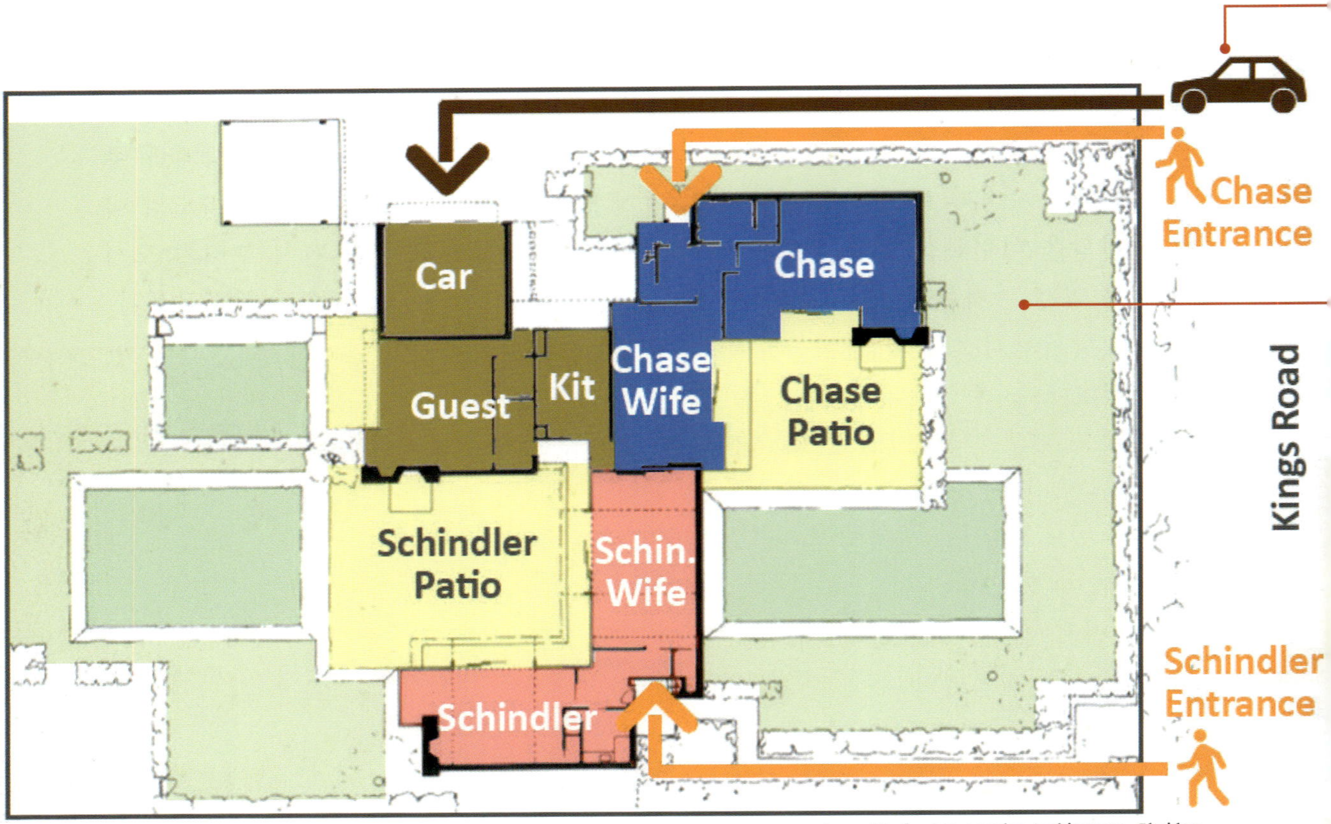

James Steele, Los Angeles Architecture, Phaidon

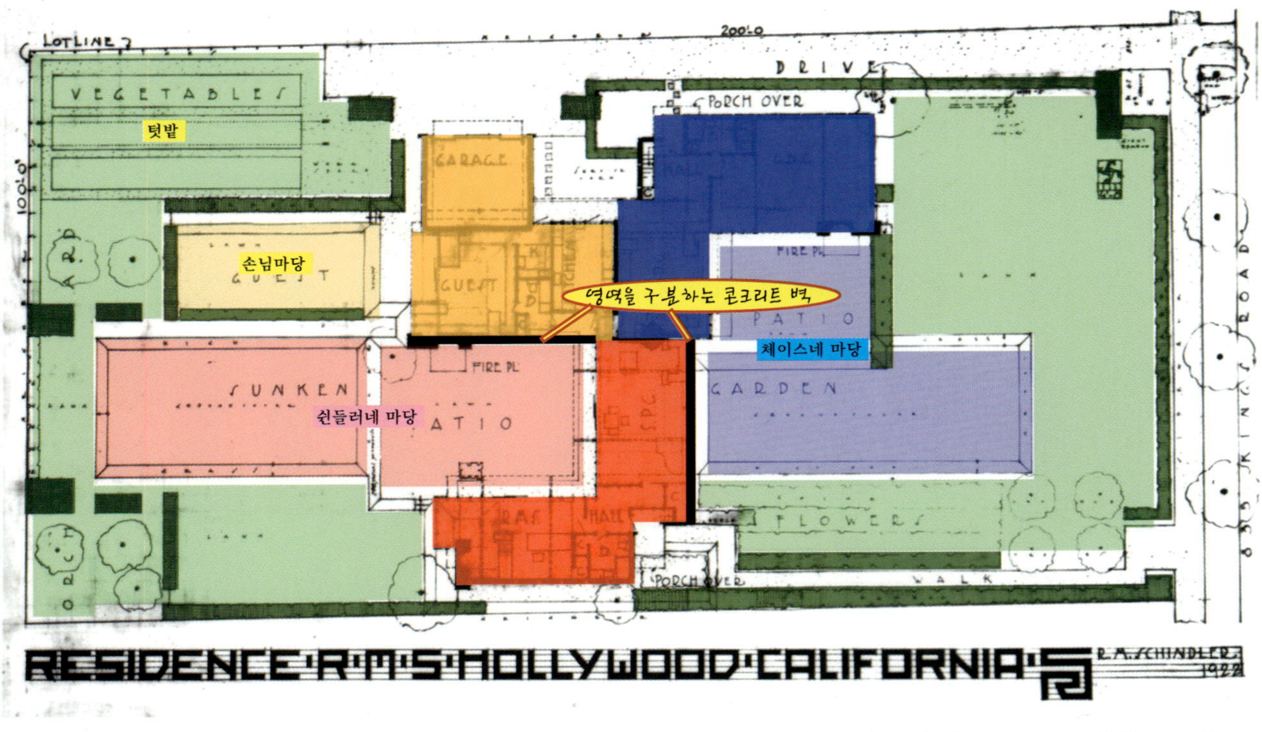

Cathryn Smith, Schindler House, Harry N. Abrams, p20

전체적으로 보면, 건물은 대지의 가운데에 있다. 아직은 셑백setback 규정이 시행되기 전이지만, 건축가는 의도적으로 대지의 앞과 뒤를 비웠다. 건물의 동쪽은 체이스 부부를 위한 마당으로 배정하고, 서쪽은 쉰들러 부부를 위해 마련해 놓았다. 주차장은 체이스 부부 쪽 공간을 통해 들어가게 만들었다. 손님을 위해서도 별도의 아늑한 마당을 마련해 놓았다. 모든 방이 마당을 끼고 있다는 것은 마치 우리가 도시형 한옥에 있는 듯한 느낌이 들게 한다. 좀 더 고급스런 도시형 한옥의 공간감이다.

쉰들러네 마당

체이스네 마당

미로에 있는 듯 느껴지기도 한다.

전체 공간에서 뼈대 역할을 하는 콘크리트벽은 틸트업 방식으로 만들었다. 얼빙 길의 건축 수법을 배워 적용한 것이다. 기본적인 틸트업 벽은 가로 3'-9"(약1125mm)이고 세로 8'-0"(약2400mm)이다. 바닥 쪽의 벽 두께는 8"(약200mm)이고, 가장 윗부분은 3"(약75mm) 정도된다. 3"라고 하면, 벽의 상층부라고 해도 상당히 얇게 느껴진다. 그래도 100년 가까이 잘 지탱하고 있다. 콘크리트 벽 중간에 3" 짜리 폭의 유리를 넣어 마무리 한다(3'-9" + 3" = 4'-0"). 따라서 전체적인 입면의 모듈module은 4' x 8'이다. 일반적인 합판과 같은 모듈이다. 8' 높이 벽 위에 걸쳐서 보를 얹고, 그 위에 지붕을 얹었다. 여기에 횡력을 보강하기 위해 바닥에서 6'-3" (약1875mm)되는 높이에 공간을 가로지르는 중간보를 추가 했다. 공간이 높지 않고, 아늑하다. 중간 보에서 마당쪽으로 차양을 위해 수평부재를 밖으로 냈다. 수평부재 위로는 고측창을 내어서, 낮에는 인공조명 없이도 밝게 지낼 수 있다.

고측창으로 들어오는 햇빛

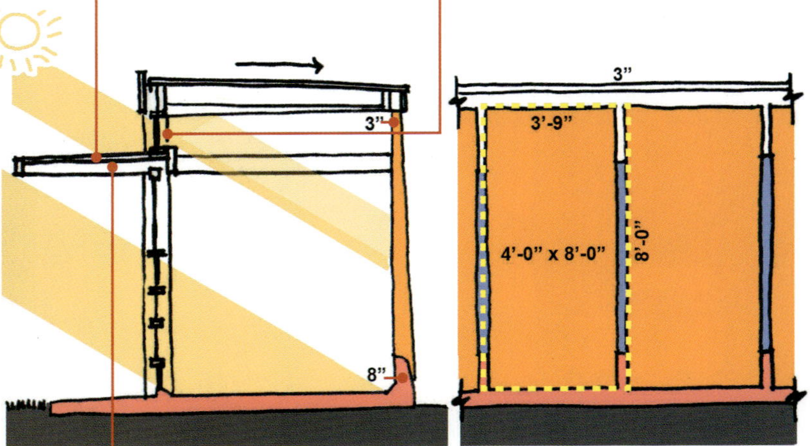

콘크리트 벽 모듈 : 4'(폭)x8'(높이)

건물 사이사이에 마당이 있어서, 마당과 건물이 따로 떨어진 별개가 아니라, 한 공간으로 합쳐질 수 있게 만들었다. 탈리에신에서 영향을 받았다는 것을 알 수 있다. 평면을 보면 단순해 보이지만, 이 집에 들어가면 미로에 있는 듯한 느낌이 들기도 한다. 건물 벽과 식물 벽이 유기적으로 잘 짜여져 배치되어 있기 때문이다.

여기서 놓지지 말아야 할 것이 있다. 집의 바닥은 콘크리트로 만들어져 있는데, 이 콘크리트 바닥과 마당이 같은 높이로 되어 있다. 보통은 집 안에 빗물이 들어오는 것을 방지하기 위해, 그리고 집이 마당과 다른 공간이라는 것을 표시하기 위해 집을 마당과 단차를 두어 올리기 마련이다. 하지만, 쉰들러 주택에서는 아니다. 마당과 각 사용자의 방의 바닥 높이를 같게 해서, 내부와 외부가 하나로 연결되게 만들었다. 진정으로 내외부가 상호 관입한다. 모던 건축modern architecture의 개념을 이 주택에서 실현시키려고 한 건축가의 의도를 알아채야 한다.

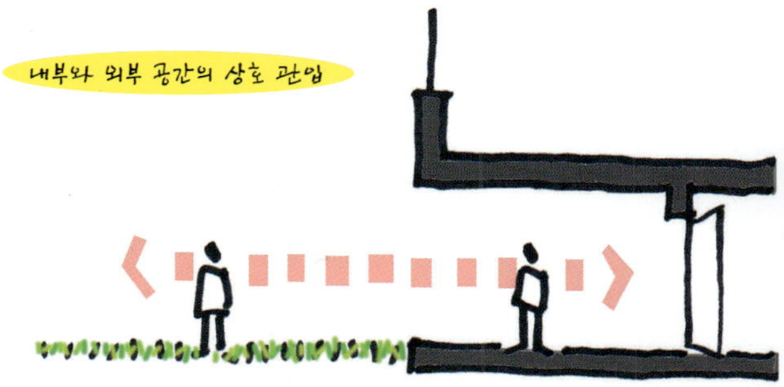

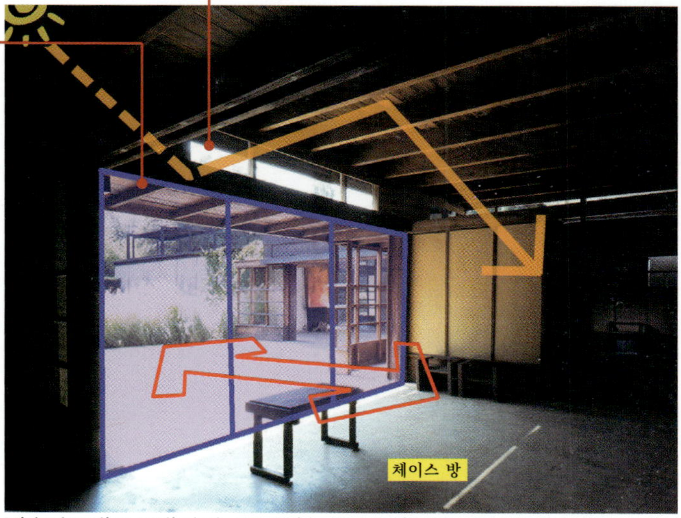

Michael Darling & Elizabeth A.T. Smith, The Architecture of R.M. Schindler, MOCA

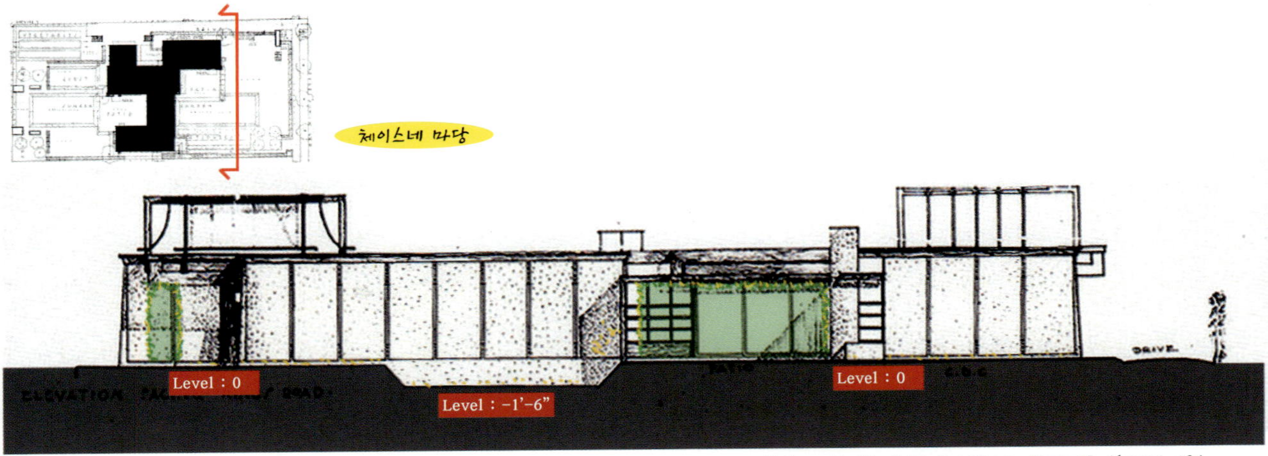

Cathryn Smith, Schindler House, Harry N. Abrams, p34

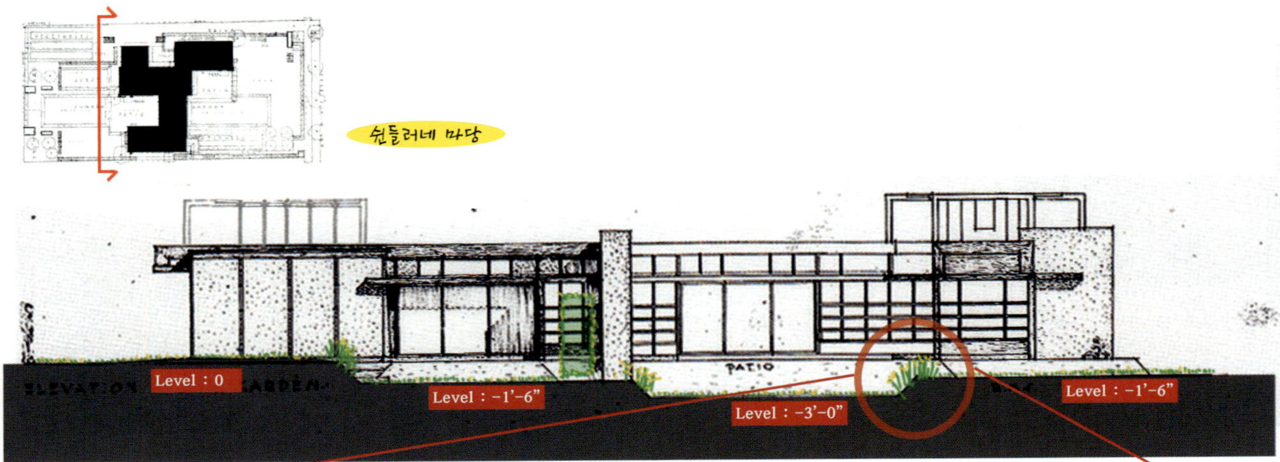

조경공간이 모두 평지는 아니다. 전체 주택의 바닥면은 같은 높이로 되어 있지만, 일부 조경공간은 땅을 파서 낮게 만들었다. 만약에 있을 수 있는 폭우에 대비해서 이렇게 했을 것 같다는 생각이 든다. 기록에 의하면 수십 년에 한 번씩 홍수가 난 적이 있기 때문이다. 비가 온다면, 우선 낮은 곳에 물이 모이게 되고, 집에는 마지막에 들어차게 될 것이다. 다양한 식물을 전체 대지에 조화롭게 배치해서, 조경과 건축이 하나처럼 존재한다.

Cathryn Smith, Schindler House, Harry N. Abrams, p20

Wikipedia : Julius Shulman

1940-50년대
쉰들러 방

손님 방

2016년
쉰들러 부인 방
쉰들러 방

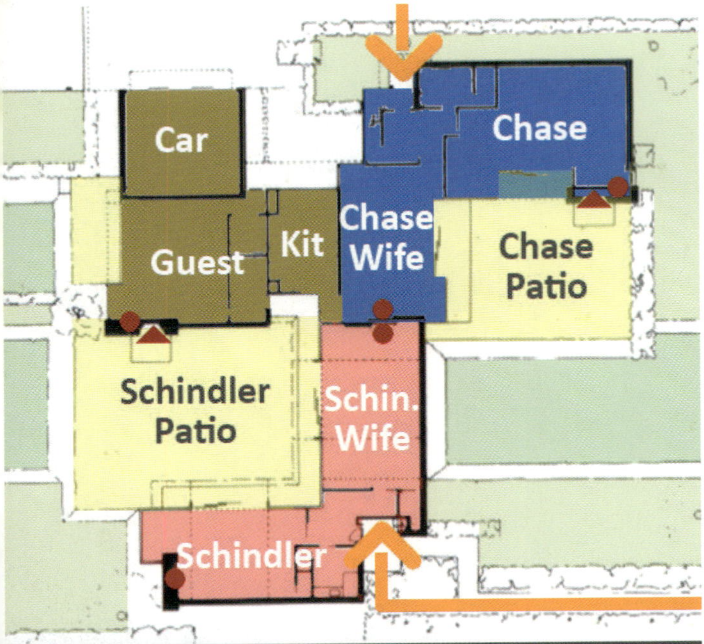

프랭크 로이드 라이트가 소중히 여긴 벽난로도 이 집에 반영했다. 각 방마다 하나씩 있을 뿐만 아니라, 부부 끼리 마주보는 마당에도 하나씩 마련해 놓았다. 야외에도 벽난로가 있다는 게 놀랍다. 겨울이라고 해서 동부처럼 눈이 내리지는 않지만, 마당에서 불없이 지내기에는 쌀쌀하다. 아늑한 마당에서 모닥불 피워 놓고 오붓한 시간을 보내기 위한 것으로 보인다.

체이스네 낮잠자는 공간에서
체이스네 마당을 내려다 본 모습

이 뿐 아니라, 또 색다른 공간이 있다. 집 위에 낮잠을 자는 공간sleeping porch을 마련해 놓았다. 로스앤젤레스의 날씨가 너무나 매력적이어서, 이 날씨를 만끽하고 싶었던 것으로 보인다. 이 위에 해먹을 걸거나, 간이침대를 놓고, 낮잠을 자면, 신선놀음이 따로 없을 것같다.

체이스 부인 방에서
체이스 방을 바라본 모습

이 집 주변을 걷다 보면, 다분히 일본스럽다는 느낌을 받게 된다. 쉰들러가 대학 시절 그린 그의 투시도를 봐도 일본스런 느낌이 많이 든다. 이미 19세기 말이면, 유럽에 자포니즘Japonism(일본풍)이 널리 퍼져 있었다. 일본의 문물이 유럽에 많이 소개되었고, 많은 예술가들이 영향을 받았다. 오스트리아 분리파 화가 클림트도 일본의 영향을 받았고, 고흐Vincent Van Gogh는 아예 일본 그림을 모사하기도 했다. 라이트의 경우는 일본의 목판화인 우키요에를 팔기도 했다. 그만큼 그들의 생활 속에 일본 문화가 자리하고 있었고, 이것은 자연스레 건축 표현 방식에도 스며들게 되었다.

Judith Sheine, R.M. Schindler, Phaidon, 2001

쉰들러의 대학교 졸업설계 작품 : 화장터 (1912)

Wikipedia Gustav Klimt

클림트 : 부채를 든 여인 (1918)

고흐 : 꽃피는 매실나무 (1887)
히로시게의 그림을 모사

FRANK LLOYD WRIGHT FOUNDATION

라이트와 그의 제자 쉰들러는 동양화에서 보이는 낙관을 차용해서 그들의 도면에 자신의 이미지를 남겼다.

쉰들러의 영역과 손님 영역은
콘크리트 벽으로 명확하게 구분된다
손님 방
쉰들러 방

쉰들러 방

쉰들러 부인 방

쉰들러는 자신의 첫번째 작품인 쉰들러 주택에서 마지막 눈을 감을 때까지 30년 남짓한 기간을 이사 가지 않고 이 집에서만 지냈다. 그의 집은 그의 살림집이자 건축 설계 사무실이기도 했고, 더 나아가 헐리웃 예술가들의 사랑방 역할을 하기도 했다. 음악가가 작은 음악회를 열기도 하고, 미술가들이 작품을 가져와서 전시회를 열기도 했다. 이런 사교 모임 덕에 여러 건축주를 만날 수 있었고, 그들의 주택을 지을 수 있었다. 쉰들러가 세상을 떠난 후에는 오스트리아 정부가 인수해서, 건축과 예술의 사랑방 역할을 계속 이어가고 있다.

이 주택에서 느낄 수 있는 공간감을 발전시켜서 삭스 다가구 주택Sachs Apartment (1926-1940)을 짓는다. 20세기 초 LA에서 벽화 예술가로 이름을 날리던 삭스Herman Sachs도 쉰들러의 집에서 감명을 받아서 자신의 다가구 주택 설계를 의뢰하게 되었다. 가파른 경사지에 16개의 유닛을 조화롭게 구성하였다. 1926년에 하나를 짓고, 맘에 든 건축주가 14년 동안 2차례 증축을 더 해서 오늘날의 모습이 이루어졌다. 쉰들러 주택보다 늦게 지어졌지만, 유지 보수가 제대로 되지 않아 많이 낡아 있다. 그래도 상상력을 발휘하여 70년 전으로 되돌아가면, 쉰들러의 뛰어난 건축 공간감을 느낄 수 있다. 틸트업 콘크리트가 아닌 것을 제외하면, 쉰들러 주택과 비슷하다. 아니... 경사지에 지어져서 오히려 더 재미난 공간을 느낄 수 있다.

최근 들어 일부분을 보수하기 시작했다. USC 대학원 때 나를 가르쳤던 분들도 젊은 시절 이 집에 살면서, 쉰들러 건축을 체험했었다고 한다. 이 집을 둘러 보면, 안도 다다오安藤忠雄의 로코 집합주택(1983)이 생각난다. 경사지 집합주택의 모범을 보여준다.

Wikipedia : Raphael Azevedo França

Schindler House Address :
833 N Kings Rd, West Hollywood, CA 90069
Sachs Apartments :
1826 N. Lucile Ave, Los Angeles, CA 90026

https://www.flickr.com/photos/maiabee/5367438448/in/album-72157625853118172/
Maia Valenzuela

CASE STUDY HOUSE #22

2001년으로 기억하는데, 주방가구 회사의 TV 광고가 눈길을 사로 잡았다. 주부가 거실에서 우아하게 춤을 추고 있었다. 건축과 출신이어서인지, 아름다운 주부는 기억이 나지 않지만, 그 공간이 아직 머리 속에 남아 있다. 깔끔한 인테리어와 전면 유리창 너머로 내려다 보이는 아름다운 시가지가 상당히 인상적이었다. 어디선가 본 듯 한데, 당시에는 이 집에 대해서 잘 알지 못 했다. 그냥 인테리어가 예쁜 전망 좋은 집이려니 생각했다. 이듬해 LA로 유학을 오고, LA 인근의 유명한 주택을 둘러 볼 수 있는 수업을 들었다. 그 때서야 이 집에 대해 알게 되었다. 케이스 스터디 주택 22호였다. 케이스 스터디 주택 시리즈 중에 가장 많이 알려진 집이다. 건축 사진작가 줄리우스 슐만Julius Shulman이 이 집에서 찍은 사진이 아주 유명하다.

낙수장Falling Water도 어느 백화점 사장의 별장으로 지어졌다

Wikipedia : Daderot

케이스 스터디 주택은 오늘날의 우리도 한 번 생각해 볼 만한 주제이다. 일반적으로 설계가 잘 된 건축물이라고 하면, 공공 건물 아니면, 권력자/부자를 위한 저택이다. 일반 대중들은 건축 설계비를 지불할 여유가 없어서, 설계에 신경써서 집을 짓는 경우는 흔치 않다. 그렇다면, **일반인들도 설계가 잘 된 주택에서 살 수는 없을까?** 케이스 스터디 주택 시리즈는 이 질문에서 시작한다. 일반 대중에게도 설계가 잘 된 주택을 제공하자는 일종의 건축운동으로 이해할 수 있다.

1943년으로 거슬러 올라간다. 좐 엔텐자John Entenza는 자신이 편집장으로 일하던 잡지의 이름을 '예술과 건축Arts and Architecture'으로 바꾸고, 남부 캘리포니아, 좀 더 구체적으로 말하면, 로스

처음 5년간 잡지를 묶어서 열 마전 단행본으로 출간했다.

https://www.taschen.com

앤젤레스에 맞는 모던 건축modern architecture(현대 건축)을 찾기 위해 노력하고 있었다. 단순히 형태만 따라 하는 모던 건축 디자인이 아니다. 당시 시대 상황에 맞는 최선의 건축 디자인을 찾으려고 했다.

그렇다면 당시의 시대적 상황은 어떠했을까? 2차 세계대전(1939-1945)은 막바지로 향하고 있었고, 전세가 기울기 시작했다. 미국은 이미 승전국이나 마찬가지였다. 캘리포니아 주민이 참전해서 전쟁터에서 죽거나 부상을 입을 수는 있었다. 하지만 세계 대전 중에 캘리포니아 주 자체에서는 물리적인 피해가 전혀 없었고, 오히려 주 자체로서는 군수 산업이 발전하는 등 호재였다.

https://www.pinterest.com/pin/518547344566503285/

이 무렵 중산층은 전에 없던 문명의 혜택을 누리기 시작했다. TV와 세탁기, 냉장고 등 여러가지 새로운 가전제품들이 널리 보급되었다. 이에 따라 주부의 가사노동 시간이 줄어들게 되고, 이들을 위한 일자리도 생겨났다. 덕분에 가계 수입도 증가했다. 중산층의 생활 수준이 높아졌고, 모든 것이 넘쳐났다. 엔텐자는 전쟁이 끝나면, 이들을 위한 새로운 주택 수요가 있으리라 예상했고 이를 대비해 하나하나씩 준비해 갔다. 새로 보급된 문명의 이기를 반영한 설계 지침이 정리되었다.

Case Study House 9 by Eames & Saarinen (1949)

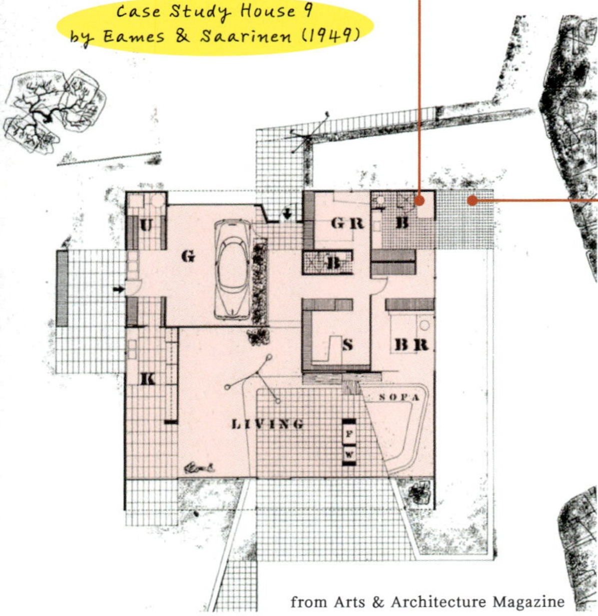

from Arts & Architecture Magazine

이제 뜻을 같이 하는 건축가를 찾아 나섰다. 다행히 미국 전역에서 많은 건축가들이 참여의 뜻을 밝혀 왔다. 엔텐자는 이 중에서 우선 8명의 건축가를 선정하였다. 이들 중에서 노이트라Richard Neutra, 사리넨Eero Saarinen과 임스Charles Eames가 눈길을 끈다. 노이트라는 이미 건축계에서 어느 정도 자리를 잡은 상태였지만, 사리넨과 임스는 아직은 전도 유망한 건축가로, 케이스 스터디 주택을 통해 차츰 자신들의 이름을 널리 알리게 된다.

이들 건축가에게 로스앤젤레스 인근의 각기 다른 대지를 제공하고, 설계안을 받았다. 이들의 설계안은 당시로서는 새로운 아이디어였고, 잡지에 실려서 일반인들도 구경할 수 있었다. 중요한 것은 건축주가 자신의 대지에 설계한 계획안이 마음에 들면, 짓는 것이고, 아니면 그냥 잡지에 기록으로만 남는 것이다. 건축가들에게는 재미난 실험이었다.

설계한 대지는 기존의 도시 내에 있는 대지일 수도 있고, 새로 개발된 신도시의 대지일 수도 있다. 주어진 대지는 하나의 주소가 있는 특정한 장소이지만, 설계안은 다른 다양한 대지에도 적용할 수 있는 것이어야 했다. 하나의 프로토 타입proto type으로 보면 된다. 잡지를 통해 다른 건축주가 나타나면, 새로운 대지에 적용하는 것도 고려했기 때문이다.

Wikipedia : unknown

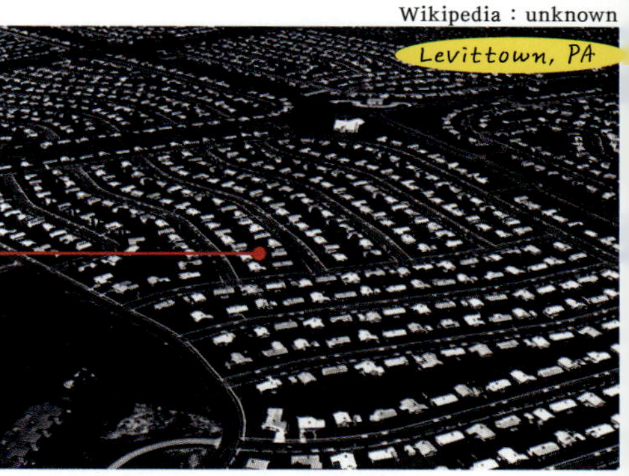

Levittown, PA

2차 대전이 끝나면서, 예상대로 많은 신도시가 개발되었다. 새 주택을 많이 지어야 했다. 자가용 자동차가 보편화되면서 이제는 생활의 영역이 넓어졌다. 전에는 하루의 생활 반경이 10km 정도였다면, 이제는 30km 정도로 늘어났다. 도시를 잇는 고속도로freeway도 많이 건설되었다. 물리적인 거리는 멀어졌지만, 실제로 통근하는 시간은 별 차이가 나지 않았다. 대중 교통을 기다릴 필요가 없고, 내가 원하는 시간에 아무 때나 다닐 수 있어서, 참으로 편리했다. 그리고, 기존의 도심 근처 주거환경이 좀 지저분하고 답답했던 반면, 상대적으로 더 쾌적한 주거환경에서 거주하게 되었다. 교통수단의 발달이 가져온 변화였다.

Wikipedia : Remi Jouan

Freeway in LA

케이스 스터디 주택에 사는 사람들도 당시의 시대상이 반영되었다. 거주자는 대개 부부와 자녀 1명 또는 2명에 가끔 집에 찾아 오는 부모님이나 친척, 이렇게 4-5 식구가 일반적이었다. 이미 핵가족이 보편화되었다. 침실마다 아늑한 마당이 붙어 있다. 일반 집장사 집에서와는 달리 공간 구성이 더 알차게 꾸며졌다. 외부공간도 그냥 비어 있는 공간이 아니라, 내부 생활 공간과 잘 연계되었다.

Wikipedia : Seattle Municipal Archives

새로운 시대를 반영하기 위해, 새로운 재료나 공법도 시도되었다. 자재를 표준화해서 조립식으로 손쉽게 집을 지으려고 시도한 사람도 있고, 자재를 공장에서 가공해서 현장에서는 조립만 하려고 시도한 경우도 있었다. 이론상으로는 비용이 줄어들어야 한다. 하지만, 실제로는 줄기는 커녕 오히려 더 많은 비용이 드는 경우가 많았다. 대량 생산이 아니었고, 대부분의 공정이 수작업으로 이루어져야 했으므로 비용을 줄이기가 쉽지 않았다. 시도는 좋았지만 현실과는 아직 거리가 느껴졌다. 오늘날까지도 만족할 만한 해결책이 없는 실정이다.

Wikipedia : Axel Bleyer

케이스 스터디 주택은 대지가 다 달랐다. 일반적인 대지가 주어진 경우가 가장 많았지만, 어떤 주택은 물가에 있는 경우도 있었고, 22호 주택의 경우는 가파른 절벽 위에 집을 지어야 했다. 다양한 가능성에 대한 해결책을 찾는 실험이었다. 우리 한국에서는 언덕 위에 살림집을 짓는 것이 금기시 되었지만, 서양에서는 오래 전부터

언덕 위에 마을이 들어선 경우가 많았다. 높은 곳에 앉아서 전망 좋은 아래를 내려다 보며 사는것은 도전할 만한 가치가 있다고 여겼다.

중산층의 경제 수준이 높아지면서, 집 안에 수영장을 설치하는 집이 늘어났다. 온화한 기후도 한몫했다. 여름은 물론 봄, 가을에도 물놀이하기가 좋은 기후다.

이제 케이스 스터디 주택 시리즈 중에서 가장 유명한 22호 주택에 대해 살펴 보자. 1954년 헐리웃Hollywood 인근에 살던 스탈 부부Buck & Carlotta Stahl는 언덕 위를 자주 바라 보곤 했다. 언덕 위에 부부가 꿈꾸는 집을 짓고 싶었다. 하루는 차를 몰아 근처를 구경하고 있었다. 하늘의 뜻인지, 땅 주인을 만나 얘기하다가, 그 자리에서 덜컥 이 땅을 $13,500에 사게 되었다. 대지에서 내려다 보는 모습이 끝내주게 멋졌다. 그런데 우리가 일반적으로 생각하는 언덕 위의 그림같은 집을 지을 수 있는 땅이 아니었다. 절벽에 가까운 땅이다. 그 돈이면, 아랫동네에 왠만한 집을 살 수 있었다. 주변에서는 헛돈 썼다고 다들 뭐라 했다. 도대체 이런 절벽에 어떻게 집을 지을 수 있냐고 핀잔을 주었다. 스탈은 걱정하지 말라고, 다 생각이 있다고 일축했다.

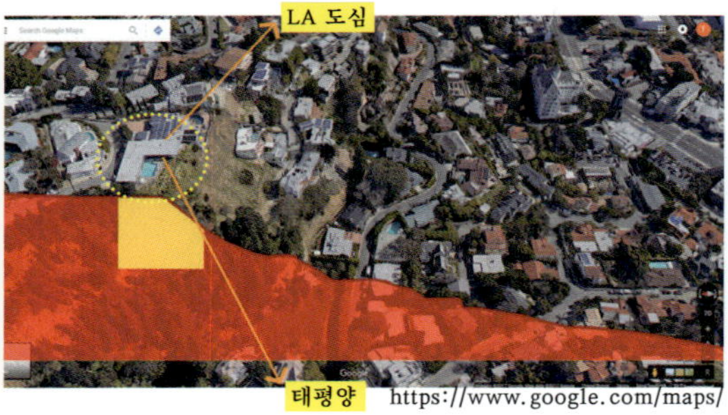

https://www.google.com/maps/

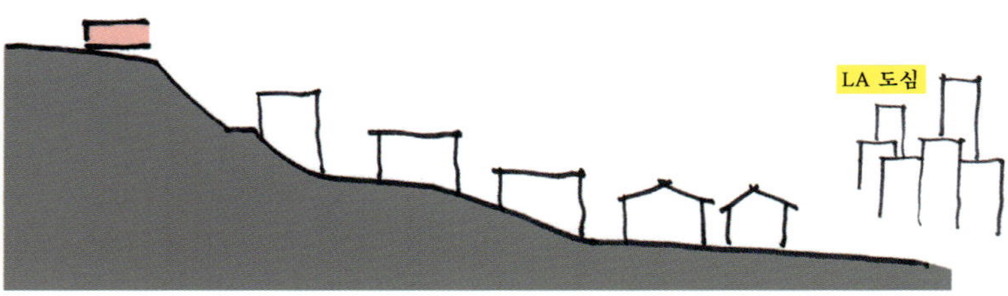

이후로 스탈은 주말이면, 차에 콘크리트를 싣고 달려 가서, 집을 지을 수 있게 축대를 쌓았다. 2년을 쌓았다고 한다. 집을 짓기 전에 초석을 다졌다고 이해하면 될 듯 싶다. 그러면서 짬짬히 자신들이 살 집에 대해 생각하고 생각했다. 이 정성에 하늘이 감복한 듯 하다.

이렇게 건축주 벅 스탈Buck Stahl이 고생고생해서 지었기에 이 집을 스탈 주택이라고도 부른다. 그는 일반적인 건축주가 아니었다. 보통 건축주는 필요한 방이 어떤 것이 있고, 어떤 스타일로 지어지면 좋겠다고 희망사항을 이야기하는 것에서 멈춘다. 그 후 건축가가 이를 바탕으로 자신이 생각하는 설계안을 만들어낸다. 건축주가 디자인까지하는 경우는 드물다. 간판을 제작한 경험이 있던 스탈은 아크릴을 가공하면서 익힌 경험을 바탕으로 자신이 직접 도면도 그리고, 모형도 만들어 보았다. 아주 적극적인 건축주였다. 집이 어떠하리라 자신의 생각이 정해진 다음에, 건축가를 찾아서 자신의 모형을 보여준 후, 건축가의 의견을 물었다. 이미 2명의 건축가와 상의를 했지만, 그들은 그가 꿈꾸는 집에 대해 부정적이었다. 스탈은 또 다른 건축가를 찾아야 했다.

마침 그때 건축가 피에르 코니히Pierre Koenig를 만나게 된다. 코니히는 30대 초반의 건축가로 이미 자신의 건축 설계사무소를 운영하고 있었다. 그는 USC(Univ. of Southern California) 건축과를 졸업하고(1952년), 케이스 스터디 주택과 관련된 일을 하고 있었다. USC는 당시 케이스 스터디 주택을 이끄는 곳이었고, 그 전통은 내가 대학원을 다니던 2002년에도 유지되고 있었다. 대학을 졸업하기 전에 이미 그는 철제를 이용해서 자신의 집을 지어 보았다. 1000sf (28평) 정도로 작은 규모지만, 그의 건축가로서의 경험을 쌓는데, 큰 자산이 되었다.

사실 코니히는 학생시절 설계 수업 때 철제로 주택을 설계한 적이 있는데, 여러 사람들의 비판을 감수해야 했다. 왜냐하면 실제 건축주들은 철제로 지은 주택을 싫어 한다는 것이다. 이미 1949년에 임스Eames가 철제로 자신의 주택을 지어, 건축계에서 좋은 평을 얻고 있던 터였다. 하지만, 일반 건축주들은 아직 거부감이 있으니 실무할 때는 목재를 이용하라는 충고였다.

그래도 코니히는 철제로 주택을 짓고 싶었다. 그는 샌프란시스코 출신으로 어릴 때 인근에서 철제로 배 만드는 것을 접할 기회가 있었다고 한다. 그 때 객실이 만들어지는 과정을 보고 난 후 나중에 커서 철제를 이용해서 집을 지어보고 싶다는 꿈이 생겼다. 학생 때 자신의 주택을 지으면서, 철제 주택에 대한 자신감을 갖게 되었다.

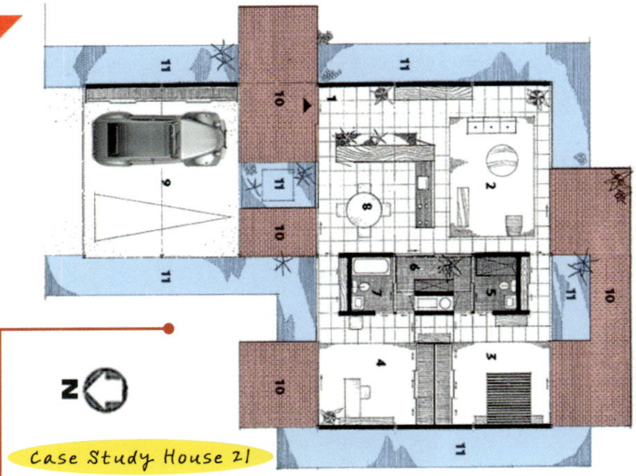

Case Study House 21

스탈과 코니히가 만난 것은 아마도 케이스 스터디 주택 #21를 지을 무렵으로 1958년 즈음일 거다. 코니히는 건축주 스탈이 제안한 'ㄱ'자 모양의 공간 구조를 받아 들이고, 이것을 발전시키려고 노력했다. 인근에 지으려고 하는 케이스 스터디 주택 #21도면을 보여주면서, 어떻게 풀어갈 지 설명하였다. 스탈과 코니히 둘 다 만족해 했고, 코니히는 스탈의 디자인을 깔끔한 도면으로 발전시켰다. 스탈의 모형사진은 있지만, 평면도는 구하지 못 했다. 아마도 코니히가 스탈의 공간을 잘 정리했으리라 추측한다. 수영장은 코니히의 권유로 이 때 추가된 것으로 보인다.

이제 코니히의 도면을 가지고, 케이스 스터디 주택 #22를 어떻게 설계했을지 상상해 본다. 대지에 면한 도로는 북쪽에만 있다. 남쪽은 절벽이다. 특히 남서쪽은 아주 가파르다. 사람이든 차든 북쪽에서 접근해야 하고, 대지에 서면, 아래로 로스앤젤레스 전경이 한눈에 들어 온다. 전망은 좋지만, 집을 짓기에 좋은 조건은 아니다. 땅이 평지도 아니고, 남쪽의 반 정도는 절벽이다. 아마 이런 이유로 건축주 스탈은 조금이라도 넓은 땅에 집을 짓기 위해 주말마다 경사진 남쪽면에 축대를 쌓았을 것이다. 북쪽과 동쪽만이 그나마 집을 지을 수 있다.

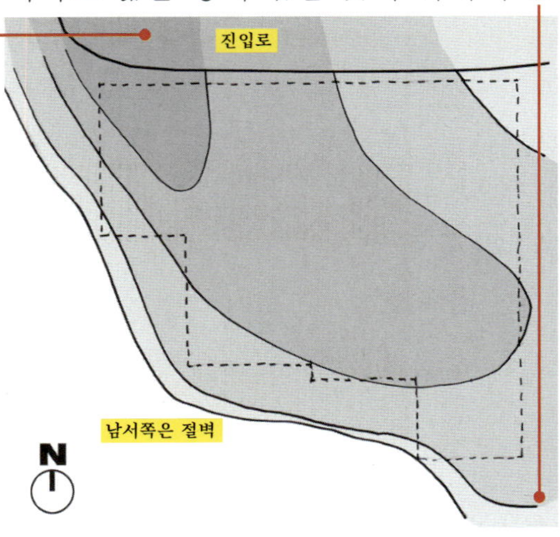

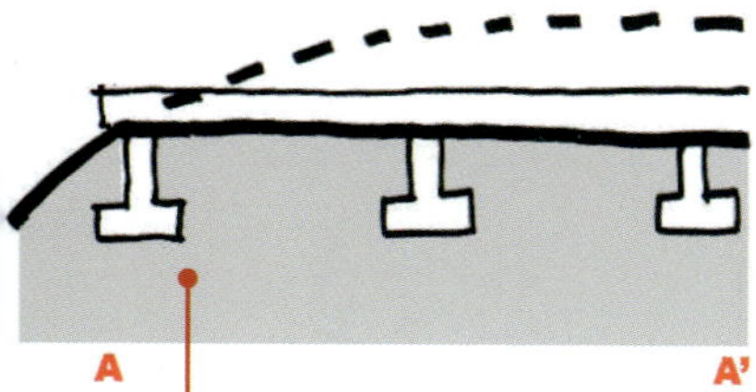

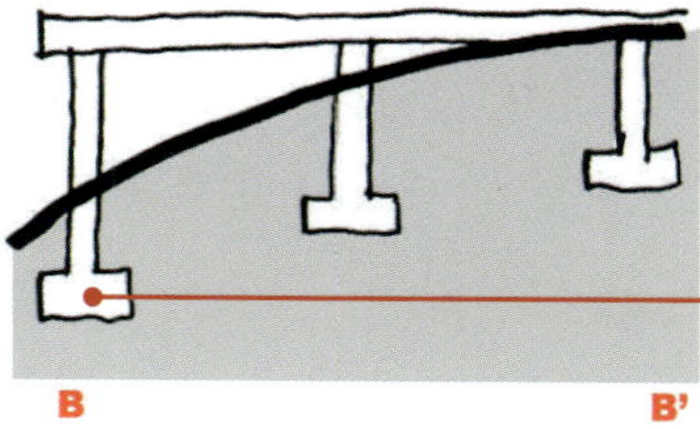

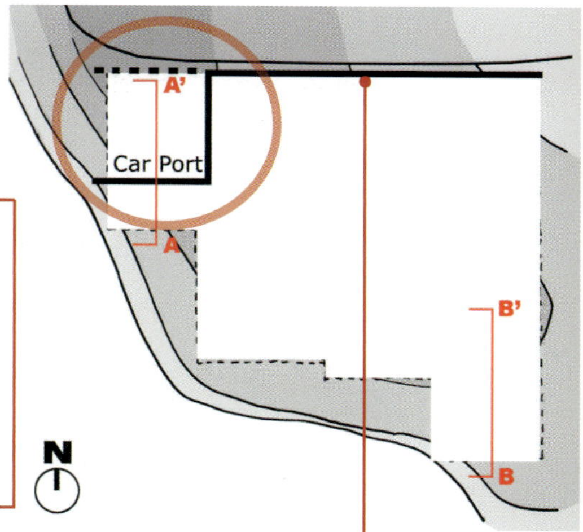

북서쪽 모서리에 2대의 주차공간Car Port을 마련했다. 땅의 윗부분을 걷어낸 후 평지로 만들기도 하고, 공사하기 적절한 높이를 찾아 바닥면을 만들었다. 어떤 곳은 콘크리트 바닥판이 떠 있어서, 땅과 연결하는 튼튼한 기둥을 여러 개 박아야 했다.

그리고나서 주차공간과 대지경계를 따라 벽을 둘렀다. 외부와 내부를 구분하는 첫번째 경계다. 밖에서 보면 화물을 쌓아 놓는 컨테이너 창고로 느껴질 법도 하다. 시선을 끄는 것은 아무 것도 없다. 주차장에서 안으로 들어가는 벽은 격자형 패턴인데, 반 정도는 구멍이 뚫려서 빛이 들어 온다. 원래는 허리까지만 오는 낮은 담이었는데, 나중에 높게 만들었다. 이 틈으로는 저 멀리 시내 전경이 살짝 보이지만, 이 집안의

공간이 어떻게 생겼는지 파악할 수는 없다. 이 벽은 7ft (2.1m) 정도의 높이로 오른쪽으로는 열려 있다. 마음만 먹으면 쉽게 들어갈 수 있다. 실질적이라기보다는 상징적인 경계의 역할을 한다. 한옥에서 보는 내외벽 느낌이다. 이제 집 안으로 들어간다.

대문을 지나 안으로 들어 오면 로스앤젤레스 시내 전경이 한눈에 들어온다. 처음 보는 사람은 바로 놀란다. 영화가 시작하자 마자 바로 스펙타클한 장면이 나오는 느낌이랄까... 바로 앞 왼쪽에 수영장이 보인다. 대지에 여유가 있었으면, 수영장을 대문에서 좀 떨어뜨려 놓았겠지만, 협소한 탓에 마당 없이 바로 수영장을 배치했다.

대문 안으로 들어오면, 바로 왼쪽으로 돌아야 한다. 이제 건물이 한 눈에 들어온다. 수영장을 중심으로 'ㄱ'자 형태의 건물이 들어서 있다. 밖에서 봤을 때는 꽉 막힌 창고처럼 보였는데, 안에서는 사뭇 다르다. 모든 벽이 유리로 둘러져 있다. 밖으로는 폐쇄적이고, 안에서는 개방적이다. 중정형 주택이라고 할 수 있는데, 마당 대신에 수영장이 자리한다고 보면 된다. 툇마루 자리에 콘크리트 복도가 깔려 있다.

대개 주택에서 마당은 중요한 역할을 한다. 비어 있는 공간에서 다양한 행태가 일어나기 때문이다. 아이가 자전거를 타기도 하고, 줄넘기를 하기도 한다. 가족이 모여 바베큐를 구워 먹기도 한다. 그래서 일반적으로 마당은 주택에서 없어서는 안 되는 필수 요소라고 생각한다. 건축주가 마당 대신에 수영장을 원한다면 이것은 개인의 취향으로 이해해야 할 듯 싶다.

주차장 바로 옆은 침실 공간이고, 다른 편은 부엌과 거실 공간이다. 침실 공간에는 3개의 침실이 줄지어 있고, 전망이 가장 좋은 남쪽으로 튀어나간 곳은 거실 공간이다. 침실 부분과 거실 부분이 만나는 곳에 화장실을 비롯한 서비스 공간을 배치했다. 이렇게만 보면, 이 집의 공간 구성이 이상하게 보일 수 있다. 대개 침실 공간은 가장 사적인 공간이어서 집의 가장 깊숙한 곳에 배치하고, 거실은 공적인 공간이어서 대문 가까이에 두기 마련이다. 하지만 여기서는 반대로 배치되어 있다. 그럴 만한 이유가 있을 것이다.

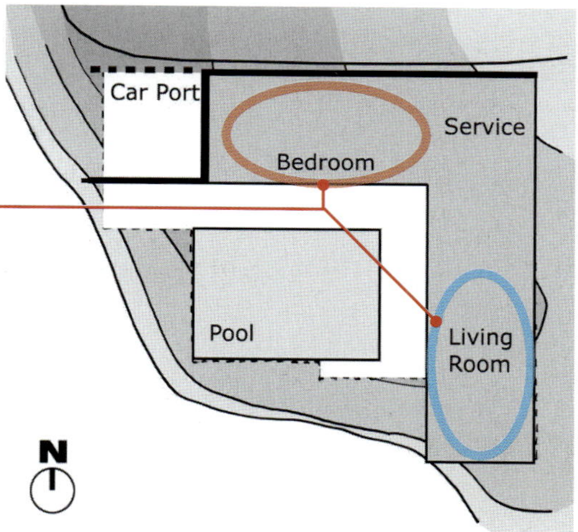

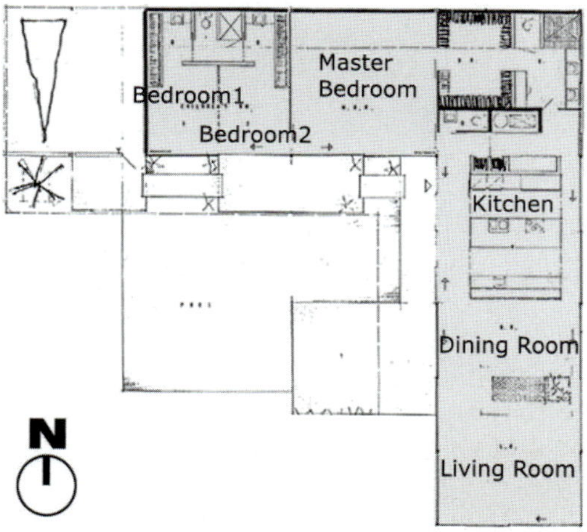

rom Case Study House Magazine

침실 공간은 사적인 곳이므로 드러나는 곳에 있을 이유가 없다. 아늑한 공간이 되기를 바랐으리라. 반면에 거실은 온 가족이 모이거나, 손님이 오면 함께 즐기는 곳이다. 예전 한옥으로 치면, 사랑방 공간이다. 대문 가까이에 놓을 수도 있지만, 전망 좋은 곳에 자리하면, 마치 정자에 놀러 온 듯한 곳이 될 수도 있다. 이 집에서는 가장 전망좋은 공간을 거실로 삼기로 했다. 건축주나 건축가가 각각의 공간의 성격을 어떻게 정하느냐에 따라 공간의 배치가 바뀔 수 있다.

거실에서 태평양 쪽을
바라 본 모습

축대에서 뒤돌아 서서
주택을 바라본 모습

작은 대지에 많은 프로그램을 채우려고 하다 보니, 침실 공간이 한옥으로 치면, 행랑채에 자리하게 되었다. 침실 공간의 프라이버시를 위해, 특별한 공간 처리가 필요했다. 우선 집으로 들어오는 길 쪽으로는 어떤 창이나 문도 내지 않았다. 꽉 막힌 벽으로 둘렀다. 대신 반대편인 수영장 쪽으로는 전면 유리벽을 두었다. 금속으로 틀을 짠 후 유리문이나 유리창을 달 수도 있었지만, 여닫을 수 있는 통유리 벽을 세웠다. 단순해 보일 지 모르지만, 통유리 벽을 세우려면, 공사비가 더 많이 들어간다. 완벽한 개방을 위해 여기에는 좀 더 많은 돈을 투자했다. 침실을 둘러싸는 4개의 벽 중에서 한 면만 제외하고 나머지는 모두 불투명 칸막이벽을 세웠다. 유리로 된 남쪽면은 커튼같은 것을 이용해서 가릴 수 있다. 이것으로 프라이버시를 만족시키지는 않겠지만, 건축주의 선택이다.

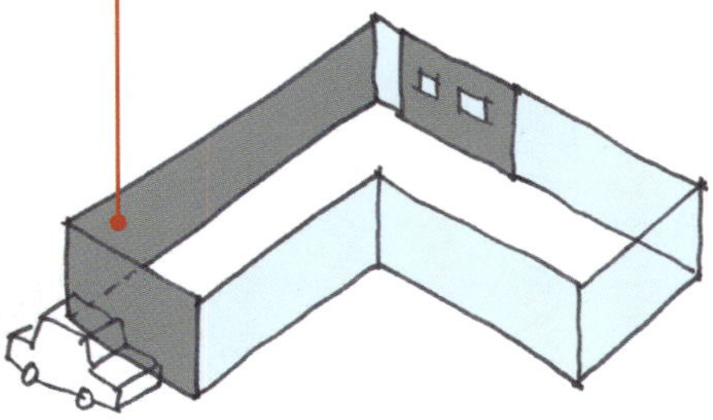

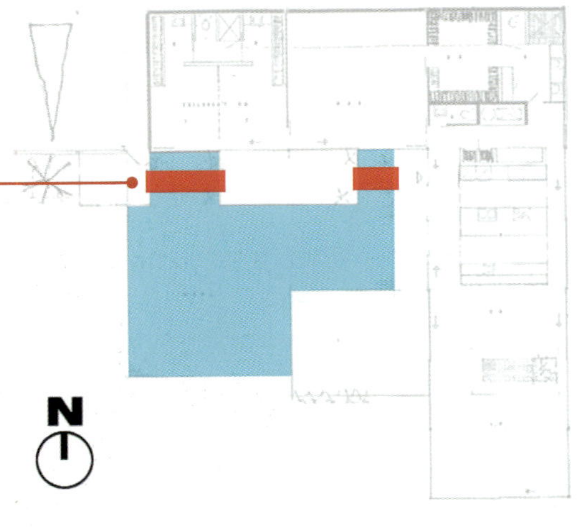

또하나의 재미난 장치를 만들었다. 주차장과 침실 앞 마당의 사이 그리고 그 마당에서 부엌으로 건너가는 곳에 콘크리트 바닥판slab을 얹어 놓았다. 다리bridge로 볼 수 있다. 아래로는 물이 있는데, 여기서 수영할 수는 없다. 굳이 수영할 수도 없는 곳에 물을 끌어 왔다는 것은 다른 의미가 있다고 봐야 한다. 다리를 건넌다는 것은 장소적인 측면에서 볼 때, 다른 공간으로 넘어 간다고 이해한다. 그러니까, 주차장은 속세이고, 다리를 한 번 건너는 침실 공간은 좀 더 성스런 공간이고, 한 번 더 다리를 건너는 부엌과 거실 공간은 이 집에서 가장 중요한 공간이 된다. 다리를 강조하기 위해 주변 바닥에서 한 단을 올렸다. 난간도 없어서 조심하게 된다. 3 자녀 중 적어도 2명은 여기서 나고 자랐을 텐데, 스탈 부부는 대담했다고 해야 하나... 공동 주택에서는 어림 없는 일이다.

침실은 작은 침실 2개와 부부 침실 이렇게 3개로 구성된다. 부부 침실의 벽은 고정벽이지만, 작은 침실을 나누는 칸막이벽은 해체가 가능하게 만들었다. 필요에 따라 공간을 합칠 수도 나눌 수도 있다. 화장실은 북쪽 길 가에 배치해서, 침실과 도로 사이의 완충공간 역할을 한다. 작은 침실마다 독립된 세면대가 있고, 화장실은 공유한다. 독립된 세면대는 2차 대전 이후 생활 수준이 높아진 것을 보여준다. 주인 침실의 옷장과 화장실은 침실 공간과 거실 공간이 만나는 모서리에 자리한다. 창이 필요 없는 공간이어서, 길 쪽에 자리한다. 이상한 것이 하나 눈에 보인다. 아이 침실 끼리는 칸막이 벽으로 처리해도 이해할 수 있다. 하지만, 부부 침실과 아이들 침실 사이의 벽은 일반 벽인데, 7ft 정도 위를 비워두었다. 이래도 되는 것인지 의심스럽다.

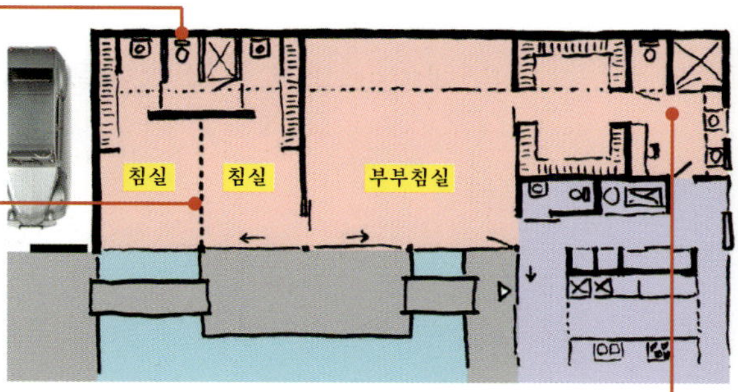

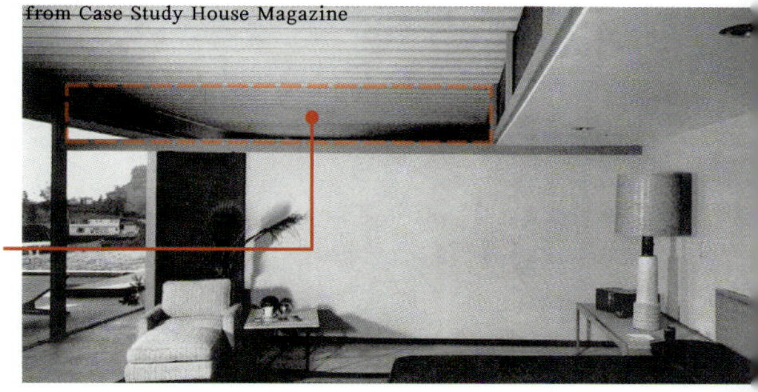

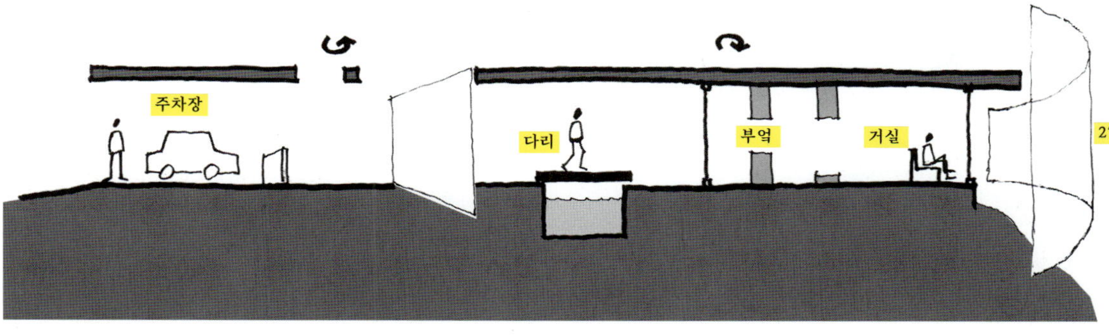

2 번 다리를 건너면 부엌 공간이다. 부엌-식당-거실이 줄 지어 자리한다. 거실이 가장 남쪽에 자리해서 270도 전망을 갖게 되었다. LA 도심부터 산타모니카까지 한 자리에서 구경할 수 있다. 날이 흐리지만 않으면, 태평양도 보인다. 이런 전망 때문에 헐리웃 언덕 위의 집값이 비싸다. 부엌과 식당도 입면의 통일성을 위해 모두 유리로 되어 있다. 동쪽 벽까지도 온통 유리로 되어 있다.

식당과 거실 사이에는 난로를 배치했다. 부엌의 싱크 캐비넷과 난로의 굴뚝이 벽의 입면을 가리는 요소다. 그나마 코니히가 도시 전경을 가리는 이들 장애물의 크기를 최소화하려고 노력해서 나온 결과이다. 현재 보이는 난로에 돌이 붙어 있는데, 스탈 가족이 나중에 바꾼 것이다. 원래는 흰 회벽이었다. 건축가인 코니히가 돌을 붙이면 안 된다고 만류했지만, 건축주는 밀어부쳤다. 이 후 코니히는 이 집을 다시 찾지 않았다는 후문이다. 건축가는 모던 스타일을 원했고, 건축주는 나름 선호하는 다른 스타일이 있었다.

수영장 앞에 있는 조그만 물은 물놀이하다가 추울 때 몸을 녹이는 곳이라고 한다. 원래는 이것도 없던 것으로 이것 역시 스탈 가족이 나중에 바꾼 것이다. 이 집에 그나마 있던 작은 마당이었는데, 여기에 욕조같은 것을 집어 넣었다. 이제 마당이라고 할 만한 곳이 전혀 없다. 어떤 사람은 수영장이 잘 쓰이지 않고, 매달 들어가는 수질 관리비가 부담스러워서 흙으로 다시 매우기도 한다. 보기에는 멋스럽지만, 실사용자는 그에 해당하는 댓가를 지불해야 한다.

일본 건축잡지에 실린 프랑스항공 광고의 배경이 케이스 스터디 주택 22호다.
미국의 주택 중에서 가장 많은 미디어에 소개된 주택이라고 한다.

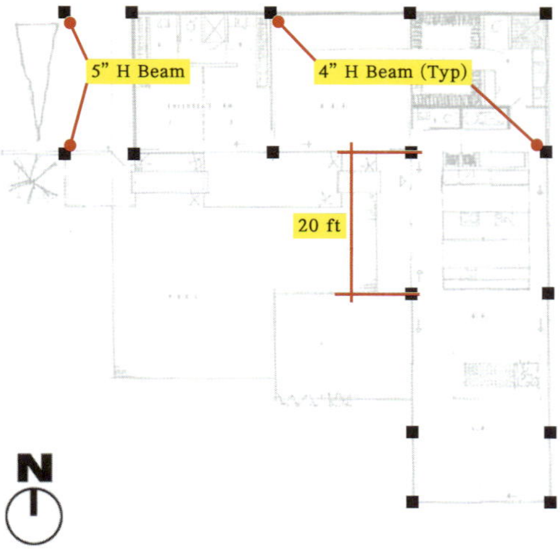

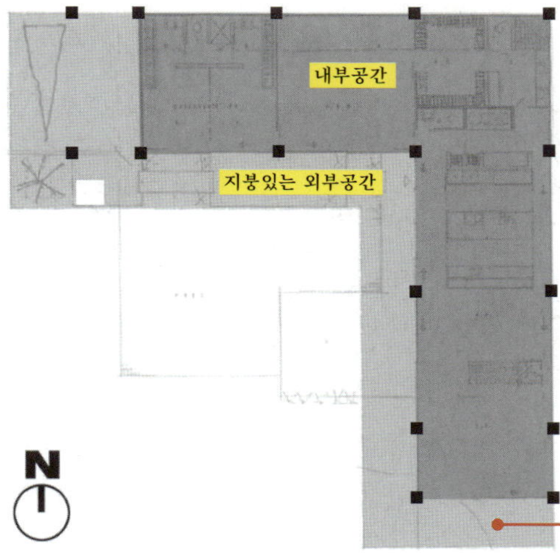

지상 위에 보이는 집의 구조는 철골이다. 바닥은 콘크리트지만, 그 위로는 모두 철제다. 4 inch (10cm) H-beam으로 기둥을 세웠고, 기둥의 간격은 20 ft(6m)다. 보는 두께가 1 ft (30cm)인 I-beam을 사용했다. 주차장에 있는 기둥은 켄틸레버로 튀어나가서 좀 더 두꺼운 5 inch H-beam기둥을 썼다. 오후의 햇볕이 강렬해서 남쪽과 서쪽으로는 지붕을 밖으로 7 ft (2.1m) 정도 더 뽑아냈다. 이렇게 해서 툇마루처럼 침실과 거실을 연결하는 공간은 지붕을 갖게 되었다. 전체적으로 간단 명쾌한 구조다. 5명의 인부가 하루만에 철골 작업을 마쳤다고 한다.

참고로 이 집을 실제로 구경하고 싶다면, 웹페이지 https://stahlhouse.com에 가서 예약을 해야 한다. 한시간 구경하는데, 1인당 $60 정도 든다.

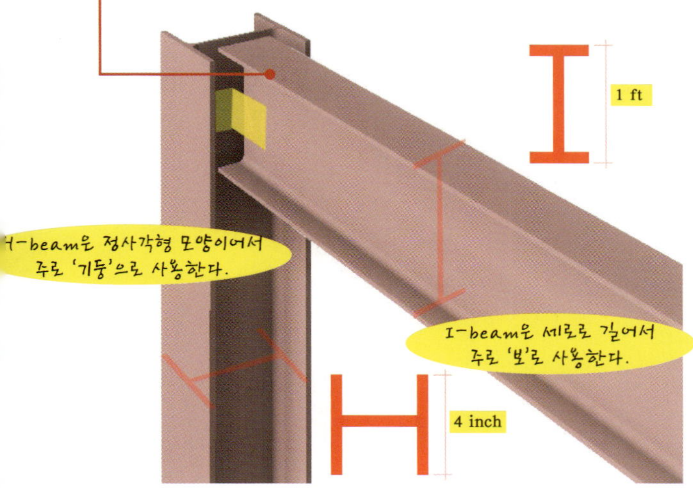

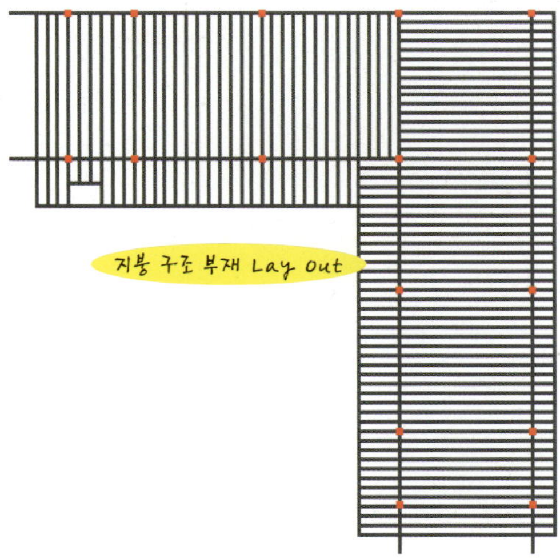

케이스 스터디 주택 22호를 미스 반데 로에Mies van der Rohe의 판스워스 주택Farnsworth House(1951)과 비교할 수 있을 지 모르겠다. 철제와 유리를 이용해서 집을 지었다는 공통점이 있다.

Wikipedia : Victor Grigas

미스와 코니히, 두 건축가의 전체 작품을 따지거나 두 건축가의 세련된 디테일을 비교하면, 분명 미스가 앞선다. 하지만, 두 건축가의 대표 주택인 이 2 주택만 비교하면, 우열을 가리기 힘들어 보인다.

LA 인근 Granada Hills에 지은 아이클러 주택단지

https://www.google.com/maps/

케이스 스터디 주택과 비슷한 시도가 샌프란시스코 지역에서 생겨났다. 아이클러Joseph Eichler라는 건축 개발업자는 이 개념을 하나의 단독주택이 아닌 수십 채의 주택단지로 발전시켰다(1949-1966). 그는 획일화된 박공지붕 주택으로 가득한 주택단지 개발에 싫증이 났다. 대신 케이스 스터디 주택으로 유명한 건축가를 고용하여 몇가지 세련된 유형으로 단지를 채웠다. 아이클러 주택Eichler Homes이라고 불리는 이 주택 단지는 브랜드 가치를 인정받아 수십 년이 지났지만, 다른 일반 주택단지의 경우보다 높은 가격에 거래되고 있다. 애플 컴퓨터의 창업주 스티브 잡스Steve Jobs가 이런 말을 한 적 있다. 어릴 때 아이클러 스타일의 주택에서 살았던 기억이 자신이 애플컴퓨터를 개발하는 데에 적지 않은 영향을 끼쳤다는 것이다. 그만큼 우리가 살고 있는 환경이 무의식적으로 우리의 미래에 영향을 줄 수 있다.

Wikipedia : Andy Roberts

최근에는 케이스 스터디 주택 아이디어가 영국에서부터 다시 살아나는 분위기이다. 위키하우스Wiki-House라는 것으로 전세계적으로 보급된 인터넷과 CNC 선반을 이용하여 저렴하게 집을 지어보자는 생각이다. 도면은 위키하우스가 무료로 공급하고, 전세계에 있는 사용자가 자신의 상황에 맞게 수정하여 자재를 만들어내서 조립하면 된다. 케이스 스터디 주택에서도 표준화된 자재를 추구했지만, 사회의 인프라가 준비가 되어 있지 않아 모든 자재가 수작업으로 만들어졌다. 결국 공사비용이 상승하는 결과를 낳은 선례가 되었지만, 이번 위키하우스는 성공하기를 기대한다.

위키하우스의 도면은 스케치업SketchUp이라는 무료 프로그램을 이용하여 손쉽게 변경 가능하고, 완성된 도면은 인근 공장의 CNC 선반을 통해 적당한 크기로 재단되어 나온다. 각 자재는 최소한의 못을 사용하고, 대신 쐐기 방식을 이용하여 연결한다. 동아시아의 전통 가구를 만드는 것에서 영감을 얻은 것이라고 한다. 모든 과정이 조립식 가구처럼 누구나 쉽게 지을 수 있게 되어 있다. 어른 2 명이서 하루에 건물을 뚝딱 지어낼 수 있는 수준이다. 아직은 개발된 주택 규모가 작아서, 일반 주거용으로는 적용하기가 어렵다. 현재는 지구 곳곳의 재난 지역에 임시 주택용으로 공급하고 있다. 많은 사람들이 이 계획에 동참해서 개발하면, 아마도 조만간 일반 주택에서도 이 방식이 많이 쓰일 수 있을 것이라 생각한다.

http://www.prefabmarket.com/ikea-toyota-and-muji-are-actually-prefab-home-manufacturers/

일본의 경우는 이미 조립식 주택이 많이 상용화되어서, 어느 곳에서보다 빨리 적용 가능할 것으로 본다. 한국도 세계적인 추세에 맞춰 한국 사람들에 알맞는 표준화된 주택 도면을 개발할 시점이라고 생각한다.

케이스 스터디 주택의 아이디어는 50여년 전에 멈춘 것이 아니라, 오늘날에 맞게 새롭게 적용해야 한다. 어떤 이는 위키하우스가 또다른 산업혁명에 버금가는 커다란 사건이 될 수도 있을 것으로 기대하고 있다.

Case Study House 22 Address :
1635 Woods Dr, Los Angeles, CA 90069

GETTY CENTER

LA의 많은 사람들이 게티센터를 찾는다. 게티센터는 이미 유명 놀이공원처럼 LA의 관광명소가 되었다. 시끄러운 놀이공원과는 달리 게티센터에 가면, 조용한 분위기에서 LA 전경을 내려다 보며 휴식을 취할 수 있다. 미술관이면서 공원이다.

게티센터는 장 폴 게티Jean Paul Getty라는 사람 덕분에 지어졌다. 누군지 모르는 사람이 많을 텐데, 간단히 말하면 20세기 중반에 세계 최고 부자라고 생각하면 된다. 2017년에 개봉한 '올더머니All the Money in the World'가 이 사람에 관한 영화였다.

게티센터를 이해하기 위해, 장 폴 게티라는 사람부터 살펴 보자. 1892년 미네소타의 석유사업가 집안에서 태어났다. 나이 24세에 오클라호마 주의 석유 채굴에 투자하고, 이것이 대박 나면서 바로 백만장자가 되었다. 손대는 것마다 대박이 났던 것으로 보아 사업에 특출난 재능이 있었던 것으로 보인다. 1966년 기네스북에 세계 최고 부호로 등재된다.

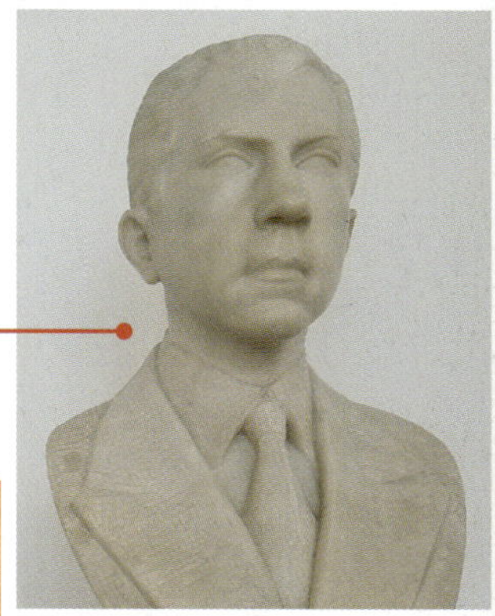

Wikipedia : 트라이스타 픽처스

Wikipedia : John Phelan

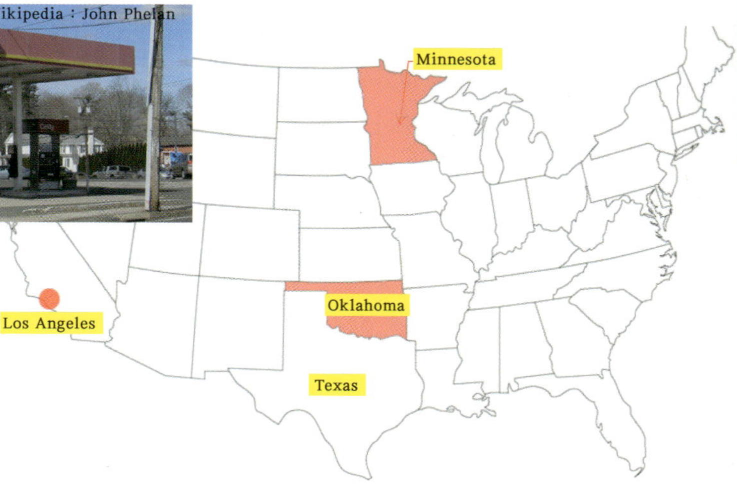

복원된 J.P. Getty의 초기 미술관

1938년부터는 미술품을 사모으기 시작했다. 프랑스 골동품 가구를 시작으로, 그리스 로마 유물에까지 미술품의 영역을 차츰 넓혀 갔다. 1950년에 이미 상당한 양의 미술품을 소장하고 있었다.

그 즈음 그의 집은 LA의 바닷가 부촌인 퍼시픽 팰리세이즈Pacific Palisades라는 동네에 있었다. 지금도 고급 주택이 많이 있는 곳인데, 지도를 보면 게티의 대지만 엄청나게 큰 것을 알 수 있다. 아마 예전에는 몇 안되는 이웃들이 다들 거대한 대지를 소유하고 있었을 것이다. 그러다가 작은 대지로 나누어 분양해서 오늘날과 같은 모습이 되었으리라 짐작이 된다. 인근 작은 대지의 주택 가격이 2018년 현재 시세로 $2,000,000가 넘는다. 게티가 살던 거대한 대지의 현재 땅값은 나로서는 상상하기 어려운 금액이다.

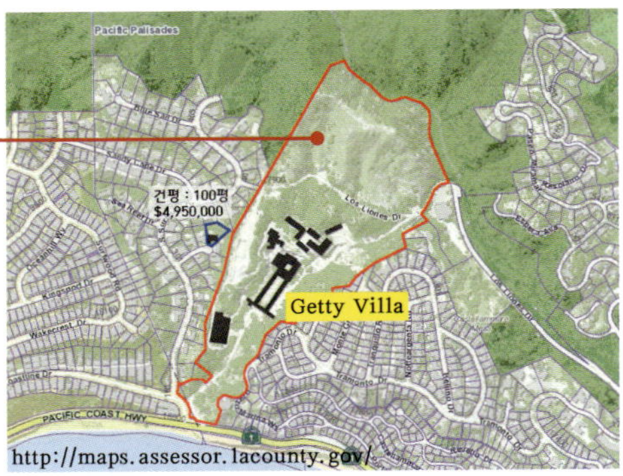

http://maps.assessor.lacounty.gov/

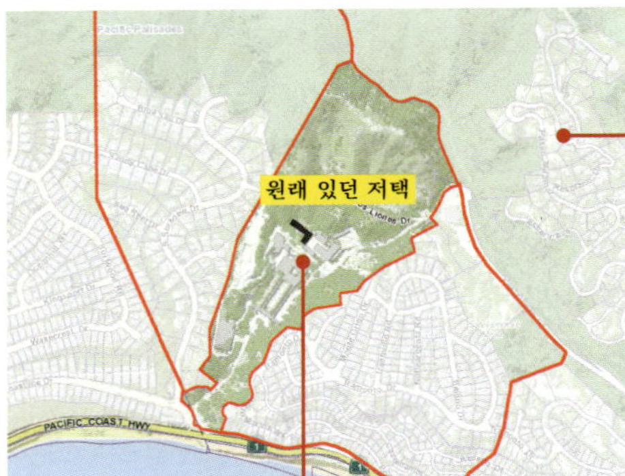

http://maps.assessor.lacounty.gov/

이 땅은 게티가 1945년에 구입했는데, 이미 저택ranch house이 들어서 있었다. 8만평 가까이 되는 (262,190m2) 거대한 대지다. 경복궁 면적의 60%에 해당한다. 개인 주택의 대지로서는 엄청나게 넓다. 1950년대 게티는 사업차 영국에 거주하고 있었다. 여기 LA의 저택은 어쩌다 놀러 오는 별장으로 이해해야 할 것같다. 이 저택에 그가 모은 예술품을 보관하고 있었다. 처음에는 자신을 위한 미술관으로 꾸몄는데, 이 미술품을 혼자 즐기기에는 아쉬운 감이 없지 않았다. 1953년에 지인의 권유로 자신의 미술품을 관리하는 재단the J. Paul Getty Trust을 만들고, 이듬해 자신의 집 1층을 미술관으로 개방했다. 이것을 게티센터의 시작으로 볼 수 있다.

게티빌라 뒤에 지금도 남아있다

https://blogs.getty.edu/iris/

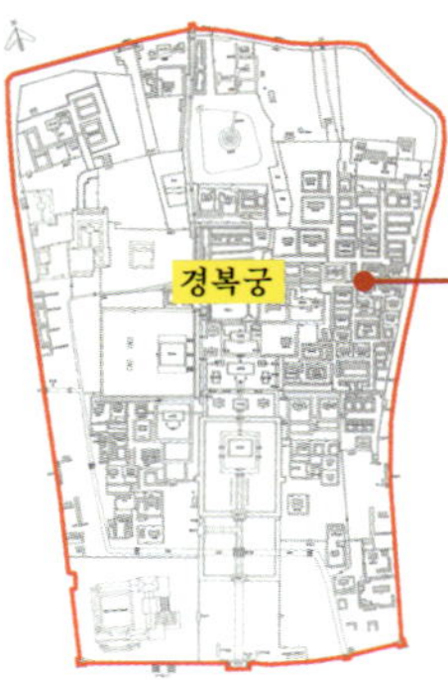

그의 사업은 계속 번창했고, 그에 따라 그의 미술품 소장 규모도 점점 증가했다. 이제는 그의 저택에 미술품

이 넘쳐날 정도가 되었다. 새로 미술관을 짓기로 했다. 여러 곳에서 계획안을 추천했는데, 대부분 모던 스타일modern style이었을 것이다. 게티는 이런 디자인을 좋아하지 않았다. 게티가 당시 영국에서 머물던 집을 보면, 그 이유를 짐작할 수 있을 듯 하다. 16세기에 지어진 튜더Tudor 양식의 고전적인 저택이었다. 그는 고풍스런antique 디자인을 선호했다. 특히 그리스 로마 건축물을 좋아 했다고 전한다.

Sutton Place in England

https://www.gettyimages.com

결국에는 로마시대 유적 폼페이Pompeii의 파피리 저택Villa of the Papyri을 그대로 복사해서 짓기로 한다. 18세기에 발굴된 유적인데, 당시 발굴 보고서를 바탕으로 로마시대 분위기를 재현하려고 했다. 하지만 건축계나 미술계에서는 모조품이라며 극구 반대했다. 그럼에도 불구하고, 건축주 게티는 밀어 부쳤다. 1970년 12월에 공사를 시작해서, 1974년 1월에 개관하였다. 이 건물을 게티빌라Getty Villa라고 부른다. 자신이 공을 들였지만, 정작 게티 자신은 이 건물을 직접 보지는 못 했다. 그리고 1976년에 83세를 일기로 세상을 떠났다.

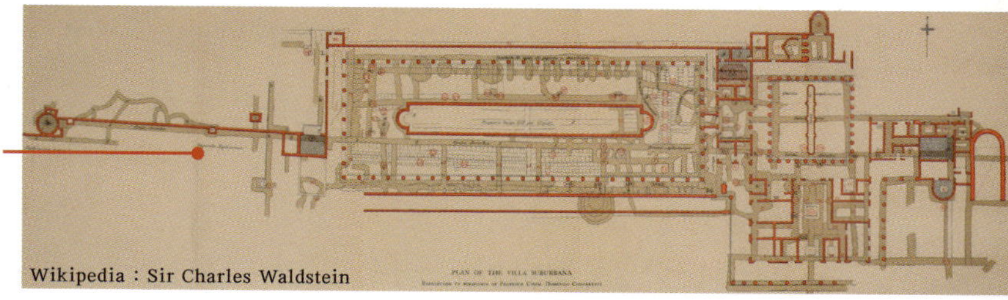

Wikipedia : Sir Charles Waldstein

게티빌라는 1993년부터 전면적인 개보수와 증축공사를 실시했다. 설계는 하버드대학교Havard Univ.에서 건축설계를 가르치던 마차도Rodolfo Machado와 실베티Jorge Silvetti가 맡았고, 2006년에 다시 개장했다. 로마시대를 복원한 건물과 새로 추가된 시설이 잘 어울리게 마무리되었다.

게티빌라의 입구건물

게티센터는 게티 사후에 추진되었다. 게티 생전에는 게티가 모든 걸 결정했지만, 사후에는 게티가 만들어 놓은 재단에서 관리하고 결정하게 되었다. 대개는 갑부의 후손이 그의 유지를 따르는 것이 일반적인데, 게티는 달랐다. 자신의 후손에게 조금만 물려 주고, 나머지는 모두 재단으로 넘겼기 때문이다. 당시 6억 6천만 달러가 넘는 규모였다. 현재는 67억 달러로 자산 규모가 커졌다. 전세계에서 미술 관련된 재단 중에서는 타의 추종을 불허한다.

Getty logo designed by Saul Bass

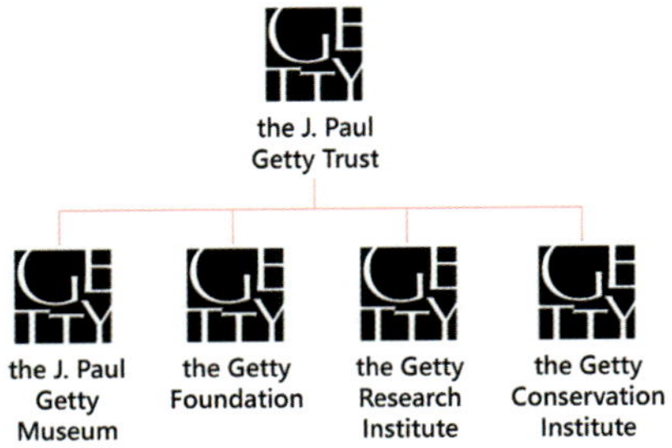

이 재단이 관리하는 단체가 4 개 있다. 게티 미술관the J. Paul Getty Museum, 게티미술 재단the Getty Foundation, 게티연구소the Getty Research Institute, 그리고 게티 보존 연구소the Getty Conservation Institute. 각각의 단체는 당시 LA 주변 여러 곳에 흩어져 있었다. 그리고, 게티 재단이 소장하고 있는 미술품 규모에 비해 미술관이 너무 작아서 게티빌라 이외에 별도의 미술관이 필요한 상황이었다. 게티 재단은 떨어져 있는 4 개의 단체를 한 곳에 모으면서 새로운 미술관도 추가하는 복합 단지를 만들기로 결정한다. 기존의 게티빌라가 있는 동네로 확장은 불가능해 보이고, 다른 장소를 물색해야 했다. 여러 곳이 후보지로 추천되었고, 1983년에 현재 게티센터 자리가 낙점되었다. 기존에 게티빌라가 있는 대지의 약 2 배 가량 (135,000평 = 445,000m2) 되었다.

게티빌라와 게티센터 위치도

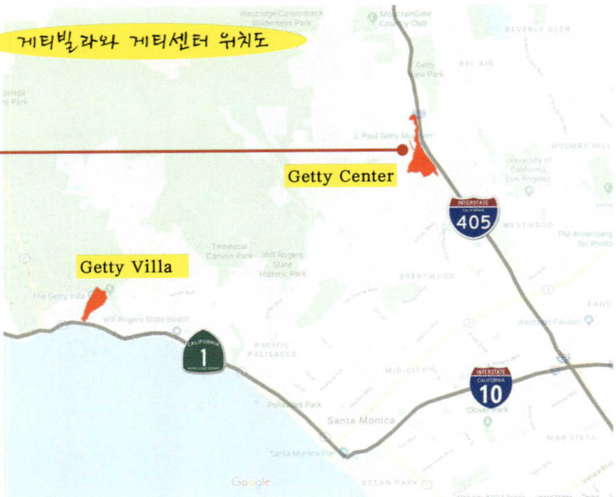

대지 크기 비교

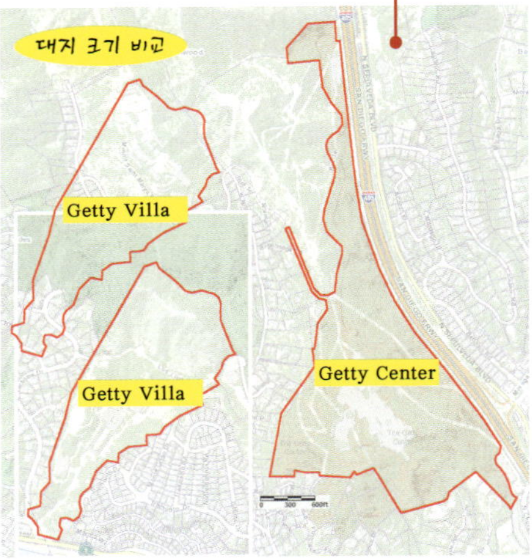

일은 순조롭게 진행되었다. 이듬해 10월에는 새 게티센터를 위한 건축가 후보 33 명이 선정되었다. 전세계에서 미술관 경력이 있는 건축가들 중 엄선한 리스트다. 마침 리차드 마이어Richard Meier는 그 해 애틀란타Atlanta에 하이 뮤지움High Museum of Art을 지어 세간의 관심을 끌고 있었다. 1984년 4월에 최종 후보 3인에도 빠지지 않았다. 다른 2 명은 일본의 후미히코 마키槇文彦와 영국의 제임스 스털링James Stirling이었다. 그리고 다시 6개월이 더 지날 즈음, 게티센터를 위한 건축가가 결정되었다. 리차드 마이어였다.

1984년 즈음에 지어진 최종 후보 3인의 작품

Wikipedia : Chris Yunker

High Museum (1983)
by Richard Meier

Wikipedia : Chris 73

Sprial (1985)
by 후미히코 마키

Wikipedia : Veuveclicquot m

Neue Staatsgalerie (1984)
by James Stirling

건축 위원회도 구성되었다. 위원장은 빌 레이시Bill Lacy라고, 전에 뉴욕의 유명 대학 쿠퍼유니언Cooper Union 학장을 지냈던 건축가였다. 위원으로는 2 명의 건축가 프랭크 게리Frank Gehry와 리카르도 레고레타Ricardo Legorreta, 그리고 디자이너 솔 배스Saul Bass가 눈에 띈다. 이들은 선정된 건축가 마이어와 함께 전세계 유명 미술관과 박물관을 견학하면서, 게티센터에 필요한 프로그램을 구체화해 나갔다. 급하지만, 서두르지 않고 차근차근 진행해 갔다.

그렇다고 모든 일이 순조롭게 진행되었던 건 아니다. 게티센터가 들어설 브렌우드Brentwood 역시 고급 주택이 많은 동네다. 이웃 주민들이 거대한 규모의 건축물이 들어서면, 나중에 피해 입을 일이 생길까봐 설계하기 전부터 트집을 잡기 시작했다. 일종의 님비현상NIMBY(Not in my back yard)으로 볼 수 있다. 혐오시설은 아니지만, 미술관이 들어서면, 교통량도 많아지고, 혹시라도 자신들의 동네에 피해가 있을 수 있겠다는 염려에서 비롯한다. 게티센터 측은 이웃에 피해가는 일이 없게 하겠다고 다짐한 후 시작해야 했고, 수시로 주민들에게 설계상황을 보고했다.

Snyderman House (1972) by Michael Graves

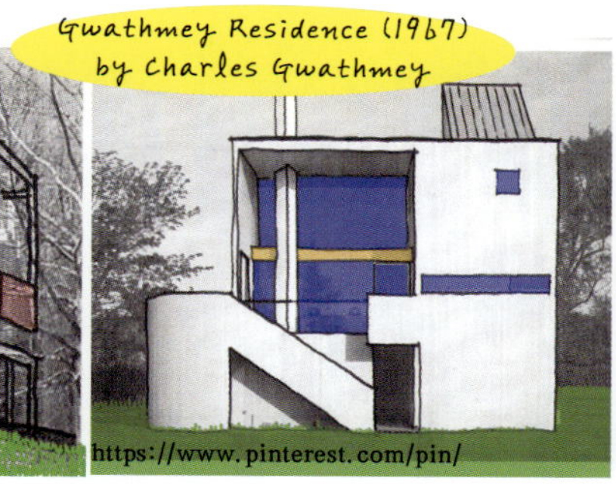

Gwathmey Residence (1967) by Charles Gwathmey

Smith House (1967) by Richard Meier

Wall House II (2000) by John Hejduk

House III (1971) by Peter Eisenman

그럼 이제 리차드 마이어가 게티센터를 어떻게 설계했을 지 상상해 보자. 그의 설계경향은 초기작품부터 최근까지 거의 바뀌지 않았다. 마이어는 1970년 즈음 뉴욕 파이브the New York Five의 일원으로 건축계에 소개되었다. 르꼬르뷔지에 Le Corbusier의 건축 수법을 따르던 뉴욕의 젊은 건축가 5명을 일컫는다. 지금도 그의 건축 작품을 보면 르꼬르뷔지에의 건축이 떠오른다. 건물은 대개 하얗게 마감되었다.

Barcelona Museum of Contemporary Art (1995)

한편 건축 위원회는 최종 건축가를 선정하기 전에 새로 들어설 게티센터는 다른 미술관들과 달리 독특한unique 작품이어야 한다고 천명한 바 있다. 3명의 최종 후보 중 누가 독특한 작품을 만들어 낼 것인가... 내가 이해하기로는 다른 건축물과도 달라야 하지만, 기존의 자신들의 작품과도 달라야 할 것이다. 사실 다른 두 후보 마키와 스털링은 그다지 자신의 스타일이 있다기보다는 각 건축물마다 여러 분위기로 작품을 만들어 왔다. 내가 보기에는 마이어가 가장 스타일이 잡힌 건축가였다. 그의 작품은 일관성이 있어서, 대개 그의 작품을 보면 쉽게 마이어의 작품이려니 짐작할 수 있다. 아이러니하게도 마이어가 선정되었다. 아마도 뉴욕에 있을 때부터 친분이 있던 위원장 레이시의 입김이 작용하지 않았을까하는 생각이 든다. 마이어는 기존의 작품과 다른 분위기의 건축물을 짓겠다고 약속을 한 후, 게티센터 건축가로 선정되었다. 과연 그럴 수 있을까?

마이어는 디자인 변신을 위해 게티가 생전에 좋아했던 하드리안 빌라Hadrian's Villa(110년 경)를 참고자료로 삼았다. 하드리안 빌라는 로마 시대 석조 유적인데, 로마 황제가 로마 시내에서 멀지 않은 곳에 휴식을 위해 건립한 별궁이었다. 마침 게티센터 주변의 주민들도 석조 건물이 들어서길 원했고, 좋은 참고자료가 되었다. 건축보다는 조경 쪽에 쓰인 것으로 보인다. 미술관 주변을 걷다 보면, 비슷한 분위기의 장소를 만나게 된다.

Wikipedia : Entoaggie09

https://blog.naver.com/jsr126/220937377582

https://blog.naver.com/jsr126/220937377582

설계를 시작하기 전, 마이어는 대지 주변을 둘러 보고, 지형도를 살펴 보았다. 두툼한 산타모니카 산줄기가 북에서 남으로 흘러 내려오고, 동쪽에는 프리웨이가 지나가고 있다. 대지는 남북으로 길다. 대지의 북쪽은 프리웨이와 비슷한 레벨로 좁고, 남쪽에는 높고 넓직한 언덕이 자리한다. 건축 위원회는 남쪽의 대지를 보고 대지를 매입했으리라. 이 언덕에서 내려다 보는 LA의 전경이 우리의 가슴을 시원하게 해 줄 정도로 멋지다.

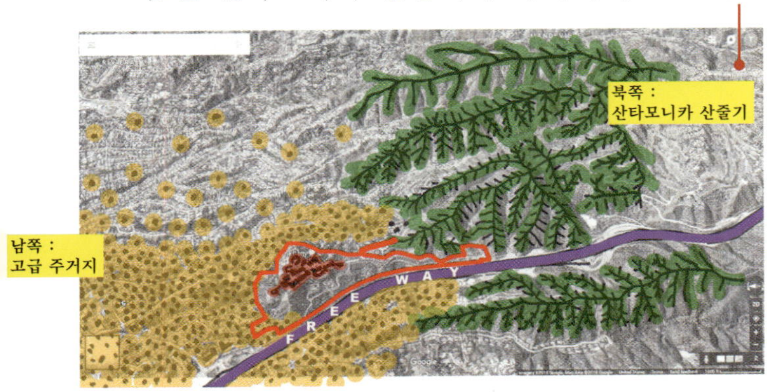

게티센터에서 남쪽을 보다
Westwood
Brentwood

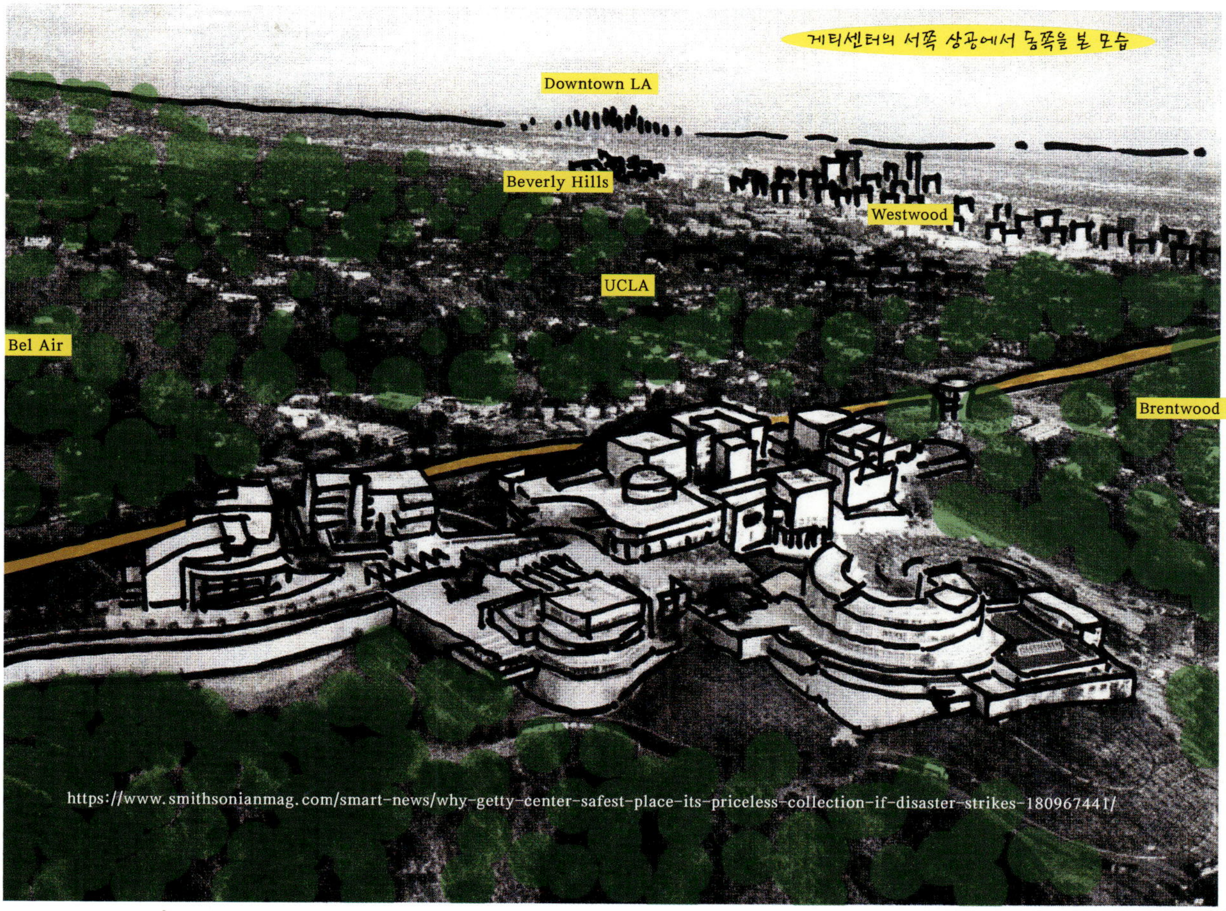
게티센터의 서쪽 상공에서 동쪽을 본 모습
Downtown LA
Beverly Hills
Westwood
UCLA
Bel Air
Brentwood
https://www.smithsonianmag.com/smart-news/why-getty-center-safest-place-its-priceless-collection-if-disaster-strikes-180967441/

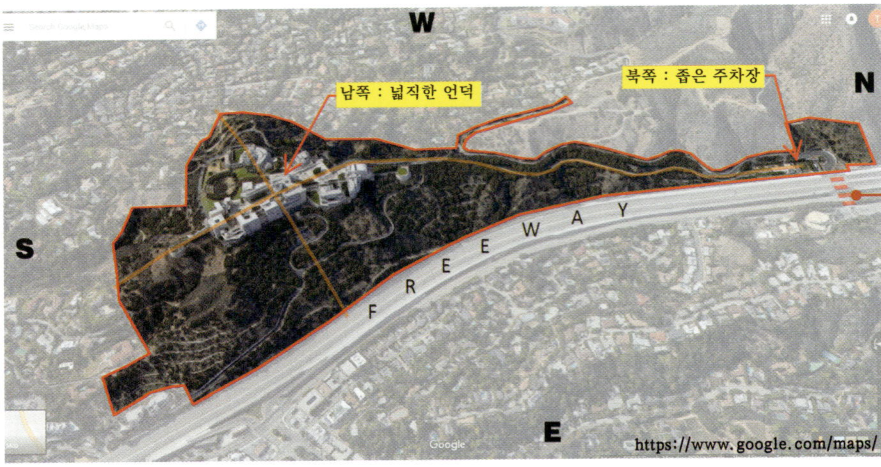

https://www.google.com/maps/

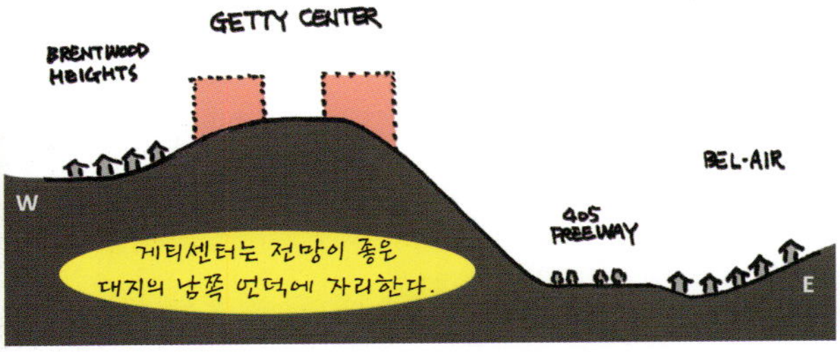

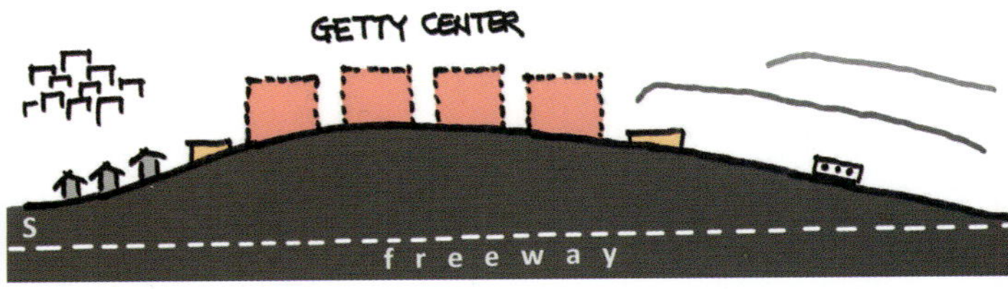

중요한 건물들은 모두 남쪽의 언덕 주변에 자리한다. 필요한 프로그램에 따라 크게 4 개의 독립된 기관으로 구분해 놓고, 이 중에서 미술관은 덩치가 커서 몇개의 독립된 건물로 다시 나누었다. 각각의 독립된 기관에서 요구한 프로그램을 정리하는 데에도 6개월이나 소요되었다. 가장 규모가 크고 방문객이 많은 미술관이 중심에 서고, 다른 건물들은 미술관 주변에 자리하게 된다. 가능하면 전망 좋은 자리에 배치했다. 북쪽의 좁은 부분은 남쪽 언덕으로 올라가는 진입로가 될 것이다.

Making architecture : the Getty Center, p. 10

언덕까지 오는 길이 북쪽 진입로 밖에 없었을까? 실은 언덕 가까이에 있는 마을 브렌우드 쪽에서 진입할 수도 있다. 이렇게 하면 굳이 외진 북쪽으로부터 길고 긴 새 길을 내지 않아도 되었다. 그만큼 더 많은 녹지를 보존할 수도 있었다. 하지만 일찌

감치 접었다. 왜냐하면 조용한 고급주택가에 적어도 하루에 수백대의 차가 오가는 것을, 브렌우드 주민들이 결사반대할 것이 뻔하기 때문이다. 결국 프리웨이 밑으로 터널을 뚫고, 게티센터로 가는 전용 도로를 만들었다.

로스앤젤레스 건축조례에 따라 게티센터 대지 안의 건물은 지상 3층까지만 지을 수 있다. 입면에서 보면 6층처럼 보이는 곳도 있는데, 이것은 지하 3층을 포함하기 때문이다. 언덕에 건물을 짓다 보니 이런 경우도 생겼다.

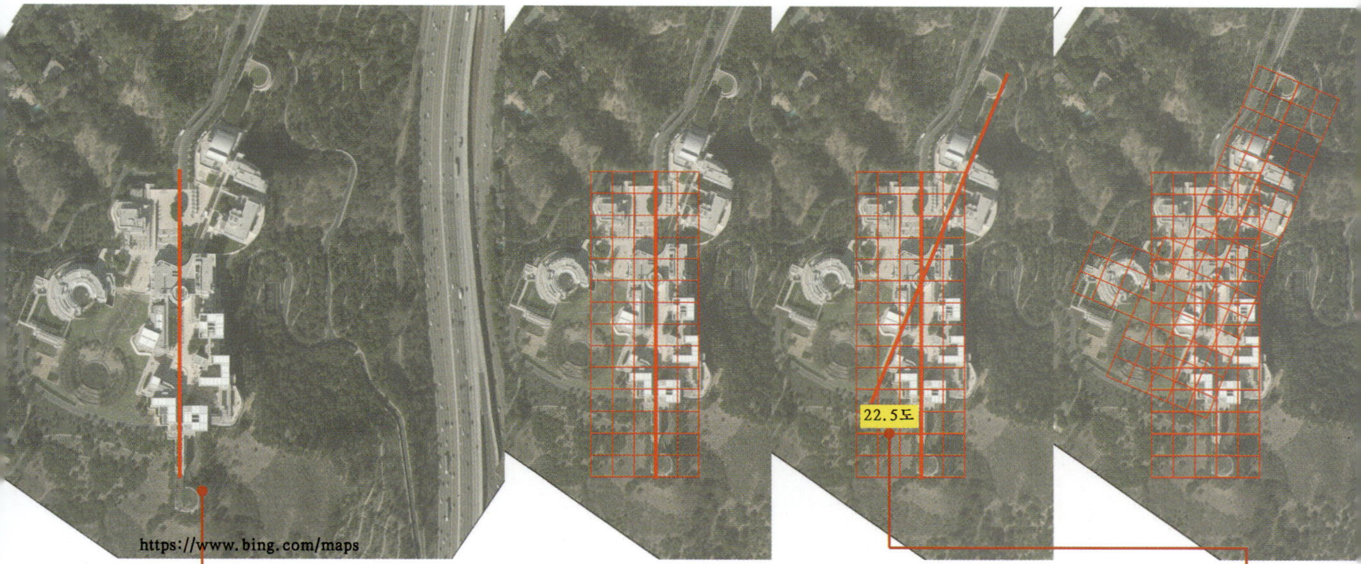

https://www.bing.com/maps

설계를 시작하면서, 건물을 질서있게 배치하기 위해 대지 위에 축을 잡았다. 축에서 격자가 만들어진다. 그리고 이 90도 격자에 따라 건물이 배치될 것이다. 그런데, 이 격자가 한 번 꺾인다. 능선에 맞춰서 축을 22.5도 꺾었다. 45도의 반이자 90도의 ¼이다. 격자가 꺾이는 곳이 전체 건물 배치의 중심점이다. 만약 단순한 90도 격자였으면, 심심했을 법도 한데, 꺾인 축을 적용하면서 배치가 재미있어졌다. 그리고 건물은 가능하면 지형의 마루 부분에 자리하게 배치했다. 1986년 9월에 제작된 스터디 모형을 보면, 건물이 마루 위에 배치되어 있는 모습을 확인할 수 있다.

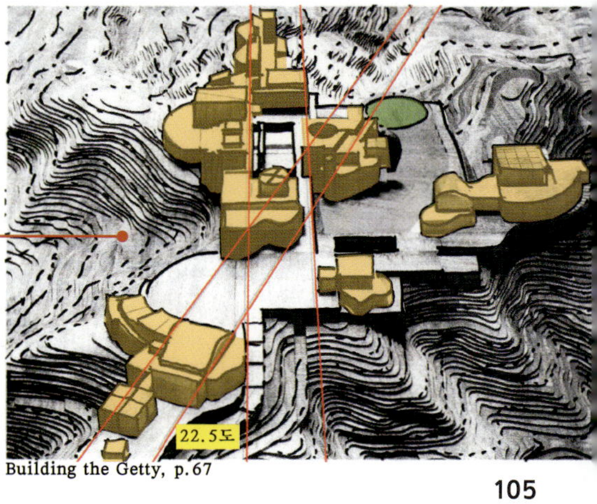

Building the Getty, p.67

미술관 남관과 동관 사이

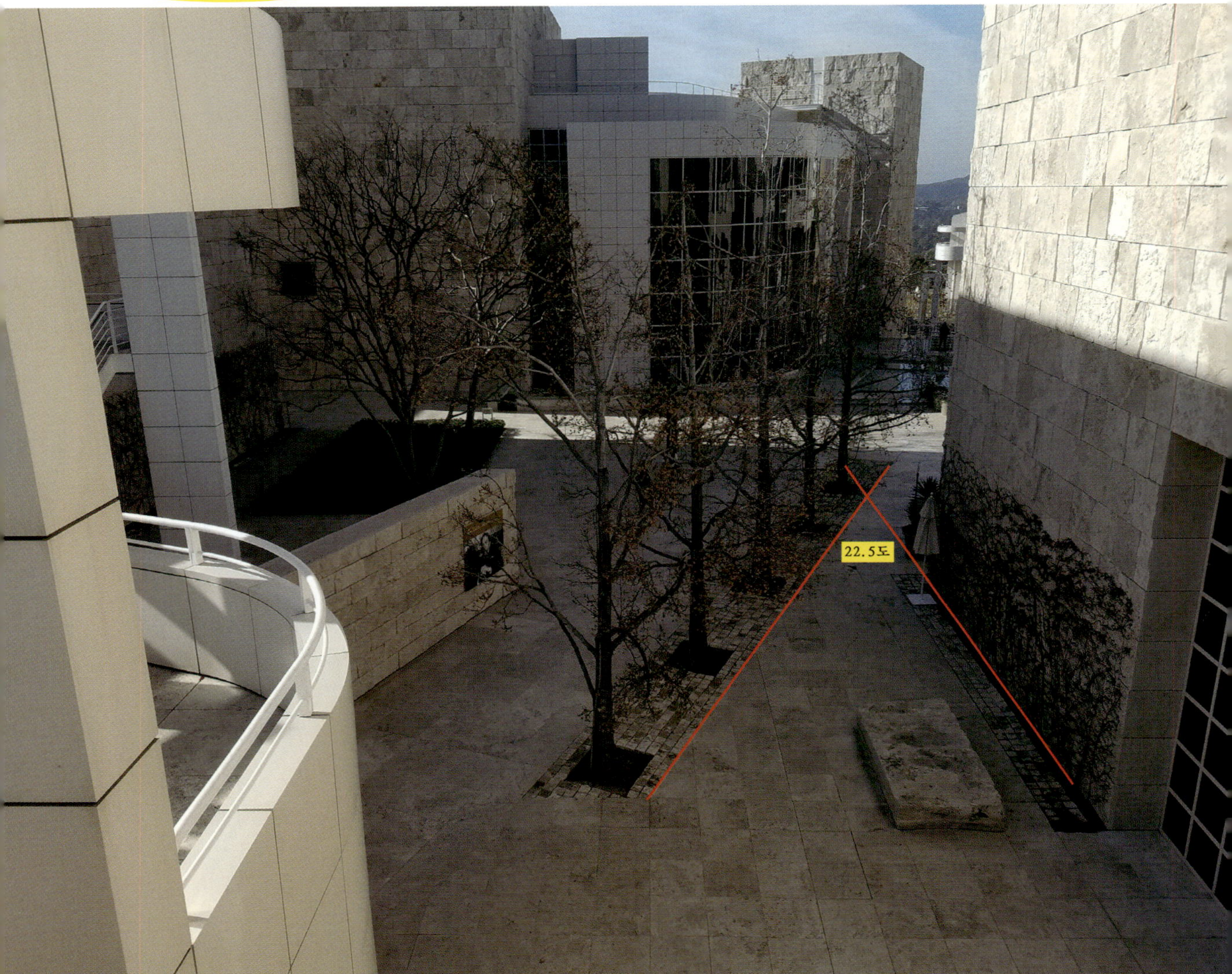

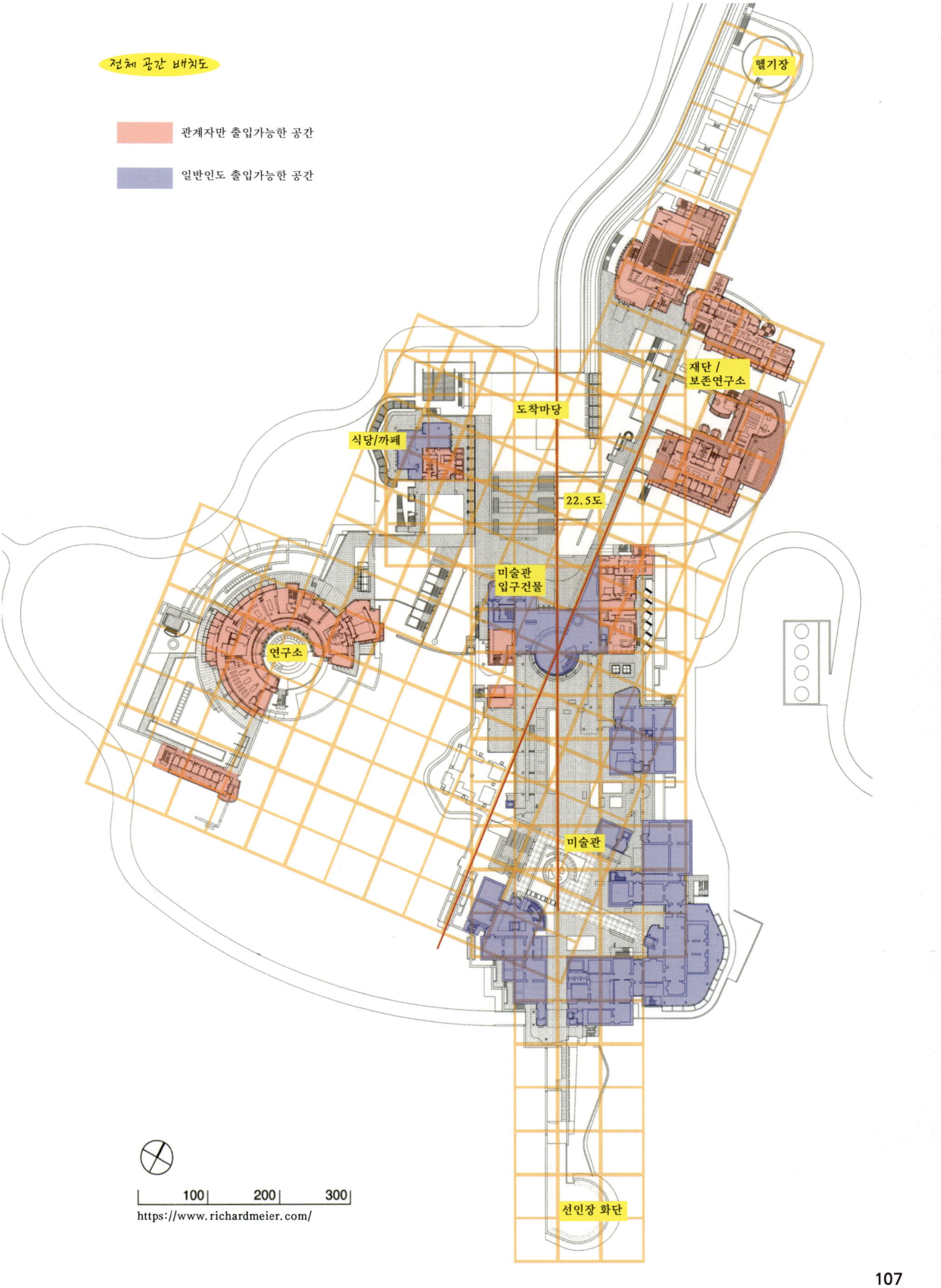

https://www.richardmeier.com/

가장 비중이 큰 미술관을 중심축을 따라 배치하고, 다른 기관을 주변에 앉혔다. 재단과 보존 연구소는 미술관의 왼쪽 뒤편(북쪽)에 두고, 연구소는 오른쪽(서쪽)에 자리를 잡았다. 이렇게 함으로써, 게티 관련 기관이 한 곳에 모이게 되었다. 미술관 입구 건물과 오른쪽 연구소 건물 사이에 식당 건물을 배치했다. 식사 후에는 도착 마당으로 바로 나갈 수 있다.

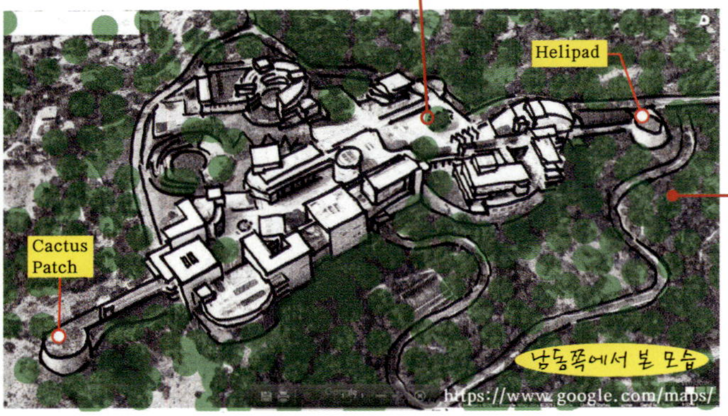

게티센터 건물 배치의 시작과 끝에는 둥근 단을 만들어 놓았다. 북쪽에는 잔디를 심어, 비상시를 위한 헬기장helipad으로 사용하고, 남쪽에는 선인장 화단으로 꾸몄다. 이 두 개의 단이 그냥 장식적인 요소라고 지나칠 수도 있는데, 어떤 의도가 있지 않았을까 고민하게 만든다.

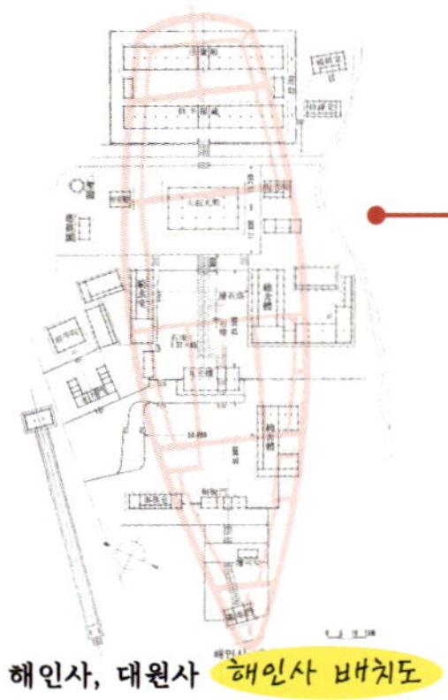

한국 전통건축의 배치 수법 중에 행주형 行舟形 배치라는 것이 연상되었다. 해인사의 경우, 극락을 향해 가는 배를 생각하면서 건물을 배치했다고 전한다. 해인사의 뒷산에 돛대에 해당하는 탑을 세웠다. 게티센터도 프로그램에서 요구하는 기능 외에 좀더 깊은 의미를 품고 계획하지 않았을까? '필요한 건물들이 언덕 위에 앉아 있고, 앞 뒤에 배치된 조경공간이 언덕 위의 건물들을 땅에 안전하게 정박하게 하는 닻 역할을 하지 않을까'라는 생각이 든다. 마이어가 이런 말을 한 적은 없지만, 그냥 아무 의미 없이 배치하지는 않았으리라는 생각이 든다.

게티센터 내의 중앙 정원은 롸버트 얼윈Robert Irwin이라는 예술가가 맡았다. 이것 역시 걸작이다. 그래서 이 정원만을 구경하러 오는 사람들도 적지 않다. 얼윈은 건축가 마이어에게 로스앤젤레스의 기후에 대해 조언을 해주면서 자연스레 그의 정원과 마이어의 건축이 연결되었다.

미술관 입구 건물 옆에 조그만 물길부터 설명을 해야 할 것같다. 자세히 보지 않으면 알아채기 힘든데, 미술관 입구 건물 옆

물길
샘

연구소
중앙정원
지그재그 산책길
원형 연못

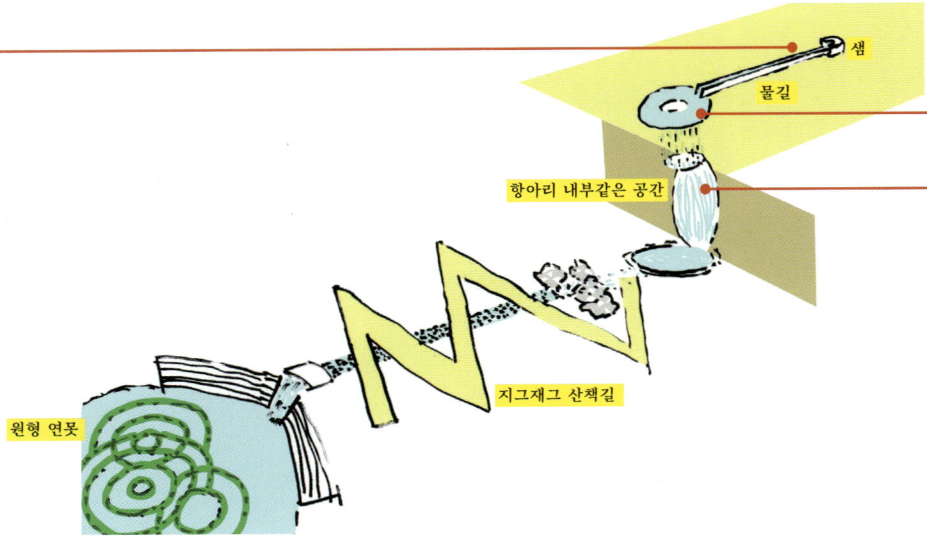

에 조그만 샘이 있고, 이 샘물이 흐르는 물길이 있다. 루이스 칸의 걸작 소크연구소 Salk Institute의 중앙 마당을 흐르는 물길이 생각난다. 물은 폭포처럼 한참을 밑으로 떨어지는데, 아래 계단으로 내려가서 물이 떨어지는 곳을 올려다 보면 항아리 내부처럼 생겼다. 참고자료였던 로마 유적 하드리안 빌라의 돔이 떠오른다.

떨어진 물은 지형을 따라 계속 아래로 내려간다. 물은 직선으로 배치된 돌 위를 내려가고, 사람은 물길 주위로 지그재그 배치된 길을 따라 간다. 걸어가면서 자연스레 물에서 멀어지고 가까워지는 것이, 마치 사계절을 보내는 느낌이 들기도 한다. 돌 사이를 흐르는 물소리도 듣기 좋다. 물은 아래 원형 연못으로 모인다. 그리고 연못 안에 식물을 미로처럼 배치하는 것으로 마무리지었다. 얼윈은 완성 후 다음과 같은 명언을 남겼다. **"언제나 변하면서, 결코 똑같을 수 없다Always changing, never twice the same"**, 자연에 대해 간단하면서 명쾌한 설명같다. 이밖의 다른 부분의 조경은 로리 올린Laurie Olin이 맡았다.

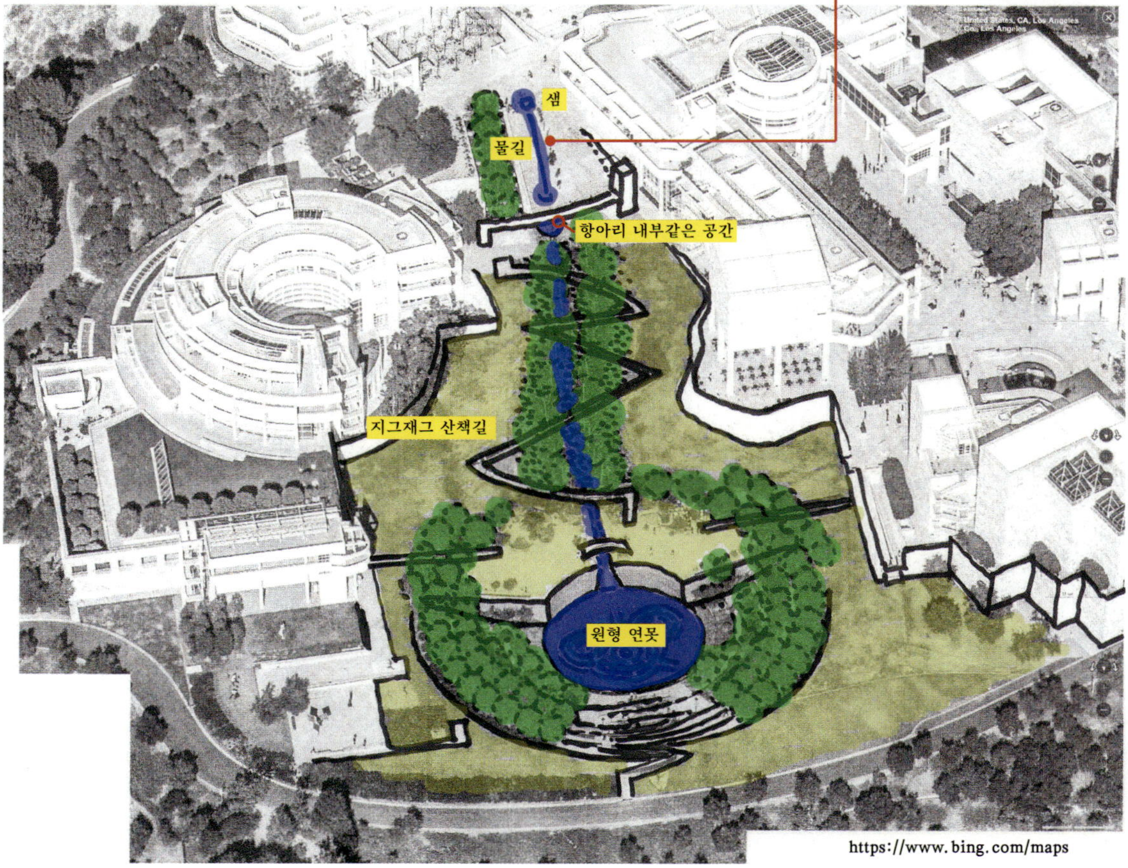

https://www.bing.com/maps

그럼 이제 하늘에서 내려와 일반관람객이 되어 처음부터 게티센터를 방문해 보자. 미술관을 위한 주차장은 북쪽 프리웨이 옆에 1200대의 자리를 마련해 놓았다. 땅은 좁고, 주변이 숲이다 보니, 주차장은 지하 7층까지 내려간다. 지하주차장이 보기 드문 LA에서는 흔치 않은 체험이다. 일반 관람객은 지상으로 올라와 트램tram(전차)을 타고 미술관까지 올라간다.

트램 승차장 건물은 흰색 금속 패널로 덮여 있다. 전형적인 마이어의 건축 재료다. 지붕은 르꼬르뷔지에의 모놀주택monol houses(1919)과 자울 주택Maisons

https://designalexable-blog.tumblr.com/

https://www.pinterest.es/pin/271482683772009962/

Jaoul(1951)의 지붕이 연상된다. 수평으로 슬래브를 치지 않고, 살짝 아치arch를 넣어 볼트vault로 마무리했다. 볼트의 가장 높은 마루 부분에는 길다랗게 천창을 뚫어서, 낮에는 인공조명 없어도 지붕 아래가 밝게 만들었다. 승강장 앞에는 구불구불하게 줄서는 공간이 마련되어 있다. 놀이공원이나 공항에서 자주 보는 것으로 엄청나게 많은 사람들이 찾는 곳이라는 것을 짐작할 수 있다. 주차장이 모자라서 몇 km떨어진 곳에 주차를 한 후, 버스를 타고 와야 하는 경우도 종종 있다. 오래 기다리는 사람들을 위해서인지 트램 승강장 주변에 몇가지 미술품을 전시해 놓았다.

이제 트램을 타고 올라가 보자. 트램은 안에 운전기사 없이 원격으로 조종되고, 레일에서 3mm 정도 떠서 운행한다. 그래서 아주 매끄럽게 천천히 움직인다. 5분 정도 올라간다. 주차장과 미술관 사이에는 관리용과 비상시를 대비해 최소한의 자동차 도로만이 숲을 뚫고 지나간다. 덕분에 대지 내에 보다 많은 숲을 지킬 수 있었다.

미술관에 가기 위해 주차장에서
트램을 타고 올라가는 모습

Conservation Institute
/ Foundation
Arrival Plaza
Tram Station
도착마당은 특별행사 때
야외 무대로 쓸 수도 있다

트램이 정차한 후 내리면 도착 마당Arrival Plaza이다. 도착 마당 뒤로 재단 관련 건물이 자리한다. 일반 관람객의 동선을 피하기 위해, 직원을 위한 건물은 그다지 눈에 띄지 않는 곳에 배치했다. 도착 마당 맞은 편에는 현재 진행중인 전시회를 소개하는 걸개 그림이 걸려 있다. 넓직한 마당과 계단이다. 이벤트를 위해 비워둔 것으로 보인다. 자연스레 계단이 있는 왼쪽으로 발걸음을 옮긴다.

계단을 오르면 미술관 입구 건물Entrance Hall이다. 건물의 왼쪽 뒤로 아까 말한 재단 관련 건물로 가는 길이 있고, 오른쪽에는 식당과 까페 건물이 보인다. 식당 너머에 연구소 건물이 자리한다. 재단 관련 시설이나 연구소 건물에는 관계자 이외의 일반인이 들어가기 어렵다. 미술관 입구 건물과 식당 사이에 아까 언급한 샘물이 있다. 여러 요소가 섞여 있어서, 관심을 갖지 않으면, 알아채기 어렵다.

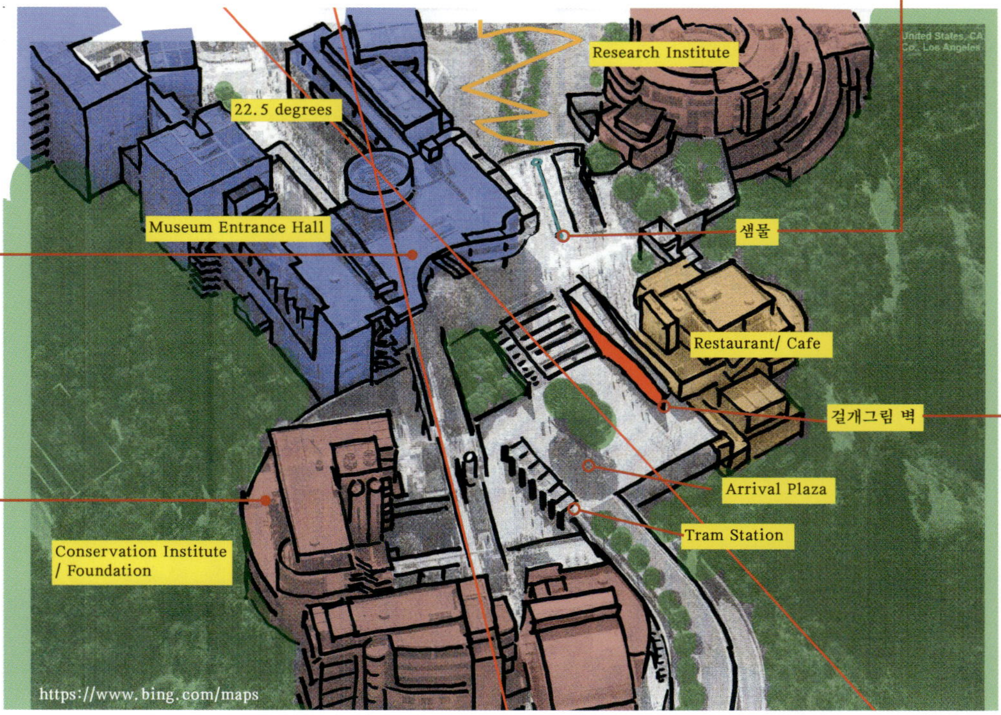

이제 미술관 입구 건물로 들어간다. 모든 미술관 관람은 여기에서 시작한다. 건물 내부에 로툰다rotunda(원형 홀)가 있다. 돔dome은 아니지만, 둥근 벽으로 공간의 중심을 잡아 준다. 미술관의 시작을 알리기도 하지만, 게티센터 전체 공간의 중심이기도 하다. 아까 언급한 전체 배치의 축이 여기서 꺾인다. 그래서 아마도 로툰다를 배치함으로써 의미를 부여한 것으로 보인다.

전체 게티센터 건물 중에서 둥근 천장이 있는 곳은 여기 뿐이다. 사람들의 동선이 자연스레 이리로 모인다. 따라서 이 로툰다 공간은 사람들의 동선을 잇기도 하고, 갈라지는 결절점結節點node이 된다. 여기 로툰다 주변에서 게티센터에 관한 소개 자료를 얻을 수 있고, 작품마다 설명을 들을 수 있는 헤드셋도 빌릴 수 있다. 게티센터를 소개하는 짧은 동영상도 볼 수 있다. 유명한 조각품인 자코메티Alberto Giacometti의 서 있는 여자 동상standing woman I이 상설 전시되어 있다.

로툰다를 지나면, 미술관 마당Museum Courtyard으로 나가게 된다. 로툰다의 둥근 벽이 통째로 열리고 닫힌다. 가로8m x 세로6m정도되는 거대한 둥근 벽이다. 아무렇지도 않게 여길 수도 있지만, 구조 엔지니어가 신경을 많이 써야 하고, 첨단 기술을 적용해야 한다.

미술관 입구 건물을 지나면 앞에 길다란 못이 있다. 못 오른쪽에는 상록수가 줄 지어 서 있다. 이것도 하드리안 빌라에서 차용한 것으로 보인다. 못의 좌우로 동선이 나뉜다. 왼쪽은 상설 전시관, 그리고 오른쪽은 특별 전시장. 똑바로 가지 않고, 꺾여서 다음 공간으로 나아가게 만들었다.

게티센터의 미술관은 하나의 큰 건물로 되어 있지 않고, 작은 건물로 쪼개져 있다. 미술관 입구 건물을 포함하여 총 6개의 건물 군으로 구성된다. 비슷한 크기의 미술관 건물들을 따로 떨어뜨려 놓고, 각각의 건물을 다리로 연결했다. 미술관을 하나의 거대한 건물로 하지 않은 이유는 언덕 위에 있는 건물이 너무 크면, 주변 경관을 압도할까봐 작은 규모의 건물로 나누어 지었다. 이래서 게티센터가 LA의 아크로폴리스Acropolis같은 기분도 든다. 건물 사이로 아름다운 주변경관을 둘러볼 수 있다.

아테네에 있는 아크로폴리스

이웃 주민들도 공청회에서 계속해서 게티센터의 규모를 작게 하려고 시도했었다. 사실 그들은 각각의 건물을 작게 만들기보다는 게티센터 전체의 규모를 작게 하려고 노력했다. 그들은 게티센터 방문객의 규모를 최대한 줄이려고 노력했기 때문이다.

중정에서 차 마시는 사람들

이렇게 여러가지 요구사항을 반영하여 중정형 미술관이 탄생했다. 모든 미술관 건물은 길다란 중정으로 문을 내었다. 모든 미술품을 쉬 없이 한 번에 보고 싶으면 미술관 입구 건물부터 시작해서, 밖으로 나가지 않고 다리를 건너 상설전시된 미술품을 구경할 수 있다. 짬짬히 쉬고 싶다면, 30분 정도 둘러 보고, 중정으로 나와서 따스한 햇볕을 받으면서 차나 커피를 마실 수 있다. 건물 사이로 부는 바람이 시원하다.

건물 사이로 보이는 LA 도시 전경
Beverly Hills
Downtown LA
Westwood
UCLA

떨어진 미술관은 다리로 연결된다

San Juan Capistrano Mission

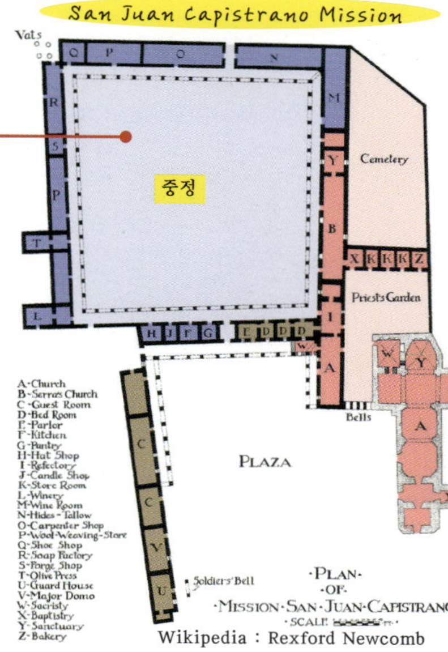

Wikipedia : Rexford Newcomb

아메리카 대륙에는 스페인계 이주민들이 처음으로 이주해 온 스페인 선교마을Spanish Mission 때부터 중정형 건축을 지어왔다. 가운데 마당을 중심으로 두툼한 흙벽돌로 집을 지었다. 건물 사이의 마당은 지중해성 기후인 캘리포니아에 안성마춤이었다. 마이어는 설계하면서, 캘리포니아 건축 또는 로스앤젤레스의 건축 전통에 대해 조사했다. 하지만 그에게 참고할 만한 캘리포니아의 전통 건축은 없었다. 쉰들러Rudolf Schindler나 노이트라Richard Neutra처럼 자신만의 건축 수법으로 디자인하기로 한다.

라이트Frank Lloyd Wright와 비교된다. 라이트는 영국에서 건너온 이민자의 아들이었지만, 스스로를 아메리카인이라고 부르면서, 아메리카 원주민의 건축에서 영감을 얻으려고 노력했다. 반면에 마이어는 다른 스타 건축가가 그러하듯 정복자처럼 그의 건축을 새 땅에 심으려고 했다.

그의 디자인 수법에 연중 온화한 기후를 접목하려고 했다. 중정이 사방으로 막히지 않고, 건물이 간격을 두고 자리하면서 자연스레 열린 중정형이 되었다.

Ennis House by F.L. Wright

트래버틴과 흰색 금속 패널

게티센터의 전체적인 건물 분위기는 서로 비슷하다. 마이어가 기존에 설계한 건물과 그다지 달라 보이지 않는다. 다른 점이라고 한다면, 하얀 금속 패널 대신에 베이지색 석재가 외벽을 감싸고 있다. 일부는 하얀 금속 패널로 마감한 경우도 있지만, 대부분은 인근 주민들이 원하는 대로 석재로 마감했다. 하드리안 빌라에도 쓰였던 트래버틴travertine(대리석의 일종)으로 건축가들이 좋아하는 재료다. 미스 반데로에가 설계한 바르셀로나 파빌리언German Pavilion in Barcelona과 판스워스 주택Farnsworth House에도 트래버틴이 쓰였다. 게티센터의 모든 석재는 이탈리아의 한 채석장에서 수입했다. 마이어가 여러 석재 후보들을 비교한 후 선택한 재료다. 고급재료인데, 100대가 넘는 대형화물선이 지구의 반대편으로 실어 운반했을 정도로 엄청난 양이다.

Wikipedia : Ashley Pomeroy

게티센터에서 볼 수 있는 다양한 발코니

재료가 다르긴 해도 전체적인 조형수법이 마이어가 설계했으리라 짐작할 수 있고, 더 나아가 르꼬르뷔지에의 건축 수법도 엿보인다. 게티센터 건물의 안과 밖에서 심심치 않게 보이는 발코니는 르꼬르뷔지에의 라로쉬 주택Villa La Roche(1925)에서 쓰인 건축 수법이다. 아래에서 발코니를 보면, 발코니까지 올라가서 아래를 내려다 보고 싶은 생각이 든다.

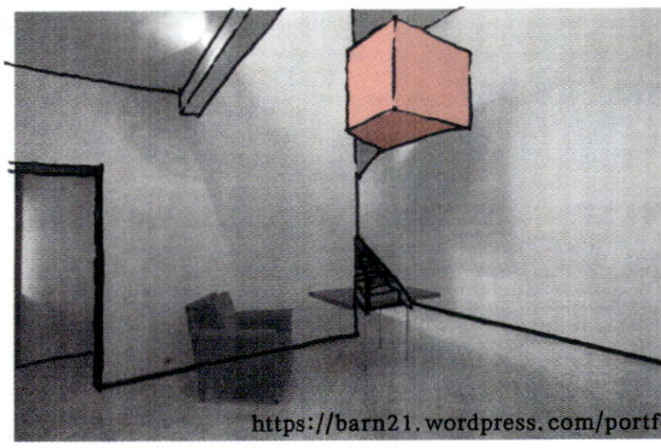

https://barn21.wordpress.com/portfolio/edwin-lutyens-hated-le-corbusier/

그랜드 피아노에서 따온 것같은 곡선평면도 여러 곳에서 보인다. 르꼬르뷔지에가 강조한 자유평면의 한 예인데, 라뚜렛 수도원Convent Sainte-Marie de La Tourette (1960)에서도 보인다. 그를 추종하는 건축가들에게서 심심치 않게 찾을 수 있다.

게티센터의 미술관 남관

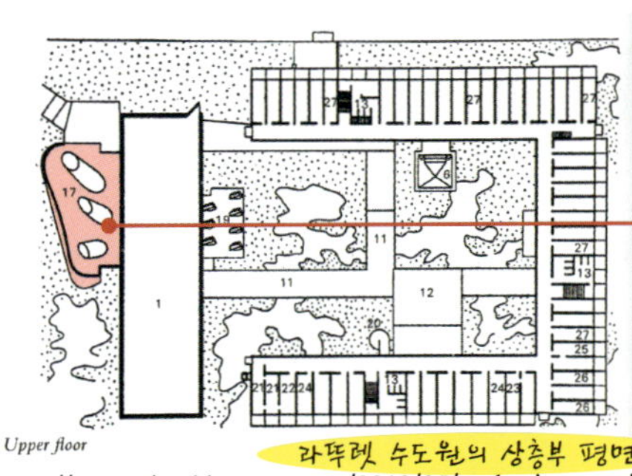

라뚜렛 수도원의 상층부 평면도

https://voussoirs.blogspot.com/2012/05/corbusier-renaissance-man.html

건물의 외벽에는 기둥이 없다. 외벽은 구조체의 힘을 받지 않아서 자유롭게 창을 낼 수 있었다. 힘을 받치는 기둥은 벽에서 안으로 살짝 떨어져 있다. 그래서 이런 자유스런 평면으로 지을 수 있었다. 뿐만 아니라 르꼬르뷔지에가 강조한 건축의 5가지 요소를 요소요소에 잘 박아 두었다. 하지만, 미술관에는 프로그램 요구에 따라 벽에 창을 많이 내지는 않았다. 대신 천창을 통해 빛을 끌어 들인다.

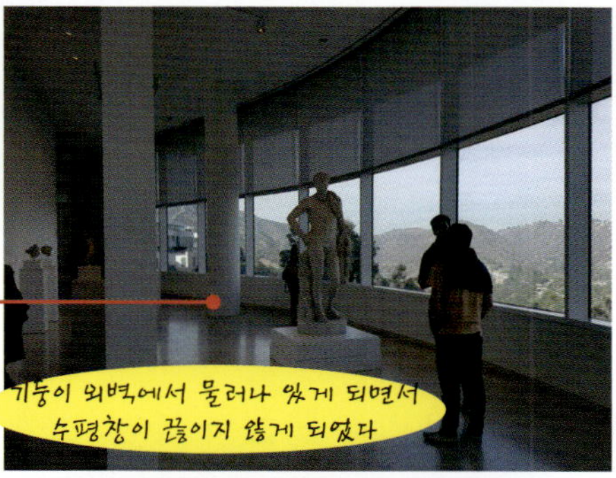
기둥이 외벽에서 물러나 있게 되면서
수평창이 끊이지 않게 되었다

필로티로 아래층을 비웠다.

천창이나 고측창을
통한 자연채광

여기에서 보이는 건축 요소들은 정리해서 베벌리힐스 Beverly Hills에 작은 박물관으로 다시 태어났다. 건물 규모가 작다 보니, 1년 먼저 지어졌다. 페일리 미디어 센터 Paley Center for Media (1996)다. 원래는 TV와 라디오 박물관Museum of Television & Radio이었는데, 미디어 매체의 종류가 많아지면서, 오늘날과 같은 이름으로 바뀌었다. 언덕 위의 거대한 규모의 게티센터가 도시 속의 작은 대지에 축소되어 이 동네에서 보석같은 존재로 자리잡았다.

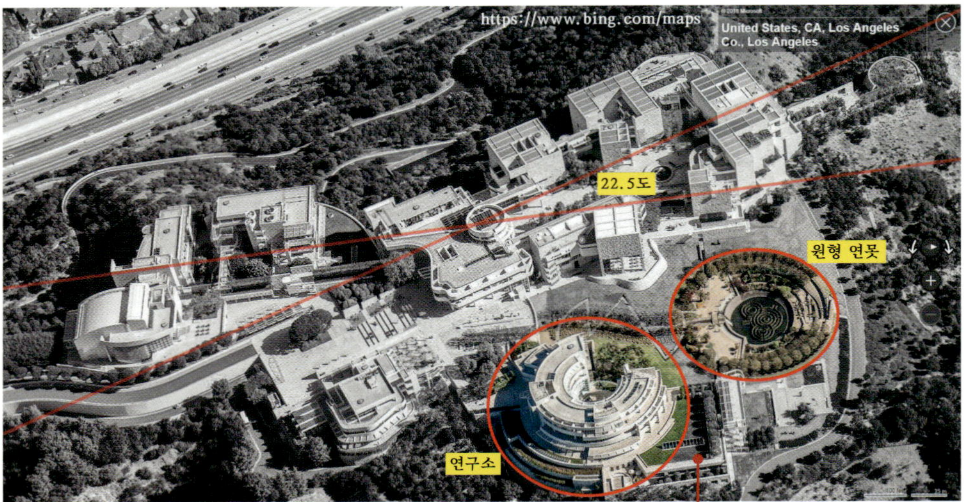

전체 배치도를 보면 2 개의 원이 눈에 띈다. 하나는 원형 연못이고, 다른 하나는 이 정원의 북서쪽에 보인다. 연구소 건물의 중정이다. 게티센터에서 유일하게 원형으로 평면이 짜인 건물이다. 왜 이 건물만 원형으로 설계했는지는 아무리 생각해도 모르겠다. 직원이거나 허락을 받은 사람만이 내부를 구경할 수 있는 건물이다. 대학 도서관에서 구할 수 없는 자료도, 여기서는 찾을 수 있을 정도로 소장한 자료의 양이 엄청나다고 한다. 가끔 특별 전시가 이 건물 내부에서 열리기도 한다.

Wikipedia : Jinho Jung

게티센터를 과천 현대미술관(1986)과 비교할 수도 있겠다. 분위기는 비슷하다. 도심에서 벗어나 자연으로 둘러싸인 조용한 곳에서 미술품을 즐길 수 있다. 두 미술관 모두 도시에서 벗어나 소풍온 분위기다. 건물도 석재로 마감을 했다. 하지만 규모가 상대가 안 된다. 게티센터가 훨씬 크고, 소장품도 많다.

개인적으로 중앙 정원 옆의 야외 까페가 좋다. 특별 전시장 아래 공간인데, 필로티pilotis로 이루어진 공간이다. 시원한 산들바람이 불 때 의자에 앉아서 주변을 둘러보는 느낌이 참 좋다. 속세에서 찌든 피로감이 해소되는 듯 하다.

현재 게티 빌라에는 그리스와 로마시대의 유물 44,000여 점이 있고, 중세 이후의 예술품은 게티센터에 소장되어 있다.

게티센터와 게티빌라에 매년 1백8십만 명의 방문객이 찾아 온다. 매일 5,000명이 온다고 생각하면 된다. 좋은 건축물은 사람을 끌어 모으는 힘을 갖고 있다.

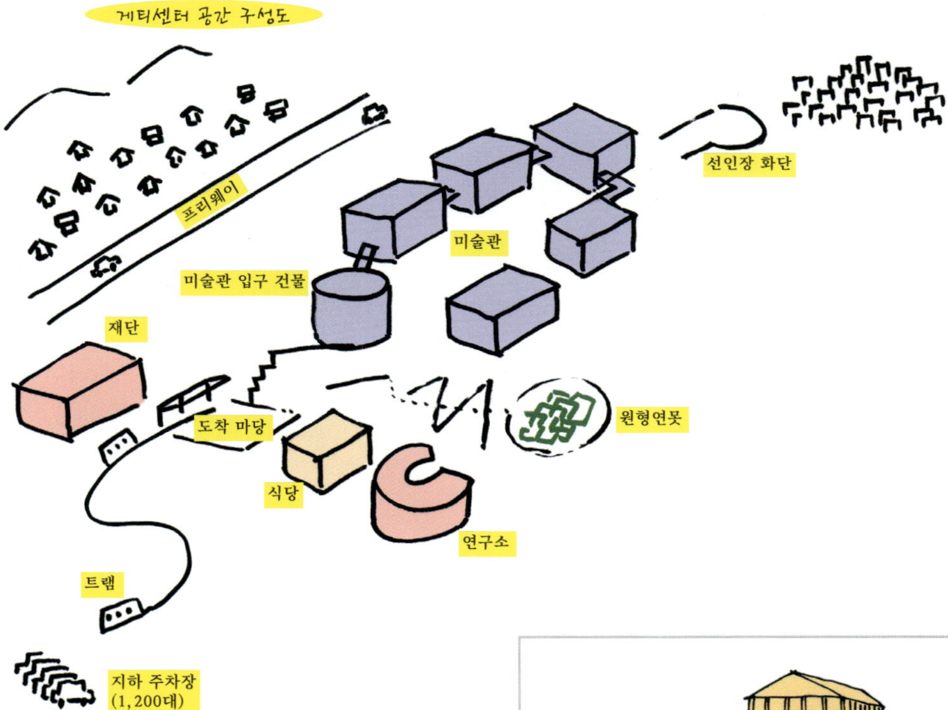

Getty Center Address :
1200 Getty Center Dr, Los Angeles, CA 90049
Getty Villa Address :
17985 Pacific Coast Hwy, Pacific Palisades, CA 90272

체육관

2002년 크리스마스 즈음으로 기억한다. 미국에 유학 와서 첫 학기를 마친 후, 낡은 자동차를 끌고 혼자 달렸다. 대학 때 인기가 많았던 모포시스Morphosis (대표 건축가 탐 메인 Thom Mayne)가 설계한 다이아몬드 랜치 고등학교를 보기 위해서였다. 서울로 치면 양평 쯤 되는 곳에 있다. 50분 쯤 달려 학교 입구에 도착했다. 학교 이름이 새겨진 낮은 벽이 학교의 입구다. 우리가 생각하는 정문은 따로 없다. 학교 입구에서 학교 건물이 바로 보이지는 않는다. 완만한 길을 따라 돌아가야 한다. 여기만 돌아가면, 사진에서 보던 건물이 나타나겠지 하며 낮은 언덕을 올라간다.

200m 정도 올라 가니, 길가에 경찰차 비슷한 차가 내 차를 세웠다. 학교 경비원인데, 나보고 무슨 일이냐고 묻는다. 학교를 구경하고 싶다고 했더니, 예약한 후에 다시 오란다. 거짓말을 보태서, 이 건물을 보기 위해 한국에서 왔다고 했다. 그래도 안 된단다. 나 뿐 아니라 전 세계에서 이 건물을 보기 위해 온다면서, 내게 담당 선생님 전화번호를 적어 주었다. 이 날은 먼 발치에서 건물 윤곽을 살짝 보는 것에 만족해야 했다. 억울한 감도 있지만, 학교에 대한 자부심같은 것이 느껴졌다.

이 학교가 어떻게 지어졌는 지에 대한 이야기가 재미나다. 어느 백만장자가 9만평(72acre: 291,000m2)이나 되는 큰 대지를 기부하면서 이야기가 시작한다. 여의

학교의 남쪽은 언덕이고, 북쪽 아래에는 프리웨이가
지나간다. 경사가 가팔라서 접근이 쉽지 않다.
동쪽에 입구를 내고 완만한 경사를 따라 진입한다.
학교 입구

동산을 배경으로 학교가 자리잡았다.
학교 지붕은 기존의 지형에 어울리면서 자신의
존재감을 드러내기 위해 인공 지형이 되었다.

언덕
프리웨이

도 공원의 1.5배 만한 땅이다. 대지가 고등학교 치고는 상당히 크다. 이 자리에 공립학교를 지어달라고, 교육청에 부탁했다. 교육청은 학교를 건설하기 위해 건축위원회를 만들고, 건축 현상설계를 실시한다. 여러 설계사무소가 참가했다. 이 중에 모포시스도 있었다.

1990년대 초까지만 해도 모포시스는 설계 꽤나 하는 건축과 학생들에게 인기가 있었지만, 가끔은 종이건축가paper architect로 불리기도 했다. 도면이 실제로 지어지는 경우가 많지 않아서 사람들은 이렇게 비아냥거렸다. 모포시스를 이끄는 쌍두마차 탐 메인과 마이클 로톤디Michael Rotondi는 16년 간 동고동락하면서, 나름 훌륭한 설계작품을 만들어 왔다. 하지만 경제적 어려움을 견디지 못 하고, 1991년에 끝내 각자 떨어져서 생존하는 길을 찾기로 한다. 모포시스라는 설계사무소 이름은 메인이 사용하고, 로톤디는 로토 건축사 사무소Roto Architects를 만들어 독립했다.

헤어진 후 메인은 3개의 학교 현상설계에 응모했다. 그 중 하나가 이 프로젝트였다. 셋 중에 하나만이라도 당선되기를 빌고 또 빌었다. 절실했다. 천우신조였는지, 3개 모두 당선된다. 이 후로 모포시스는 쭉쭉 성장하여 전세계에서 이름난 유명 건축가가 되었다. 2005년에는 건축계의 노벨상이라고 불리는 프리츠커상Pritzker Architecture Prize도 수상한다. 1997년에는 한국의 이화여대 앞에도 상업 건물을 지었다.

International Elem. School (1999)

Science Center School (2004)

사진 : 김동휘

신촌의 Sun Tower (1997)

현상설계 지침에 예상 공사비가 제시되었다. $145/sf으로 저렴하게 설정이 되었다. 한국에서는 동의하지 않을 수도 있겠지만, 1990년대 당시 로스앤젤레스의 다른 관공서 건물에 비해 낮게 책정된 금액이다. 일반적으로 공립학교는 저렴하게 지어졌다. 그래서 다른 설계사무소에서는 낮은 공사비에 맞추기 위해서, 여지껏 그래왔듯이 단순한 상자형 건물로 설계했다. 그런데 모포시스는 달랐다. 이들은 상자형 건물에 대해 거부감이 있었다. 그래서 공사비에 신경쓰지 않았다. 모 아니면 도... 프로젝트가 절실한 상황에서 이런 결정을 했다는 배짱이 놀랍다.

모포시스는 이제 공립학교도 기존의 틀을 깨고 새로운 것을 시도할 때가 됐다고 믿었던 것으로 보인다. 공립학교 학생들에게도 건축적으로 풍성한 학교를 만들어 주고 싶었다. 그들이 공부하는 환경이 틀에 박힌 공간이 아니라, 자유롭게 생각을 펼칠 수 있는 환경으로 만들어 주려고 고민했다. 어떻게 하면 학생들에게 좋은 교육공간을 제공할 수 있을까?

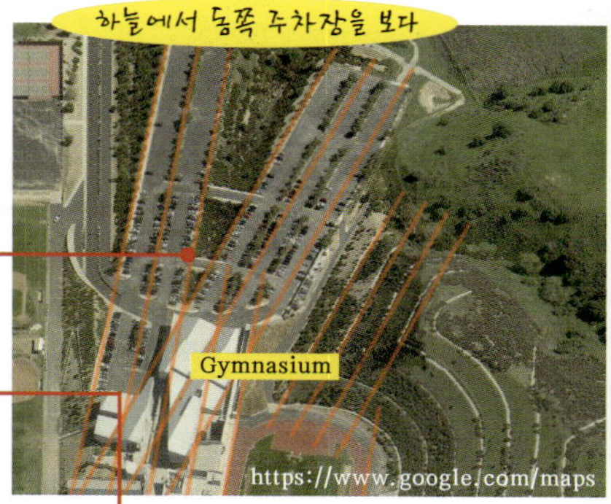

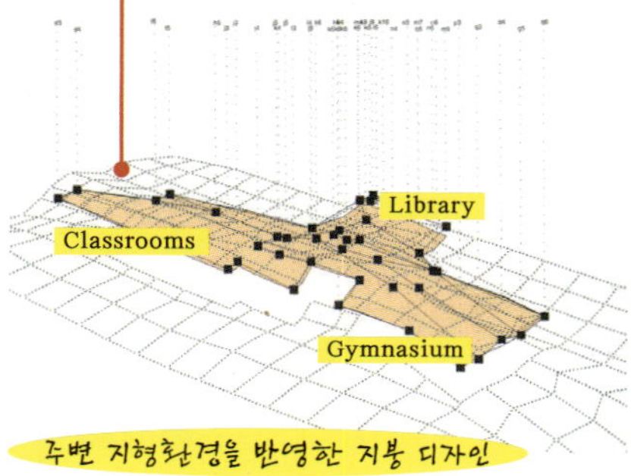

새로운 설계 방법으로 건축을 해석하고 싶었다. 지형을 숙지한 후, 기존의 지형에서 새로 지어질 건물의 지붕선이 어떻게 관계를 맺을 지 생각해 보았다. 주변의 지형을 참고로 해서 축을 설정한 후, 축과 나란하게 선을 뽑아 지붕선을 만들어 냈다. 학교에서 요구한 프로그램을 결합하면서 지붕선도 알맞게 수정되었다. 이렇게 해서 독창적인 설계안이 태어났다.

여러 설계사무소에서 설계안을 제출했다. 아마 다른 작품들은 제한된 공사비 때문에, 대부분이 비슷하게 보였고, 모포시스의 안은 이 중에서 군계일학처럼 눈에 띄었을 것이다. 심사위원회는 모포시스의 안을 뽑고 싶었다. 그런데, 공사비를 고려하면 실현 가능성이 떨어져 보여서, 건축주인 교육청과 상의를 해야 했다. 놀라운 일이 일어났다. 교육청에서 모포시스의 안을 당선작으로 선정한 후, 추가로 필요한 공사비는 따로 마련하기로 했다. 동화 속에서나 가능한 일이 아닐까! 그래서 추가된 공사비를 마련하느라 몇 년이 더 필요했다.

그럼 이제부터는 상상을 통해 모포시스가 어떻게 설계를 했을 지 좀 더 자세히 살펴 보기로 한다.

설계팀은 설계를 시작하기에 앞서, 아이디어를 얻기 위해 대지를 둘러 보았다. 학교 대지는 남쪽에서 북쪽으로 경사가 꽤 가파르게 내려온다. 대지의 아래 북쪽면에는 프리웨이freeway(자동차 전용도로)가 동서로 지나간다. 남쪽은 나무 없는 언덕이고, 서쪽에는 기존의 조용한 주택단지가 있다. 학교로 들어오는 주출입구는 동쪽밖에 없다. 여기서 완만한 경사를 따라 진입한다.

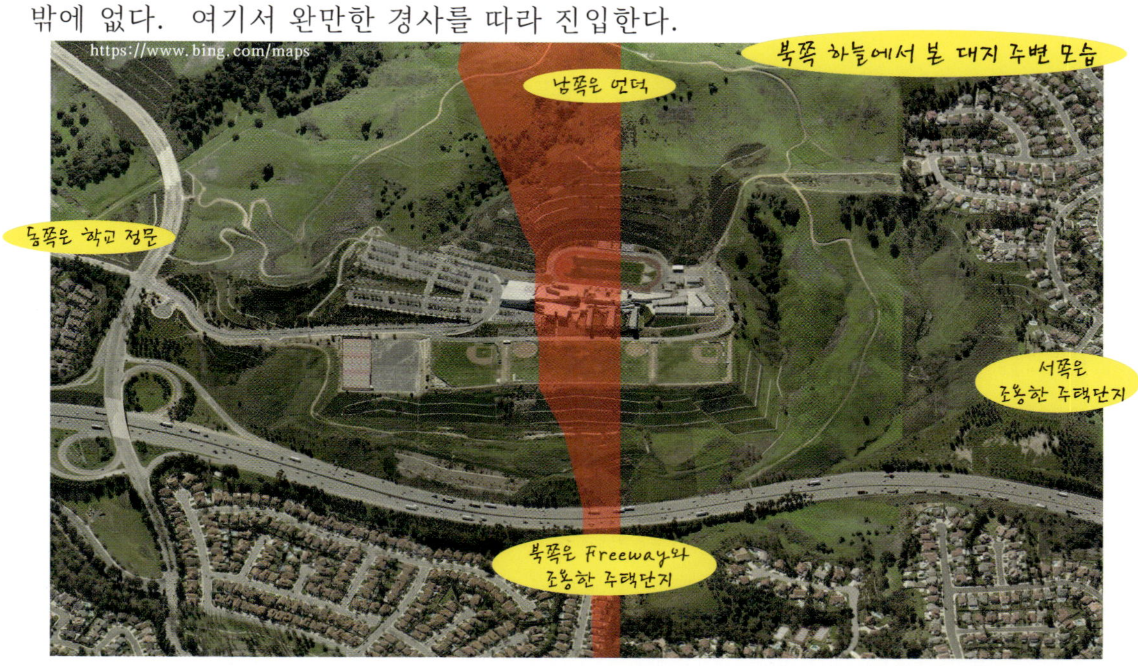

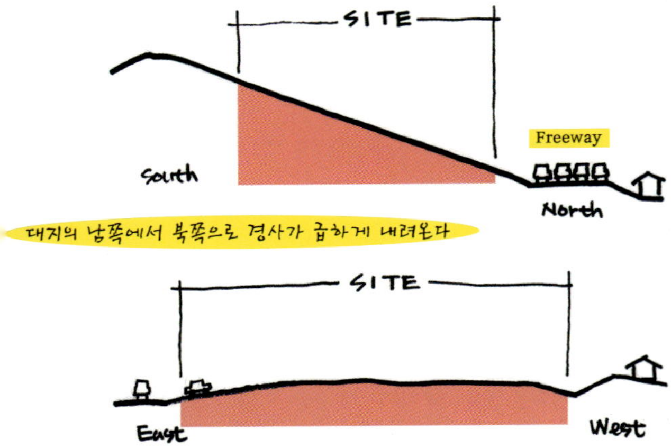

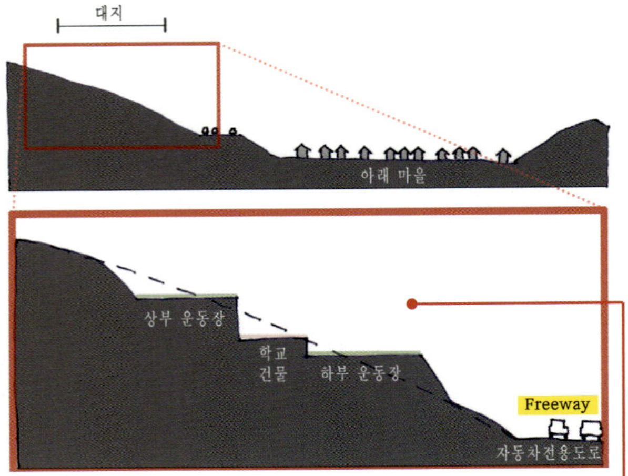

설계 지침에 중요한 사항이 표시되어 있다. 대지 내에서 어떠한 흙도 밖으로 반출이 안 될 뿐더러, 대지 밖에서 어떠한 흙도 들여 올 수 없게 정해 놓았다. 친환경적인 방법으로 설계를 하라는 뜻이다. 경사지에 학교 건물과 운동장을 배치하려면, 어느 부분은 파내고, 어느 부분은 메꾸어서 계단식 평지를 만들어야 했다. 가파른 대지가 일반적인 건축가들에게 제약일 수도 있지만, 모포시스는 오히려 여기에서 영감을 얻어 지붕선으로 발전시켰다. (p. 129 그림 참조)

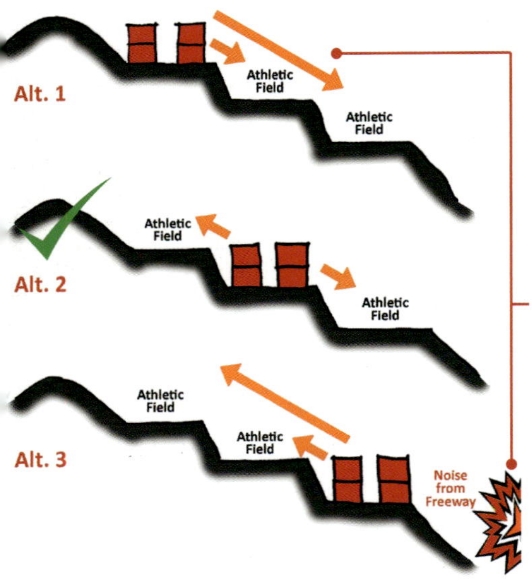

400m 트랙과 별도의 야구장 2 면, 축구장 3면, 그리고 10 개 남짓한 테니스장을 비롯한 여러 작은 운동장을 위 아래에 배치하고, 학교 건물은 중간층에 배치했다. 건축주가 요구한 프로그램이니 다 집어 넣어야 했다. 만약 건물을 중간이 아닌 위나 아래에 배치했을 경우, 동선이 길어지거나 아래 프리웨이로부터의 자동차 소음이 학교 수업에 방해가 될 우려가 있다. Alt. 2가 토목 공사비를 최소화하기 위한 방법일 뿐 아니라 사용자의 동선을 고려한 최선의 방법이라 생각한다. 아마도 다른 설계안들도 대부분 이와 비슷하게 운동장과 교실을 배치했으리라 생각한다. 배치보다는 건물을 어떻게 설계하느냐가 당락을 결정하는 중요한 열쇠가 되었을 것같다.

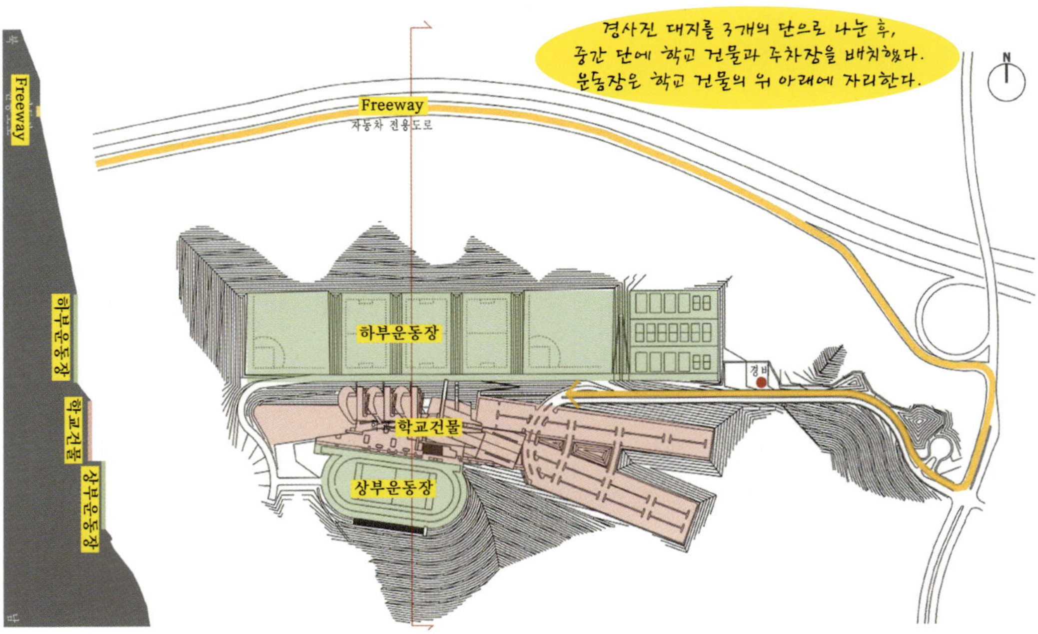

항공사진을 보면, 학교가 지어지기 전과 후를 비교할 수 있다. 대개의 학교는 도시 안에 다른 건물들과 공존하는 것이 일반적인데, 이 학교는 주변과 따로 떨어져 있다. 아직 도시가 자리잡기 전에 지어져서라기보다는 한적한 동네에 들어서서 이렇게 지은 것같다. 마을과 동떨어져 있어서, 자동차 없이 학교에 가기가 힘들다.

프리웨이 건너 언덕에 올라서 보니(p. 126-7), 이 학교가 주변 마을의 언덕에 자리하고 있다. 보는 이에 따라 다르게 이해할 수도 있겠다 싶다. 건축가가 교육을 아주 신성하게 여긴다면, 학교를 신성한 아크로폴리스acropolis로 만들고, 아래 마을을 속세인 아테네 시내처럼 여기지 않았을까라는 생각이 든다. 꿈보다 해몽이다.

이제 학교 안으로 들어가 보자. 운동장을 제외한 다른 공간을 어떻게 구획했을까? 대부분의 사람들이 차를 이용하여 학교에 옴으로, 차에서 내리고 타는 공간 drop-off이 필요하고, 넓은 주차장이 필요했다. 한국에서처럼 시내버스나 지하철로 학교에 오는 사람은 없다고 봐도 된다. 학교 입구에서 가까운 동쪽에 주차장을 마련하고, 서쪽에는 학교 건물들을 배치했다. 한국과 달리 미국에서는 고등학생도 운전을 할 수 있어서, 700 대를 위한 넓은 주차장을 마련해 놓았다.

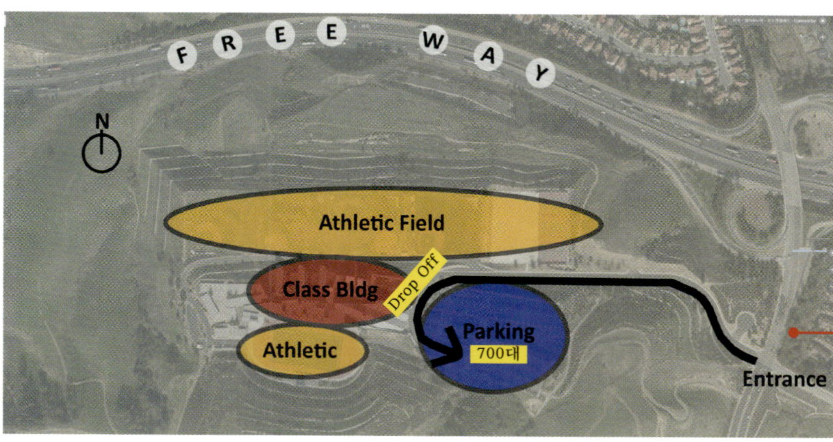

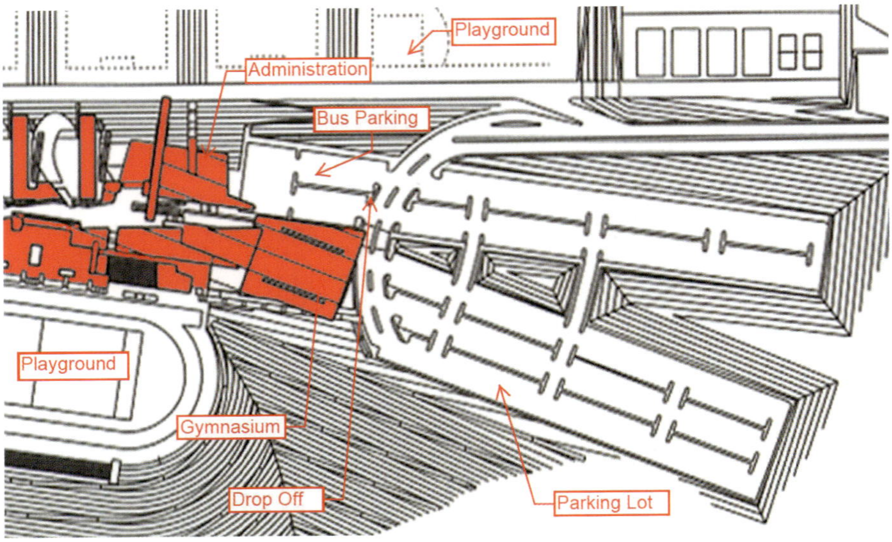

첫번째 마주하는 학교 건물은 체육관이다. 설계를 시작할 때부터 지형을 닮게 설계해서인지 체육관의 지붕선이 기존의 산세와 잘 어울려 보인다. 지붕 모양은 체육관 내부에서도 확인할 수 있다. 지붕선을 그대로 노출하기 위해 가벼운 철제 트러스를 사용했다. 체육관은 학생들 뿐만 아니라, 방과후나 주말에는 인근 주민들도 함께 쓸 수 있도록, 주차장 가까이에 배치한다. 학교와 주변 마을이 떨어져 있어도, 여전히 학교가 주민들을 위한 커뮤니티 시설 역할을 하고 있다. 체육관 바로 옆은 학교버스 주차장으로 계획했다. 체육관 뒤로 이를 뒷받침하는 부속실과 교직원 식당이 자리한다.

여기서 건축적으로 중요한 것을 놓치면 안 될 것이 하나 있다. 바로 체육관 북쪽의 외벽이다. 단순하게 보면 버스 주차장에 면한 외벽이지만, 건축적으로 좀 더 깊은 뜻을 품고 있어 보인다. 체육관의 외벽이 건물이 끝나는 곳에서 멈추지 않고, 계속 뻗어 간다. 시선을 모으면서, 사람들의 동선을 끌고 간다. 콘크리트 벽으로는 충분하지 않을 것같아서, 콘크리트 벽에 금속 골판재를 씌워 한번 더 방향성을 강조한다. 마치 화살표가 있어서 우리가 어디로 가야할 지를 가리키는 듯하다.

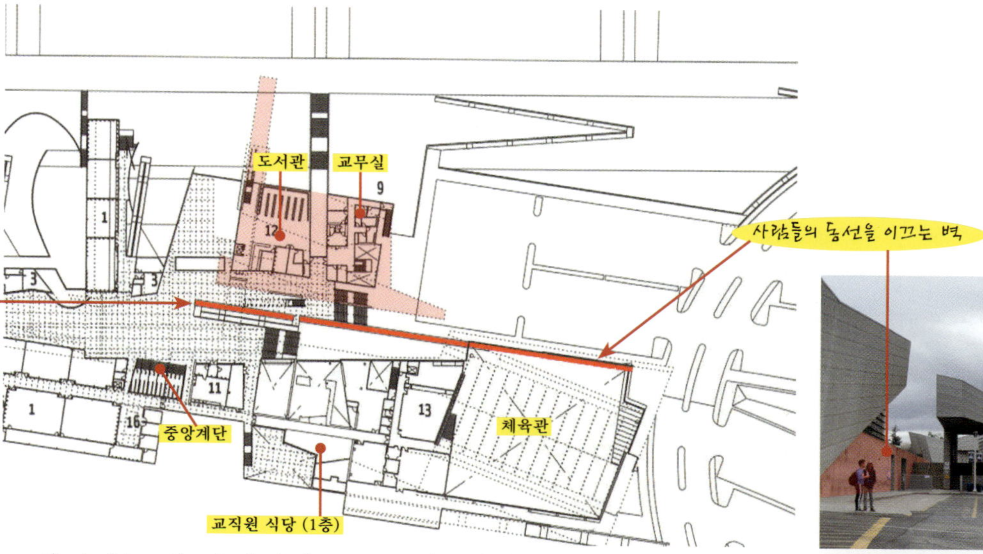

뻗어가는 벽 건너편에는 교무실 (행정실 포함)을 배치했다. 이 건물 위의 지붕 일부를 버스 주차장 쪽으로 끌어내서, 체육관 외벽과 함께 사람들의 발길을 계속 이끌어준다. 어긋나게 배치된 체육관과 교무실 건물 사이의 공간이 일종의 중간문 역할을 한다고 볼 수 있다. 체육관에서 뻗어나온 외벽은 계속 서쪽으로 달려간다. 벽이 끝날 무렵에는 계단이 있어서 길이 계단 위로 이어지는 것을 암시한다. 체육관과 교무실은 주차장 레벨에 있고, 다른 공간, 즉 학생들이 머물면서 공부하는 공간은 한 단 위에 올려 놓았다.

중간문을 지나고 계단을 올라간다는 것은, 공간의 위계가 높아진다는 것을 의미한다. 체육관을 지나 교무실 옆 계단을 올라갈 때, 여기에서도 한번 더 학교에 낯선 사람을 통제할 수 있다. 여기서부터는 학생과 교직원 외의 사람들은 들어갈 수 없다. 계단은 2 개인데, 하나는 벽의 바깥에, 다른 하나는 벽의 안쪽에 자리한다.

이 계단 사이 높은 벽 안쪽에 장애인용 경사로를 마련해 놓았는데, 억지로 끼워넣은 느낌이다. 내가 장애인이라면, 이 좁고 길다란 경사로를 이용하고 싶지 않을 것같다.

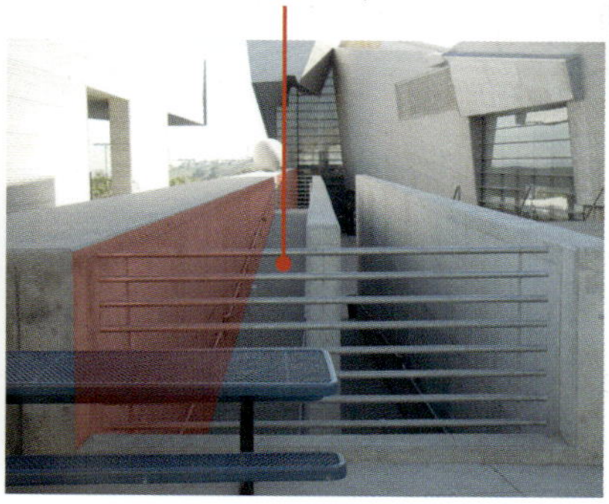

사람들의 동선을 이끄는 벽 :
이 벽을 따라 올라가면
신성한 공간에 다다른다

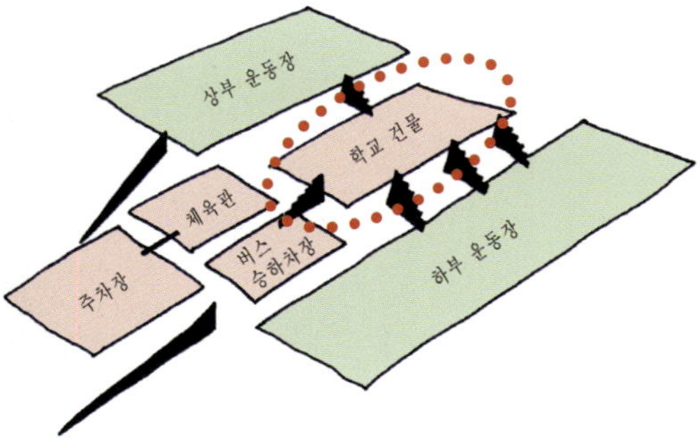

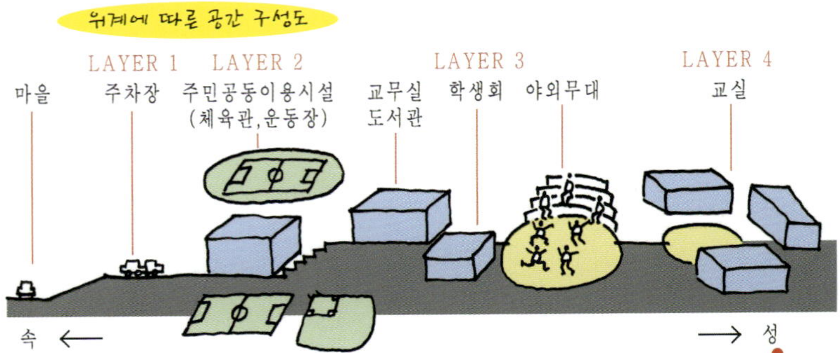

교무실을 지나면, 학생과 교직원만이 지내는 공간이다. 물론 계단 위의 공간이어서 자동차가 들어올 수 없고, 대신 중간에 엘리베이터가 있다. 짐을 옮기려면, 작은 지게차나 손수레를 이용해야 한다. 학교 전체로 봤을 때 가장 중요한 공간으로 학교 공간 중에서 위계가 가장 높은 곳이다. 물론 학교에서 교육공간이 가장 위계가 높은 곳에 자리하는 것은 당연하다.

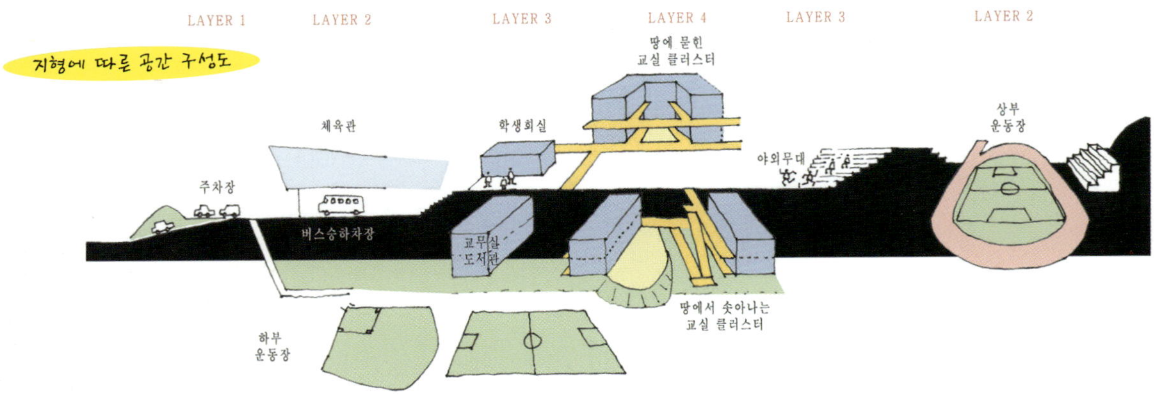

400m 트랙이 있는 공간이 물리적으로는 높이 자리하지만, 공간 위계로 보면, 다른 운동장과 같은 위계의 공간이다. 정리하면, 학교 입구 – 주차장 – 주민 공동 이용시설 – 교무실 & 도서관 – 학생회 – 교실, 이 순서로 점점 더 소중한 공간이 된다.

동서로 이어진 이 길은 다이아몬드 랜치 고등학교의 중심도로이다. 이 길을 따라 학생들이 이용하는 매점이나 수업 보조 공간들이 자리해서, 잠깐 들렀다 가기도 한다. 매점 앞에 여러 줄의 벤치가 놓여 있다. 마을로 치면, 편의점이나 구멍가게가 있는 공간이다. 가게 앞에 평상이 있어서 마을 사람들이 집을 나와 정겹게 이웃사람과 안부를 나누는 공간으로 보면 될 것 같다.

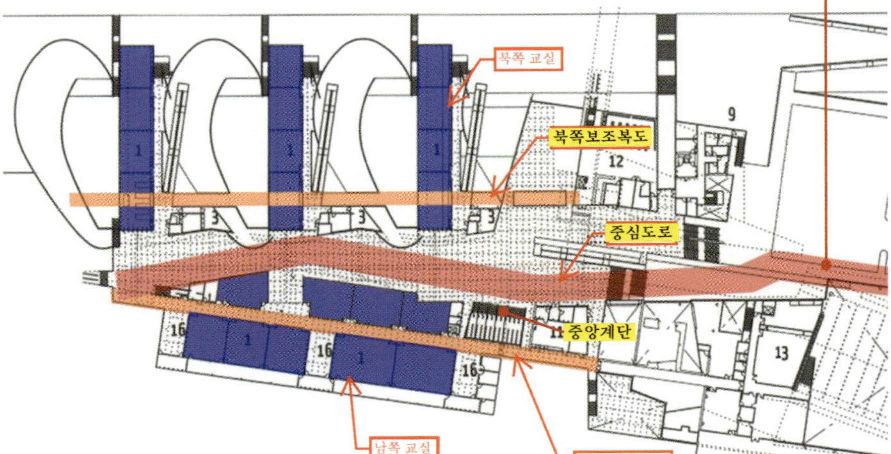

SECOND FLOOR PLAN

이 중심도로는 대부분의 교사와 학생들이 삼삼오오 모여 대화를 나누기도 하고, 오가면서 서로의 안부를 묻는 곳이다. 직선으로 쭉 뻗으면 삭막해 보여서, 축을 살짝 꺾어 벽이 파도치듯이 재미나게 처리했다. 중간중간에 초승달 모양의 콘크리트 벤치도 마련해 놓았다. 쉬는 시간에는 이 공간에 사람들이 모이거나 지나가면서, 다양한 행태가 일어날 것이다. 미국보다는 유럽의 가로처럼 주민들 간에 예기치 않은 즐거운 만남이 일어나길 바랐을 것이다.

혹시 이 공간에 너무 많은 사람들이 몰릴 경우를 대비해서, 남과 북에 중심도로와 평행하게 복도를 추가로 배치했다. 여기는 중심 도로에 비해 좁고, 직선으로 뻥 뚫려 있어서 좀 삭막하다. 사람들간의 만남보다는 단순한 통과 공간으로 보인다.

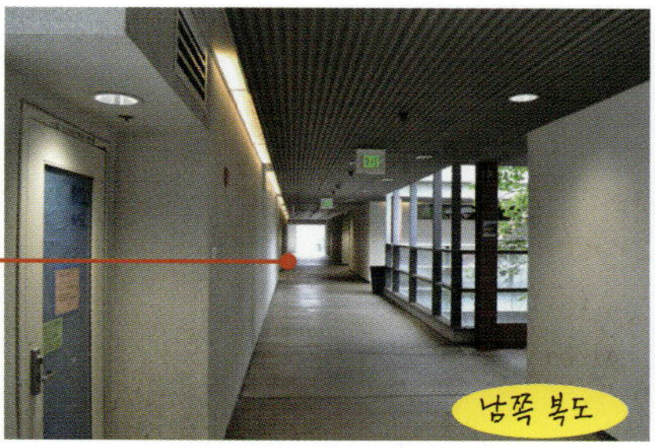

교실은 중심도로를 따라 좌우에 배치했다. 길에서 90도로 꺾어서 들어가게 된다. 교실은 몇개씩 묶어서 클러스터cluster로 배치되어 있다. 남쪽에 3 개, 북쪽에 3개의 클러스터가 있는데, 이 두 곳의 성격이 완전히 다르다. 경사진 대지를 이용하다 보니, 남쪽은 땅을 파낸 후 교실을 집어 넣어야 했다. 교실의 채광과 환기를 위해, 중간에 중정中庭을 마련했다. 교실은 모두 중정을 향해 자리 잡았다. 중정형 주택이 연상된다. 중정에 나무가 한 그루 심어져 있어서인지 그다지 초라해 보이지는 않는다.

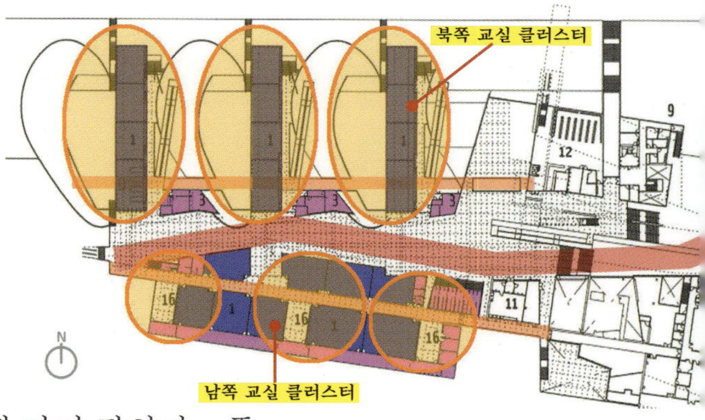

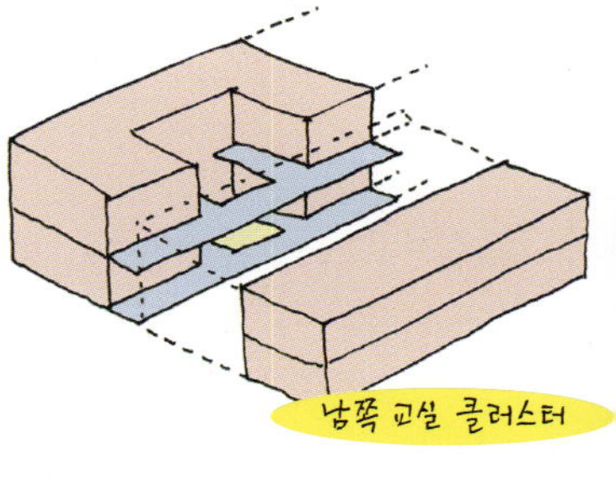

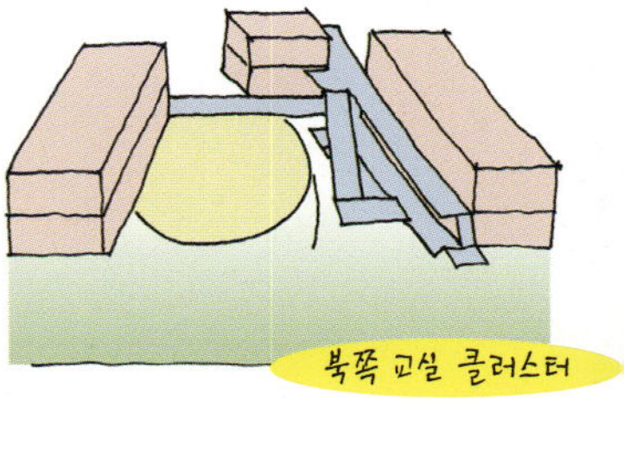

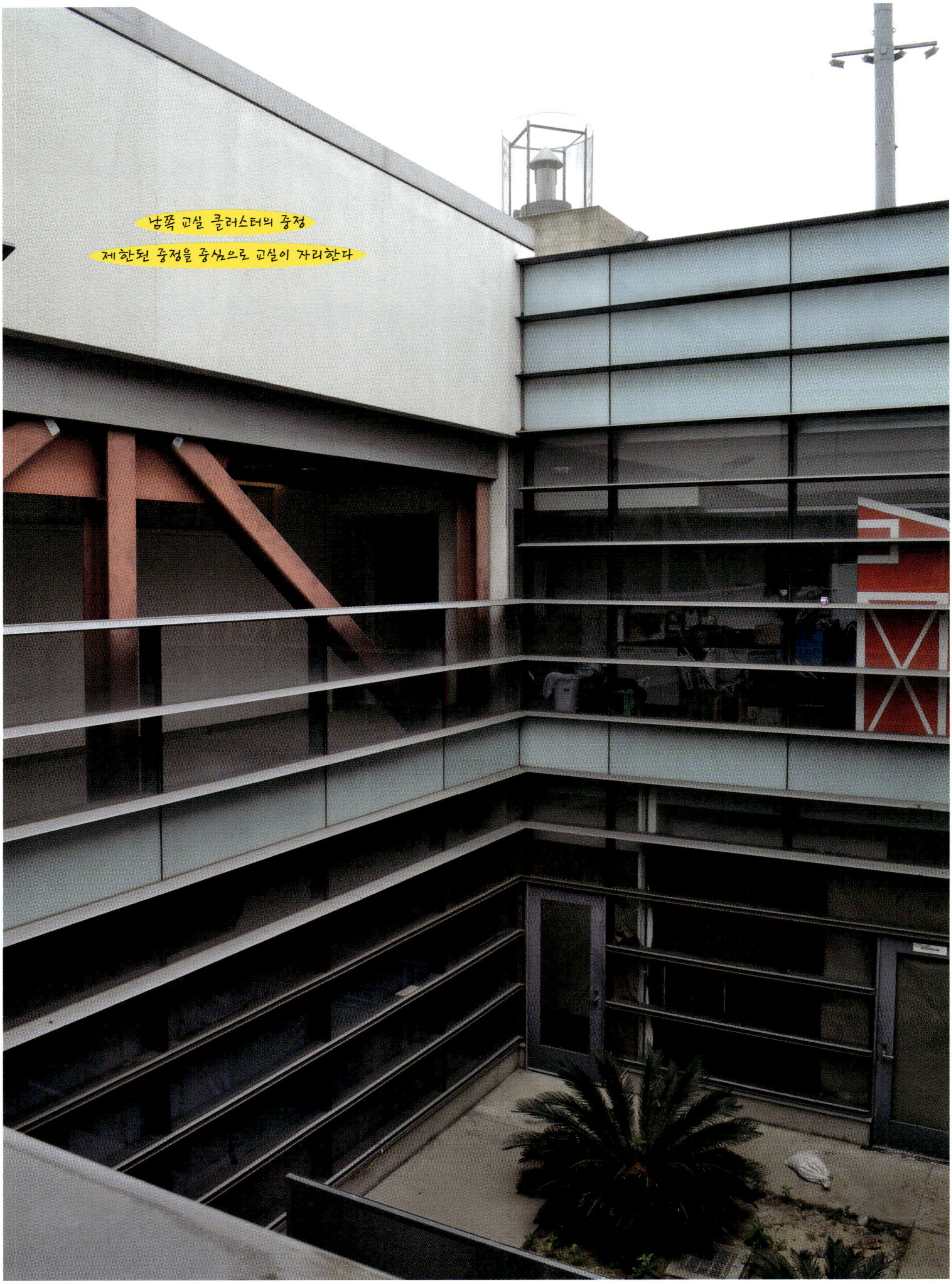

남쪽 교실 클러스터의 중정
제한된 중정을 중심으로 교실이 자리한다

북쪽 교실 클러스터
사이 마당 : 경사지
공간이 자유롭게 펼쳐져 있다.
교실 앞 마당 : 평지

반면에 북쪽은 남북으로 길다란 교실 건물을 배치했다. 중심도로에서 북쪽을 향한 전망이 가리지 않게 하기 위해, 가능한한 건물은 얇게 만들고 중간에 넓직한 마당과 조경공간을 마련했다. 이렇다 보니 남쪽은 땅 속에 묻혀서 좀 어둡고, 북쪽은 개방되어 공간이 상당히 밝다. 북쪽 교실의 복도에는 살짝 꺾인 곡선 벽을 세우고, 여기에 경사로를 넣었다. 분위기가 다르지만, 안도 타다오安藤忠雄의 건축이 떠올랐다.

북쪽 교실 클러스터에 있는 마당은 남쪽과 달리 확 트여있다. 평지와 경사지를 둥근 호를 따라 잘 구성했다. 둥근 호의 안쪽은 평지로, 교실 뒤편의 마당이다. 바깥쪽은 경사지로, 중심도로에서부터 운동장까지 가급적 기존의 경사를 유지한다.

보통 경사지에 건물을 설계하면, 기존의 지형을 따라 작은 건물을 늘어 놓기 마련이다. 아마 몇몇 다른 설계사무소들은 대개 그렇게 했으리라 짐작이 된다.

모포시스는 다르게 해석했다. **감출 부분은 감추고, 드러낼 부분은 드러내서 존재감을 표현했다.** 남쪽 교실은 땅에 묻혀 있어서, 건물 외형이 드러나 보이지는 않는다. 중정 주변에서만 건물이 있다는 것을 느낄 수 있다. 상부 운동장에서 보면, 교실 위의 관중석만 보일 뿐이다.(p. 142-143)

땅에서 튀어나오는 듯한 북쪽 교실 클러스터

북쪽 교실은 남쪽과 반대로 드러내 보이는 것에 만족하지 않고, 아예 경사지에서 밖으로 솟아나 보이게 디자인했다. 하부 운동장에서 보면, 건물이 밖으로 튀어나오게 보이려고 했다는 것을 느낄 수 있다.

남쪽 교실 중정

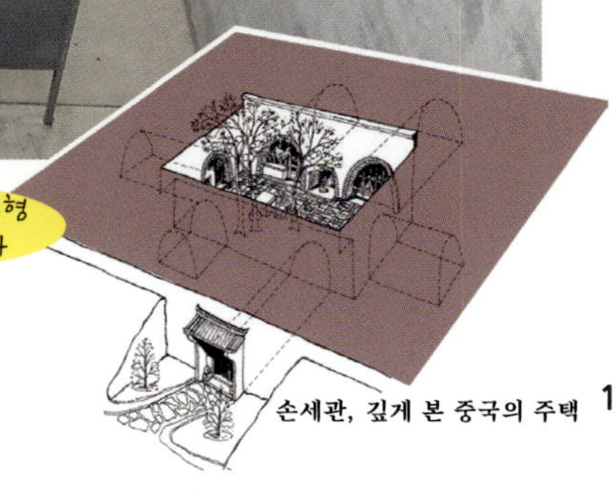

중국의 지하 중정형 주택이 떠오른다

상부 운동장 쪽에서는 교실 건물 옥상만 보인다

운동장으로 튀어나오는 도서관 상층부 구조물은
계획안에는 있지만, 실제로는 지어지지 않았다.

관중석에서 바라본 상부 운동장

하부 운동장

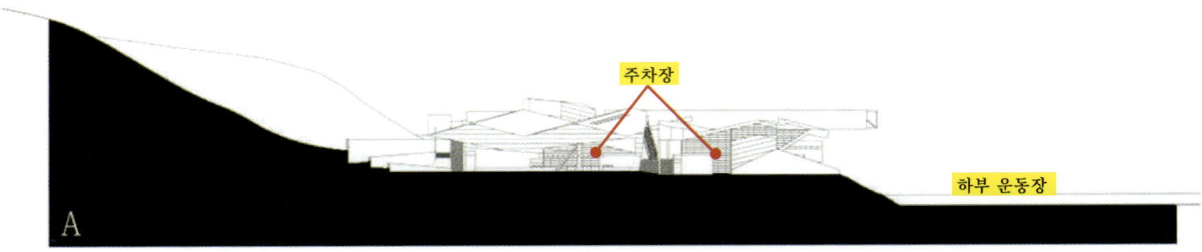
주차장
하부 운동장

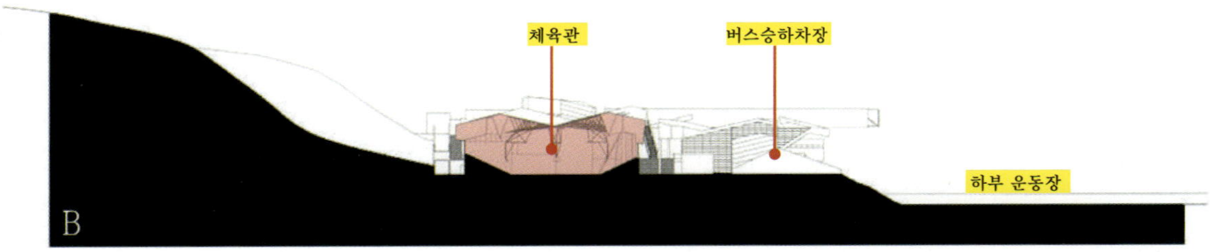
체육관
버스승하차장
하부 운동장

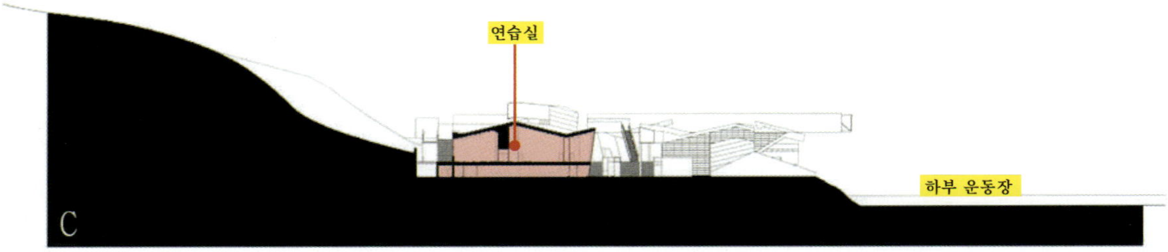
연습실
하부 운동장

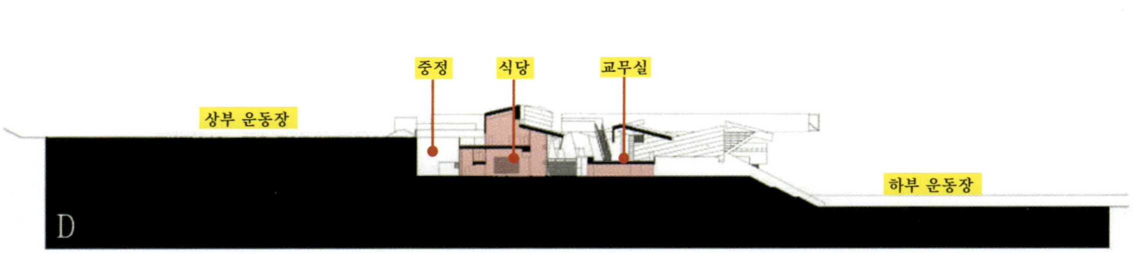
중정
식당
교무실
상부 운동장
하부 운동장

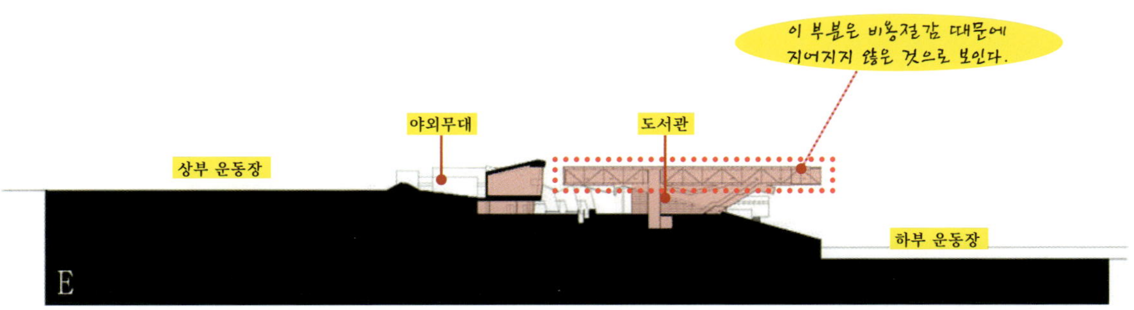
이 부분은 비용절감 때문에
지어지지 않은 것으로 보인다.
야외무대
도서관
상부 운동장
하부 운동장

초기 계획안에 따른 대지 단면도

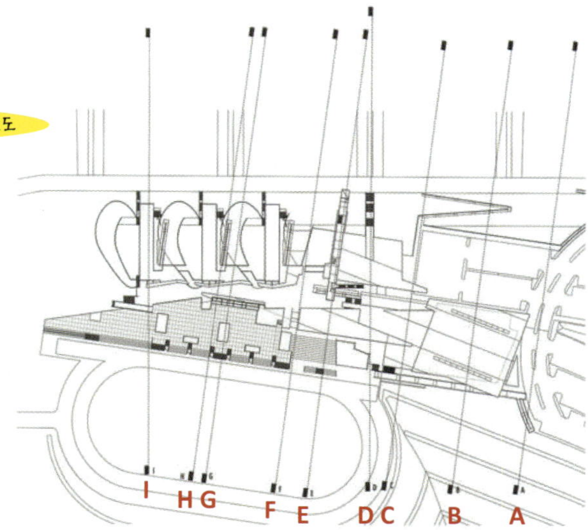

Morphosis / Diamond Ranch High School, Monacelli Press

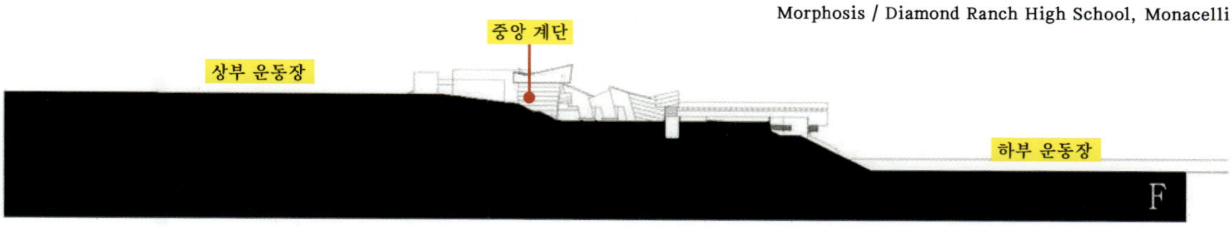

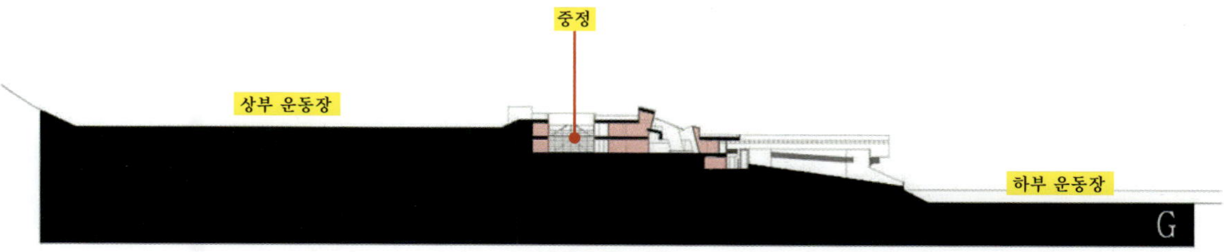

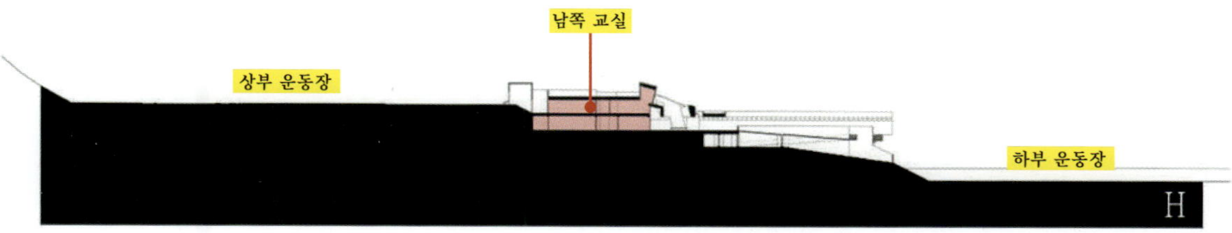

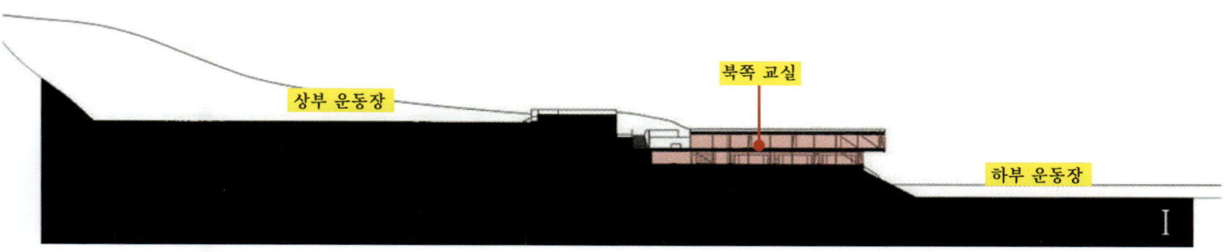

하부 운동장의 동쪽에서 본 모습

화려한 형태 때문에 다이아몬드 랜치 고등학교에 담겨 있는 내용을 놓치는 경우가 많은데, 건축은 형태보다는 사람들의 행태를 담는 그릇으로 이해해야 한다. 모포시스는 이런 인본주의적인 기본 위에 화려한 디자인을 얹었기에 많은 사람들로부터 인정을 받고 있다. 몇 해 전에는 미국 공무원들이 좋아하는 건축가로 선정되기도 했다.

이 학교에도 사람들을 위한 디자인의 한 예로 야외 무대를 들 수 있다. 수업과는 큰 관련이 없지만, 학생들이 다양한 이벤트를 기획할 수 있게 공간을 마련해 놓았다. 교무실과 상부 운동장 사이에 놓여 있다. 학교를 운영하는 주체인 학생들의 다양한 행태를 담으려고 했으리라 짐작한다. 야외 수업의 장으로 쓰일 수도 있고, 학생들의 작은 행사를 위해 이용할 수도 있다.

전체적으로 경사진 기존의 지형을 반영해서 자연스런 건물의 윤곽선을 만들었다. 그리고 군데군데 건물 일부를 뽑아내서 존재감을 드러내었다. 현상설계 때에는 땅에서 삐어나온 건물이 더 많았는데, 실시 설계하면서 정리를 한 것으로 보인다.(p. 144)

탐 메인의 바람대로 자유로운 공간을 만들어 주어서인지, 이 학교는 여러 부문에서 우수학교로 선정되고 있다.

캘리포니아에서 뛰어난 학교로 선정되었다

예정보다 많은 학생들이 배정되었나 보다. 학교 뒷쪽, 그러니까 본 건물의 서쪽에 단순한 상자형 건물 여러 채를 지어 놓았다. 원래 지어진 건물과 비교해서 너무 초라해 보인다.

사족 : 학교 방문을 위해 꼭 예약을 해야할 필요는 없을 듯 하다. 예약을 하고, 몇 일 후 약속된 시간에 갔는데, 아무도 없었다. 그냥 혼자 둘러 봤다. 이 후 3번 정도 더 다녀온 것같다. 매번 토요일에 갔다. 인근 동네의 행사가 많아서, 경비원의 제지 없이 학교를 둘러 볼 수 있었다. 개학 즈음에 갔을 때는 운이 좋아서, 교실을 꾸미는 선생님의 허락을 받고 그 교실 내부를 둘러볼 수 있었다. 내부는 별로 특별한 게 없었다.

다이아몬드 랜치 고등학교는 한국인이 많이 사는 다이아몬드 바Diamond Bar에 있지 않고, 포모나Pomona 교육청에 속해 있다.

Diamond Ranch High School Address :
100 Diamond Ranch Rd, Pomona, CA 91766

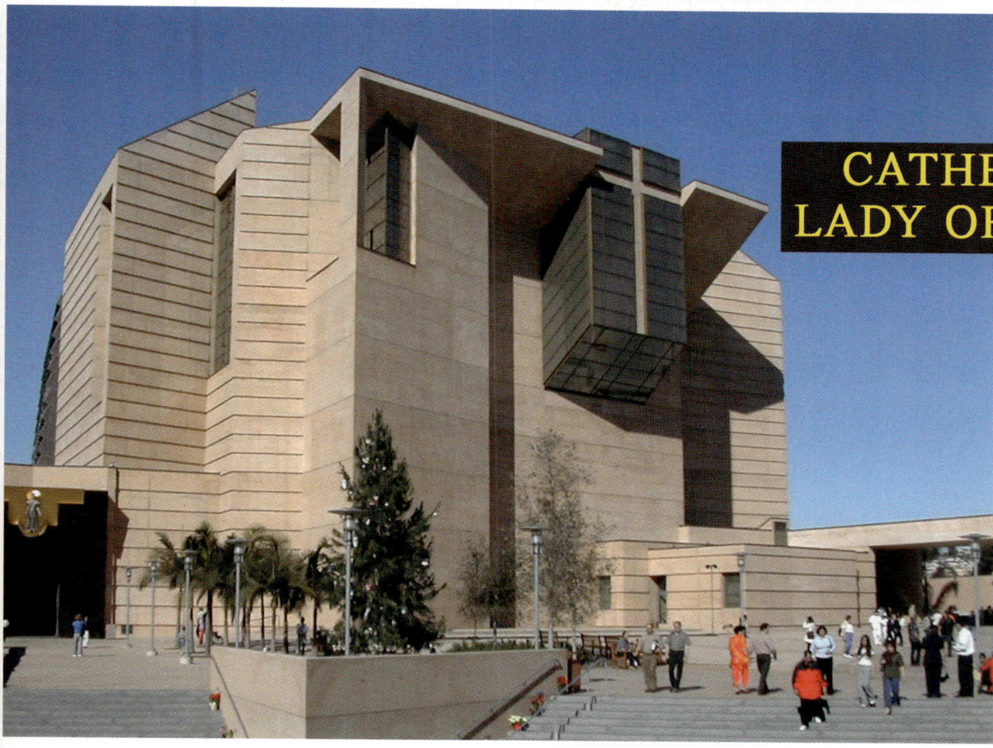

CATHEDRAL OF OUR LADY OF THE ANGELS

지금 로스앤젤레스를 대표하는 성당은 다운타운의 북쪽 101번 프리웨이freeway (자동차 전용도로) 옆에 웅장하게 서 있다. 스페인 건축가 호세 라파엘 모네오Jose Rafael Moneo가 설계했다. 1994년까지만 해도 로스앤젤레스를 대표하는 성당은 지금의 자리에서 남쪽으로 1km 정도 떨어진 곳에 있었다. 실은 지금도 건물은 남아 있다. 성 비비아나 성당Cathedral of St. Vibiana이다. 이탈리아 바로크 풍의 아담한 건물로 100년 넘게 이 자리를 지키고 있다. 그런데 문이 잠겨 있다. 왜 오래 된 역사적인 건물을 놔두고 새 건물로 옮겨 갔을까? 단순히 규모가 큰 건물이 필요해서였을까?

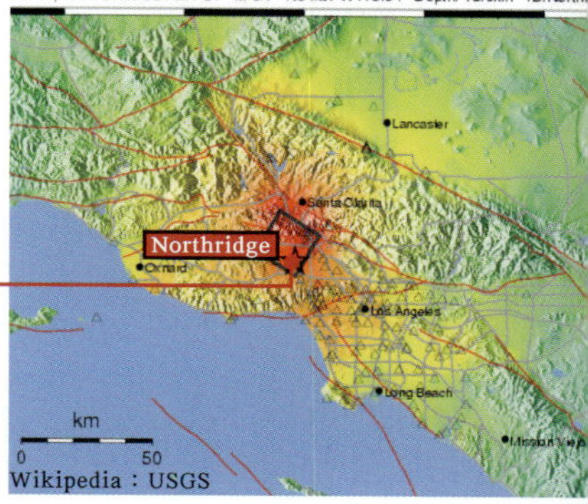

Wikipedia : USGS

1994년에 로스앤젤레스를 뒤흔든 큰 사건이 있었다. 실제로 로스앤젤레스 지반을 통째로 흔들었다. 로스앤젤레스 도심에서 북서쪽으로 30km 떨어진 노스리지Northridge라는 곳에서 진도 6.7의 강진이 발생했다. 450km 정도 떨어진 라스베가스Las Vegas에서도 이 지진을 느낄 정도였다고 하고, 당시 프리웨이의 고가도로가 끊길 정도로 피해가 컸다.

이 때 성 비비아나 성당도 피해를 입었다. 언뜻 봐서는 별로 피해를 입지 않은 듯 보이지만, 곳곳에 균열이 많이 생겼다. 구조 전문가는 더 이상 건물 내부에 아무도 들어가서는 안 된다고 진단을 내렸다. 당장 기존의 성당에서 미사를 볼 수 없게 되었다. 성당 관계자는 문제가 있는 건물을 부수고,

http://static.temblor.net/wp-content/uploads/2018/09/140116120426-northridge-earthquake-09-horizontal-large-gallery.jpg

이 자리에 새 성당을 지으려고 했다. 하지만 문화재 단체에서 반대하고 나섰다. 역사적으로 중요한 건물이니 보존해야 한다는 것이다. 도시 자체의 역사가 200년 남짓 밖에 안 되는 로스앤젤레스에서는 이 건물의 가치가 우리가 생각하는 것 이상으로 컸다.

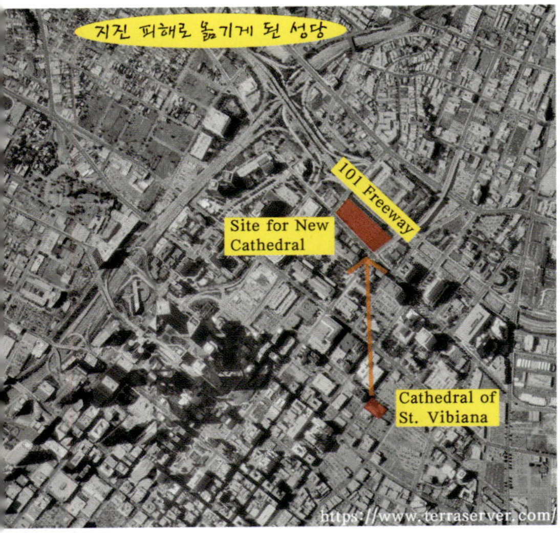

https://www.terraserver.com/

시 정부가 중재에 나섰다. 성 비비아나 성당은 문화재로서 정부가 관리하고, 대신 성당 사람들에게는 지금 성당이 들어선 자리를 주기로 했다. 당시에는 빈 땅으로, 주차장으로 쓰이고 있었다. 성당 입장에서는 이 참에 더 크고 멋지게 지으면 되니, 어찌 보면 전화위복으로 여길 수도 있다. 참고로 로스앤젤레스 도심의 상당히 많은 부분이 지금도 공터로 남아 있다. 대부분 주차장으로 사용되고 있다. 뉴욕이나 서울과는 달리 아직도 개발을 기다리는 빈땅이 많다. 로스앤젤레스는 우리가 생각하는 도시와 다른 면이 있다.

성 비비아나 성당은 1876년에 봉헌되었고, 그 이후 120년 동안 로스앤젤레스를 대표하는 성당으로서의 역할을 해 왔다. 이탈리아 로마에 있는 예수 교회Church of the Gesu(1580)와 많이 닮았다. 당연히 로마의 교회가 원전이다. 지금 성당의 규모와 비교하면 성 비비아나 성당이 상대적으로 많이 작은데, 지어질 당시 이 지역의 인구 1/10을 수용할 정도로 지었다고 한다. 당시 LA는 이름 모를 시골 마을이었기 때문에, 굳이 지금처럼 크게 지을 필요도 없었고, 자금도 없었을 것이다. 필요에 알맞는 규모였다. 그 이후로 로스앤젤레스 인구가 상상하지 못할 정도로 늘어났다. 로스앤젤레스 시만 보았을 때, 1880년 11,000명에서 2000년 현재 3,600,000명으로 300배 넘게 늘어난 상태였다. 이제는 인구 규모에 맞는 큰 규모의 성당이 필요했다.

Church of the Gesu

형태는 비슷해 보이지만,
크기는 많이 차이난다.
: 문의 크기를 비교해 보자

Wikipedia : en:User:Chirho

Cathedral of St. Vibiana

Cathedral of St. Vibiana
: 1880년의 모습

http://www.prolades.com/glama/la5co07/overview_1850-1930.htm

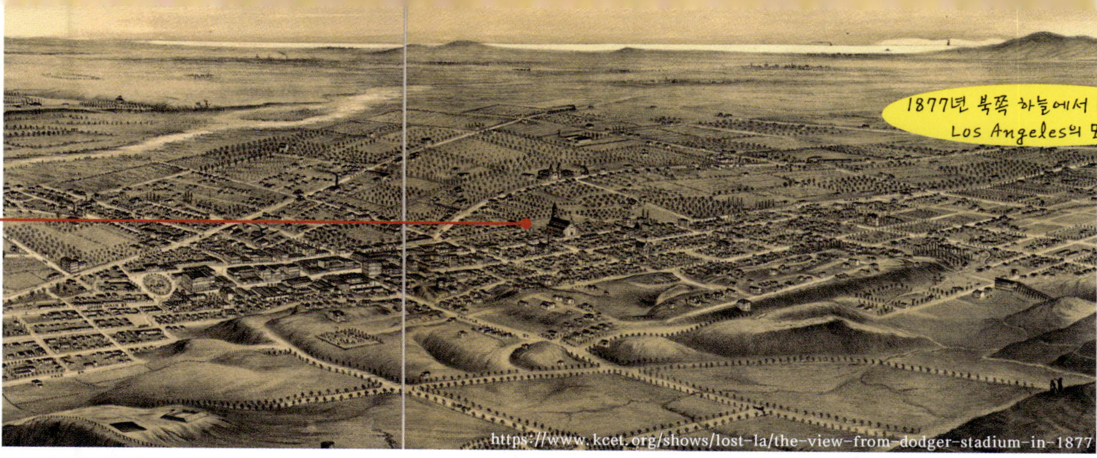

성당에서는 로스앤젤레스 교구의 마호니Roger Mahony 대주교의 지휘 아래 건축위원회를 만들어 새 성당 건립 준비를 시작했다. 전 세계 유명 건축가들 중에서 5 팀의 최종 후보가 선정되었다. 모네오 이외에 벤츄리&스캇 브라운Venturi, Scott Brown & Associates (VSBA), 칼라트라바Santiago Calatrava, 그리고 LA 건축가인 프랭크 게리Frank Gehry와 모포시스Morphosis가 뽑혔다. 아마도 이들이 설계안을 제출하지는 않은 듯 하다. 그렇다 하더라도 이들 건축가의 개성이 뚜렷해서, 나름 어떤 계획안을 만들었을지 감을 잡을 수 있을 것 같다.

Vanna Venturi House (1964)

City of Arts and Sciences (1998)

VSBA의 경우, 유머스러우면서 단정한 포스트모던 작품이었을 것 같고, 칼라트라바는 좌우대칭의 동물뼈 구조물같은 강렬한 인상의 작품이었을 것이다. 게리는 당시에 이미 설계가 끝난 디즈니 콘서트홀과 연관지으려 했을 것이고, 모포시스는 금속재료로 세련된 조형물을 만들어냈으리라 짐작이 간다. 5팀 모두 개성이 강하다. 누구의 설계안이 낫다고 평가를 내리기보다는 최종 결정권자가 어떤 취향을 갖고 있는지가 열쇠다.

Disney Concert Hall (2003)

Diamond Ranch H.S. (2001)

현상 설계의 심사위원들은 대주교에게 이들 5 건축가에 대한 소개를 했다. 대주교는 이미 언론에 새 성당에 대한 바람을 제시한 상태였다. "아메리카 대륙에 카톨릭이 소개된 지 500년 가량 되었다. 이 역사를 반영하고, 다가오는 21세기에 맞는 새로운 비전을 제시했으면 좋겠다." 어떻게 보면, 지극히 당연하고 추상적인 요구사항이다. 건축가가 이를 어떻게 해석하느냐에 따라 설계안이 결정될 것이다. 대주교는 이 5명의 건축가들에게 직접 전화를 걸어서 그들의 작품에 대해 이야기를 나누기로 했다. 여기서 결정이 난 것 같다. 4명의 건축가는 대주교가 정한 시간보다 짧게 전화 통화를 마친 반면, 1명의 건축가는 기준 시간을 넘겨 더 많은 대화를 나눴다. 모네오였다.

예수회 수도원 평면도

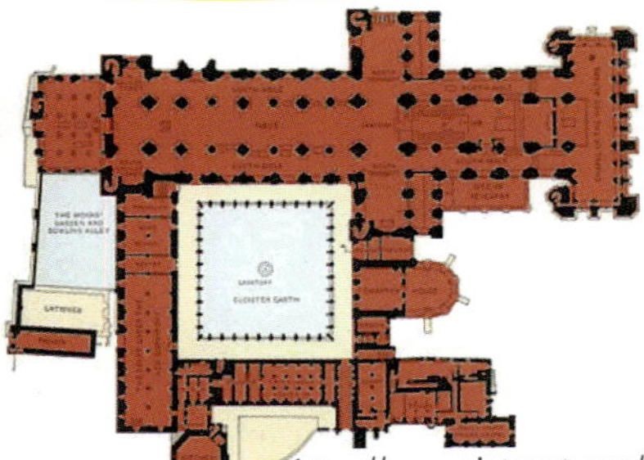

https://www.pinterest.com/
pin/358810295282877785/

대주교와 모네오는 설계안에 대해서는 거의 이야기하지 않고, 도덕적인 또는 철학적인 주제로 계속 이야기를 나눴다고 한다. 여기서 공감대가 형성되었다. 어쩌면, 현상설계는 형식적인 절차에 불과하지 않았을까 싶다. 마음 속에 이미 설계안은 정해져 있었다. 건축주인 대주교는 화려하거나 특출난 건축물을 원하지 않았다. 예수회의 수도원처럼 신부들이 수양을 하고, 시민들을 교육하는 공간이 되기를 바랐다. 설계안의 결과물보다는 건축가가 어떤 의도를 가지고 설계에 임했느냐가 더 중요하다고 생각했다.

1996년 봄에 모네오가 건축계의 노벨상인 프리츠커상 수상자로 선정되었다는 소식이 알려졌다. 그의 사무실은 스페인의 마드리드에 있어서, 그가 LA에 올 일은 거의 없었다. 같은 해 6월, 한창 공사가 마무리 중인 LA의 새 명물 게티센터에서 프리츠커상 시상식이 열리게 되었다. 그가 시상식 때문에 LA에 머물고 있을 무렵, 또 하나의 좋은 소식이 들려왔다. 우연인지 아니면 대주교의 의도였는지, LA의 새 성당 설계 당선작은 프리츠커상 수상식 바로 전 날에 발표되었다. 겹경사다. 모네오로서는 잊을 수 없는 1996년 6월이었다.

그렇다면, 모네오는 어떻게 주어진 대지를 해석해서 오늘날의 성당을 설계했을까? 대지 주변을 살펴 보면, 설계를 시작하기 전에 알고 있어야 3가지 중요한 사항이 있었을 것으로 보인다.

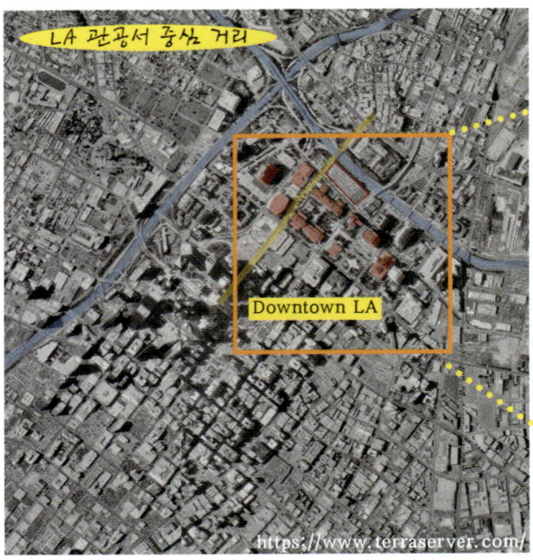

https://www.terraserver.com/

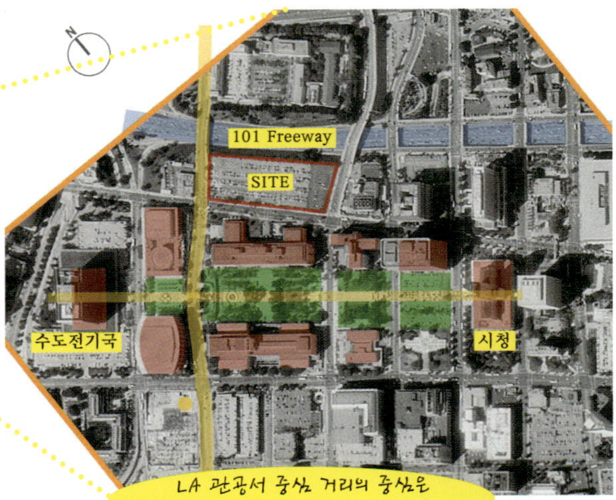

https://www.google.com/maps

첫째, 대지의 남쪽은 로스앤젤레스의 관공서 중심거리이다. 남동쪽의 시청(1928)과 북서쪽의 수도전기국 건물(1965)을 축으로 삼아, 그 사이를 녹지로 비워 두었다. 그리고 이 축을 따라 중요 관공서 건물을 녹지

옆에 줄지어 세웠다. 가운데를 비움으로써 장소를 강조했다. 로스앤젤레스 카운티 전체에서 정부 관련 시설이 가장 많이 모여 있는 핵심 공간이다. 이 공간은 미국 3대 대통령 제퍼슨Thomas Jefferson이 설계한 버지니아 대학교Univ. of Virginia(1819)의 초기 모습이 떠오르게 한다. 새로 지어지는 성당은 관공서 중심의 바로 옆에 자리하게 되어 공공 건물로서의 역할을 하게 될 것이다.

1856년의 Univ. of Virginia : 가운데 길다란 중정을 중심에 두고 학교 건물을 주변에 배치했다.
Wikipedia : Edward Sachse

둘째, 대지의 서쪽에 그랜드 길Grand Ave.이 지나가는데, 이 길은 로스앤젤레스의 샹젤리제Champs-Elysees로 개발하겠다고 오래 전부터 계획안이 있어 왔다. 도로시 챈들러 극장Dorothy Chandler Pavilion(1964)부터 시작해서 아만손 극장Ahmanson Theatre(1967), 현대미술관MOCA(1986), 콜번 예술학교Colburn School(1998), 디즈니 콘서트홀(2002), 그랜드 예술고교Grand Arts High School(2009), 그리고 브로드 미술관the Broad(2015)까지 다양한 문화 시설들이 그랜드 길을 따라 지어졌다. 로스앤젤레스의 문화의 중심지가 되어 가고 있다. 모네오는 성당과 그랜드 길을 연관지으려고 뭔가를 찾았을 것이다.

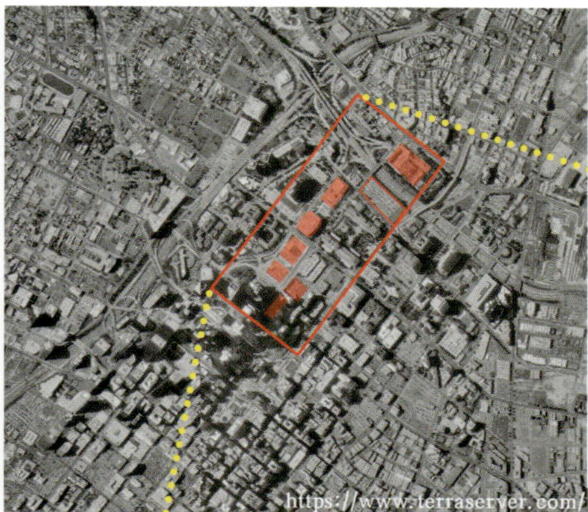
https://www.terraserver.com/

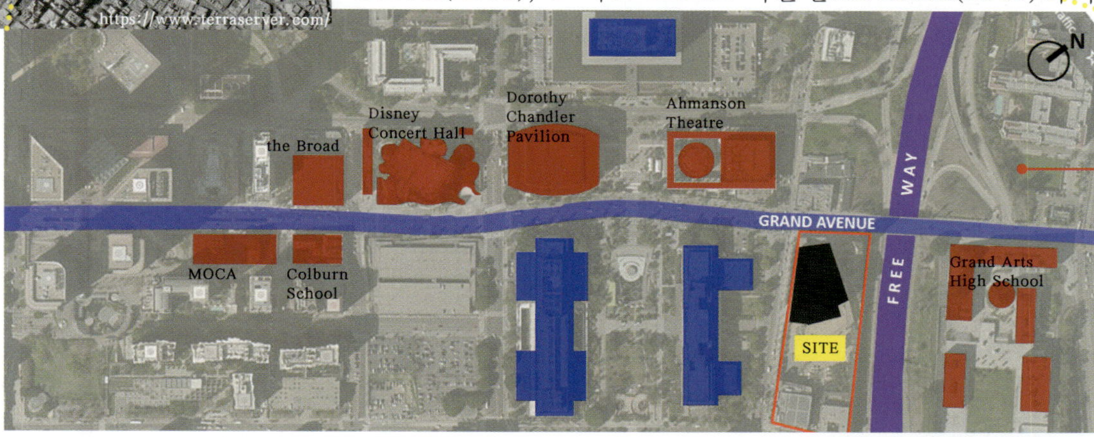

셋째, 대지의 북쪽으로 프리웨이가 지나간다. 이해하기 나름인데, 자동차의 흐름과 물의 흐름을 같게 볼 수 있다. 프랑스 파리의 노틀담 성당Notre-Dame de Paris이 세느강 바로 옆에 있듯이, 로스앤젤레스 대성당은 101번 프리웨이 옆에 자리한다. 성당은 예전부터 서양 도시의 랜드마크로서의 역할을 해 왔다. 마찬가지로 새로 지어지는 성당도 인근 주민들뿐만 아니라, 빨리 오가는 자동차의 행렬에 등대같은 역할을 할 수 있다.

Wikipedia : Uoaei1

성당은 프리웨이 바로 옆에 자리한다.

이 세가지 사항이 설계에 어떻게 반영이 되었을까 살펴 보자. 첫번째 언급한 관공서 거리에 대해서 특별히 할 것은 없었을 것같다. 주변 공공 건물과 비교했을 때, 특별히 튀어보이지만 않으면 될 것으로 보인다. 마주한 두 건물의 출입구가 가까이 있으면, 서로간의 유대 관계를 맺을 수 있다. 그래서인지 템플 길Temple Street을 사이로 마주 하는 두 건물의 주출입구가 가까이에 자리한다.

둘째, 성당의 입구가 그랜드 길 쪽으로 나면 아주 명쾌한 해결이 될 것이다. 역사가 깊은 유럽의 도시에서는 성당 앞에 광장이 있기 마련이지만, 여기에서는 주어진 환경이 좀 다르다. 그랜드 길 옆에 중정atrium을 만들고, 여기서 나르덱스narthex를 거쳐 성당 안으로 들어가는 것이 일반적이다. 그러나 모네오는 그랜드 길 쪽에는 담을 치고, 남쪽 경계인 템플 길을 따라 내려 와서 성당으로 들어가는 대문을 세웠다. 이웃한 관공서 때문만은 아니다. 모네오가 생각하는 뭔가 중요한 게 있을 것이다. 이 내용은 좀 이따가 설명한다.

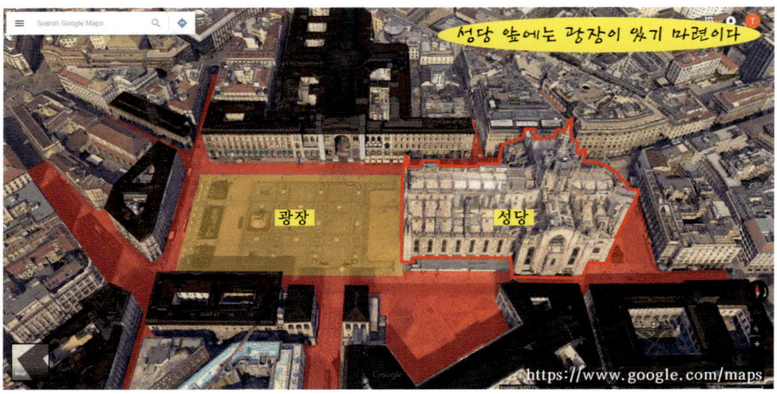

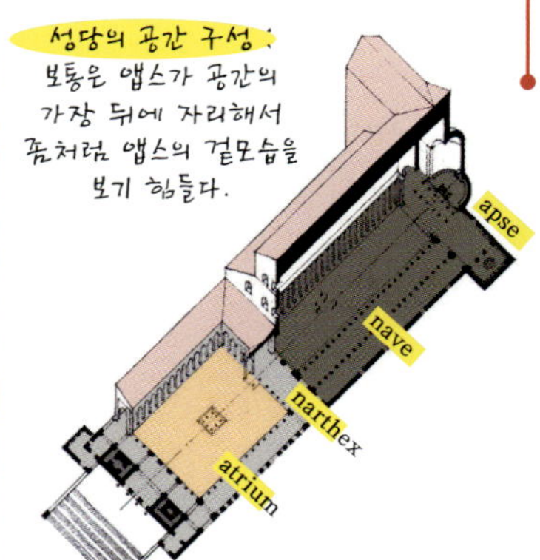

unknown resource

세째, 자동차 행렬의 등대 역할을 위해 프리웨이와 그랜드 길이 만나는 모서리에 종탑을 세웠다. 대지 내에서 가장 높은 곳이다. 산업화 이전의 유럽의 도시였다면, 시청과 성당이 도시를 대표하는 수직 랜드마크였을 것이다. 높은 탑 주변에는 광장이 있고, 성당이 광장을 앞마당으로 사용했을 것이다. 오늘날 기독교가 예전 만큼 절대적이지는 않지만, 그래도 아직까지는 사회의 중심 이념 역할을 하고 있다. 나중에 그랜드길에 보행자가 많아지면, 이들에게도 성당의 위치를 알려 줄 것으로 본다.

운좋게 1994년 항공사진을 구할 수 있었다. 모네오가 성당 설계를 시작할 무렵이다. 이 때 주변 환경과 성당이 들어선 후의 모습을 비교하면서, 모네오가 어떤 생각으로 설계했을 지 상상해 본다.

대지 내에는 종탑 이외에 성당 본당, 사제관, 그리고 성당 회관을 지었다. 대주교가 요구한 프로그램일 것이다. 이 건물들을 대지 내에 어떻게 배치할까를 생각해 보았다. 모네오가 처음부터 일필휘지로 모든 설계를 마치지는 않았을 것 같다

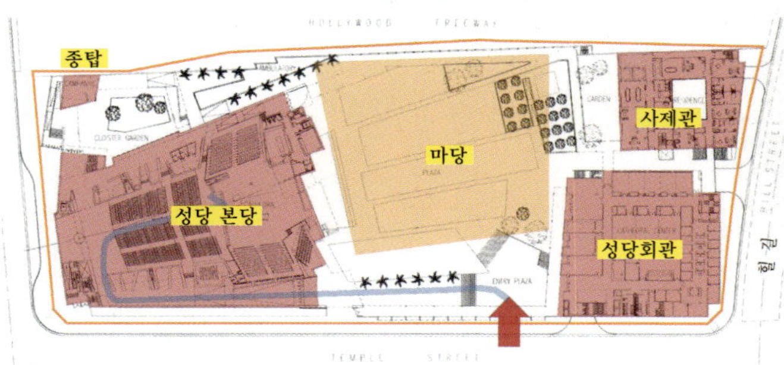

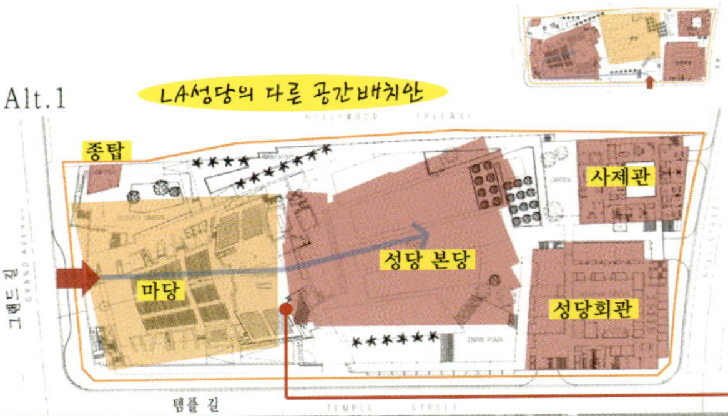

는 생각에서다. 다양한 경우를 고려한 후, 최선의 설계안을 만들어냈을 것이다. 나름 고민해서 대안을 생각해 보았다.

그랜드 길쪽의 성당 본당과 마당의 위치를 바꾸는 것이다. 사제관과 성당 회관은 지금과 같은 상태로 있다고 보았다. 아마 서울의 명동 성당의 배치와 비슷하다고 보면 될 것 같다. 이렇게 하면, LA의 샹젤리제 거리로 발전할 그랜드 길로부터의 접근성이 좋아진다. 하지만, 건축가 모네오는 그랜드 길로부터의 진입을 포기하고, 왜 지금처럼 템플길을 따라 내려온 후에 성당으로 들어가게 했을까?

https://www.google.com/maps

이유 중 하나는 대지의 경사 때문인 것으로 보인다. 대지의 서쪽이 동쪽보다 높다. 완만한 경사이지만 동쪽과 서쪽의 레벨이 약 2개층 정도 차이가 난다. 기존의 경사를 이용해서 그랜드 길의 반대쪽 힐 길Hill Street에 주차장 입구를 만드는 것이 자연스럽다. 그랜드 길에 성당 입구를 만들면 자동차 출입구와 보행자 출입구가 800m 정도 떨어지게 되어 자동차를 이용하는 사람들은 한참을 돌아 가야 한다. 그래서 주출입구를 그랜드 길에서 떨어지게 만들지 않았을까 하는 생각이 든다.

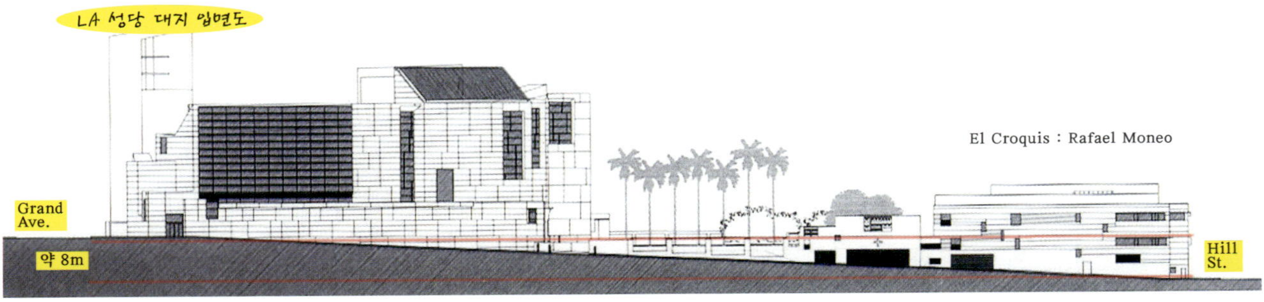

El Croquis : Rafael Moneo

단지 주차장 때문만은 아닐 것이다. 성당에 진입하는 방식을 달리 하는 것도 중요한 이유일 것이다. 앱스apse가 예전에는 성당의 뒷부분에 자리해서 가려졌었지만, 르꼬르뷔지에Le Corbusier가 설계한 롱샹교회Ronchamp Chapel(1955)에서는 앞부분으로 옮겨 온다. 김수근이 설계한 경동교회(1981)도 비슷하다. 진입도로에서 수직으로 높은 앱

Wikipedia : Wladyslaw

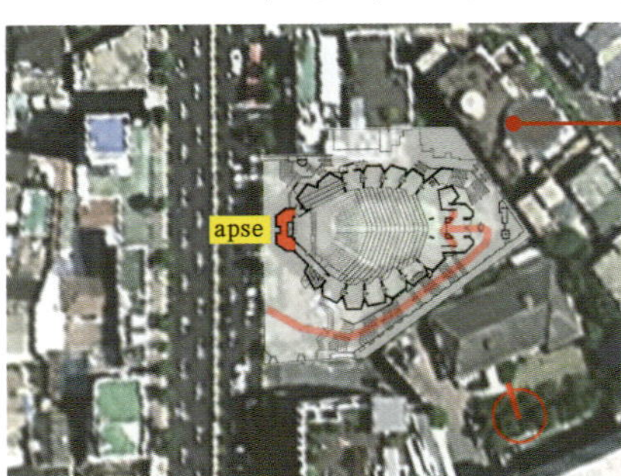

https://www.google.com/maps

스를 접한 후 건물을 반 바퀴 돌아서 성당 입구에 도달한다. 그냥 단순히 걷는 것이 아니라, 걷는 동안 신과의 만남을 준비하게 된다. 걷는 사람이 긴 거리를 그저 걷기만 하면, 심심하고 따분한 공간일 것이다. 하지만 걸으면서 건축적으로 풍성한 공간 체험을 한다면, 사람은 속세를 벗어나 신께 다가가는 꽃길을 체험하게 된다.

서양의 성당은 대개 앱스 부분이 예루살렘이 있는 동쪽을 향하기 마련이다. 예수님이 탄생하신 곳을 기념하기 위해서다. 로스앤젤레스 대성당도 앱스가 동쪽을 향해 자리한다. 이런 여러 의도를 가슴에 품고 지금과 같은 배치가 이루어졌으리라 생각한다. 다른 대안이 있지 않을까 찾아 봤지만, 더 나은 방안을 찾지 못 했다.

이제는 모네오가 이 생각들을 건축물로 구체화하기 위해 어떤 것을 만들어냈는지 좀 더 자세히 들여다 보자.

횡단면도를 보면, 대지 내에 건축물이 어떻게 놓였는지 이해할 수 있다. 우선 서쪽에 커다란 성당 본당을 배치하고, 동쪽에 사제관과 성당 사무실을 두었다. 성당 밑에는 지하 묘소mausoleum를, 동쪽 건물 아래에는 지하 주차장을 마련해 두었다. 여기에 놓지지 말아야 할 것이 있다. 성당 본당 건물과 땅 사이에 틈이 보인다. 무엇일까? 제진장치Earthquake Isolator라고 불리는 것으로 기존의 성당이 지진으로 피해를 입어서, 새 성당에는 지진에 대비한 장치를 설치했다. 약 200개의 강철 스프링을 설치한 후 그 위에 건물을 올려 놓아, 진도 8.0 의 강진에도 피해가 없게 만들었다. 마치 조그만 종이배가 세수대야의 물 위에 떠 있는 것으로 보면 된다. 세수대야를 아무리 흔들어도 종이배는 대야와 분리되어 있기에, 흔들리지 않는 원리이다. 소 잃고 외양간 지을 때, 다시는 소를 잃지 않으려는 주인의 의지가 놀랍다.

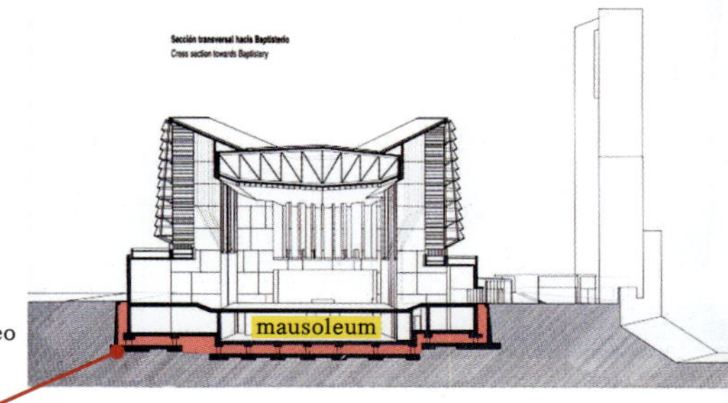

El Croquis : Rafael Moneo

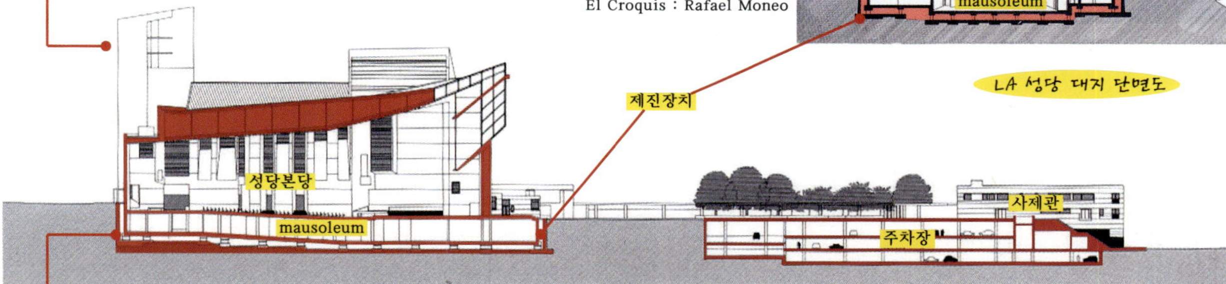

LA 성당 대지 단면도

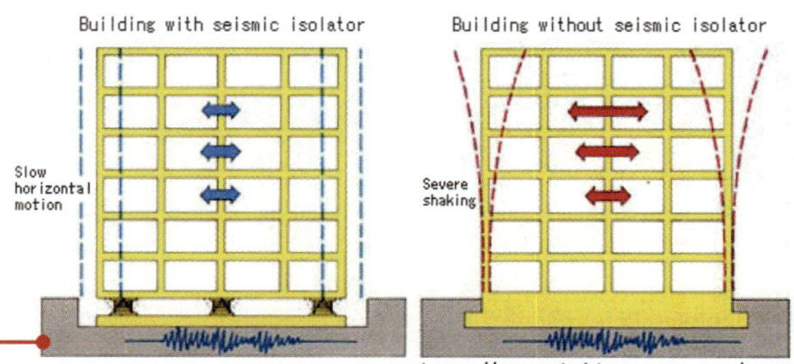

https://www.bridgestone.com/

이것을 경계로 LA 성당과 대지가 분리되어 있다.

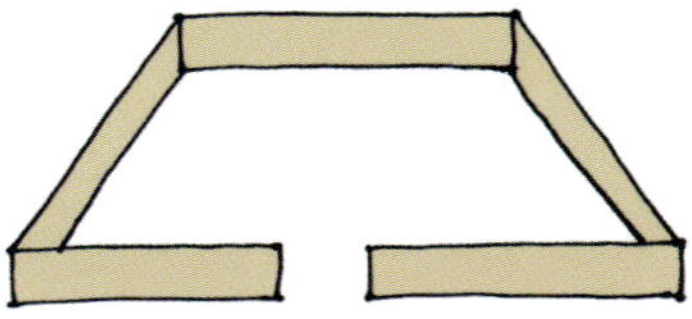

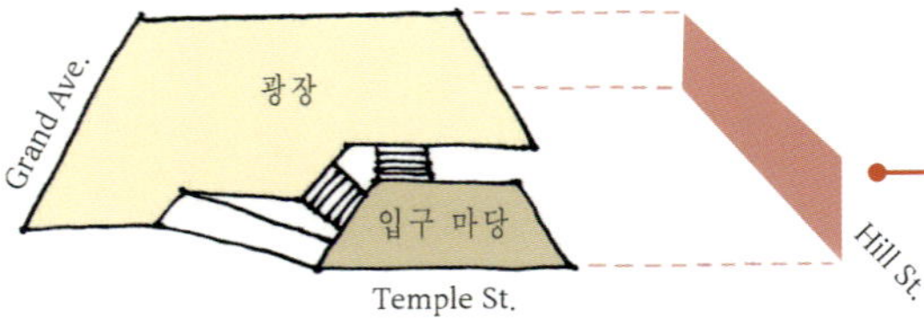

Wikipedia : Robert A. Estremo

대지는 전체적으로 하나의 마당이다. 그랜드 길과 같은 레벨로 정리되었다. 마당 아래에 지하주차장을 만들다 보니, 힐 길 쪽에서는 벽으로 보인다. 입구가 있는 템플 길에 성당의 정문이 있다. 200여년 전에 지어진 스페인 선교마을이 떠오른다. 이제 성당 안으로 들어가자. 안에 작은 마당을 두었다. 여기서부터 성당으로의 진입이 시작한다. 지하 주차장에 주차를 하고 난 후에도 반드시 이 마당을 지나서 성당에 다가갈 수 있다. 성당은 전체적으로 하나의 큰 마당을 가짐으로써, 공간은 통일되어 보인다. 하지만 대지 경계를 따라 담장을 두름으로써 일반 대중을 위한 공공 공간 역할은 포기해야 했다. 대신 카톨릭 신자를 위한 성스러운 공간의 역할을 한다.

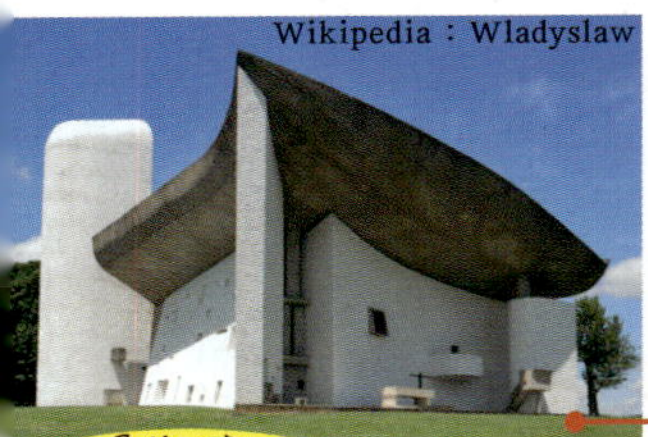
Wikipedia : Wladyslaw

예전의 일반적인 성당은 일직선 축을 따라 진입하는 방식이었다. 하지만, 모네오는 이를 거부했다. 성당 입구에서 바라본 성당 본당의 모습은 르꼬르뷔지에의 롱샹 교회가 떠오른다. 우선 앱스가 건물의 동쪽에 자리하고, 앱스에서 발코니가 튀어나와 야외 제단의 중심점이 된다. 기본적인 공간 구성이 같다.

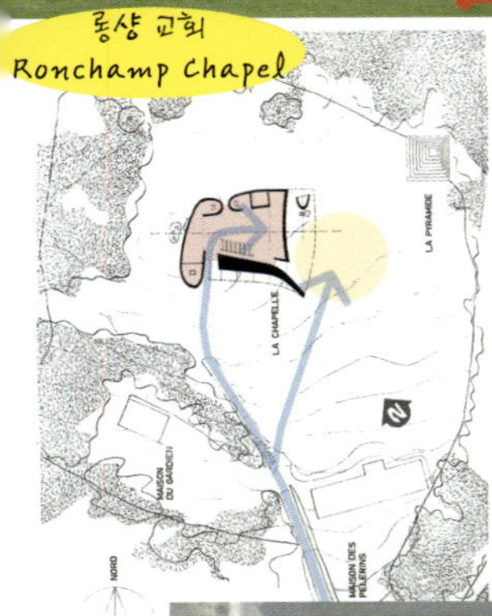

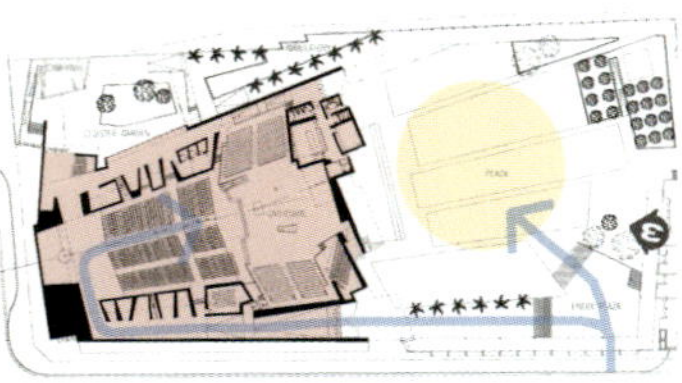

종탑을 프리웨이와 그랜드 길 모서리에 만들면서, 종탑 주변에 삼각형 마당을 두었다. 이렇게 하면서, 성당 본당은 방사하는 축radiating axes을 갖게 되었다.

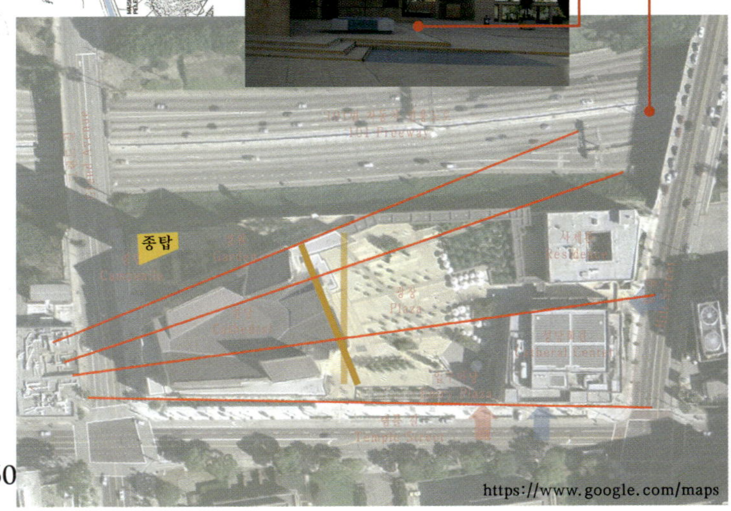

https://www.google.com/maps

성당 본당과 종탑 사이의 마당은 건물과 같은 레벨로 만들었다.
모더니즘에서 강조하는 내외부 공간의 상호 관입을 추구했다.

템플 길에서 대문을 지나 둥근 분수가 있는 입구 마당에서 성당 건물을 바라 보면, 건물이 오른쪽으로 틀어져 있음을 느낀다. 언뜻 생각하면, 건물을 정면으로 바라 보는 것이 맞을 것같은데... 건물이 토라졌는지, 살짝 돌아 앉았다. 성당의 축이 서쪽 끝에서 동쪽으로 방사하는 형태여서, 이런 결과가 생긴 것같지는 않다. 오히려 건물을 틀려고 하다 보니, 방사하는 축을 수용한 것으로 보인다.

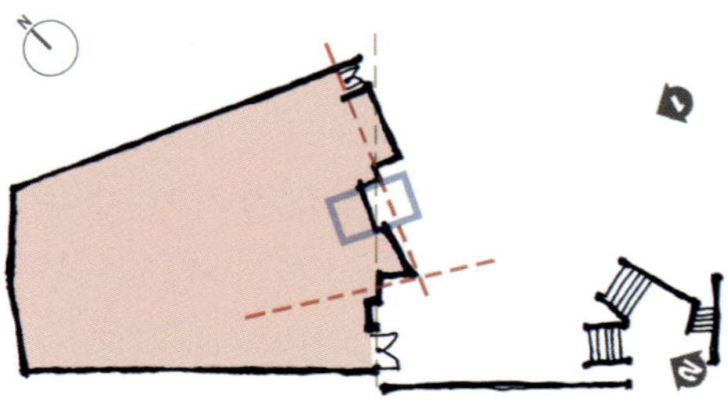

그럼 왜 틀었을까? 건물을 정면으로 바라 보면, 너무나 육중해 보여서 답답하게 느껴지기 때문이라고 생각한다. 실제로 건물을 정면에서 바라보고 서서 사진을 찍으니, 위압적으로 보인다. 건물을 오른쪽으로 살짝 돌아 앉히면, 오른쪽 모서리가 멀리 보이면서 위압감이 많이 줄어든다. 한편 왼쪽으로는 틈이 보이면서, 내가 어디로 가야할 지를 알려주는 듯하다.

공간을 직선축으로 배열했으면, 육중한 정면을 바라본 후, 문을 지나고, 다음 정면을 바라보는 2차원적인 공간체험이었을 것이다. 하지만, 건물을 틀어 정면과 측면을 동시에 접하게 되면서 3차원적인 공간체험을 하게 된다. 보다 역동적이다.

이런 공간 수법은 한국 고건축 수덕사에서도 볼 수 있었다(안영배). 덕숭산 아래 주차장에서 산길을 따라 올라간다. 지금은 전체 가람이 영화세트장처럼 바뀌었지만, 1990년대 중반까지만 해도 이렇지는 않았다. 마지막 가파른 계단을 올라오면, 앞에 선방이 있었다. 대개 대웅전-선방-계단이 일직선으로 놓이게 마련인데, 여기서는 선방을 살짝 오른쪽으로 틀어 앉혔다. 뿐만 아니라 선방과 계단 사이에 있는 탑도 오른쪽으로 비껴 놓았다. 사람들은 자연스레 틈이 보이는 왼쪽으로 향했다. 마침 왼쪽에는 대웅전으로 오르는 낮은 계단과 우물이 보인다. 산길을 오르느라 힘이 든 사람들에게 목을 축이게 해 준다. 공간을 구성하는 다양한 요소를 이용해서, 절집을 찾는 사람들의 발길을 잘 이끌어준 좋은 예였다.

안영배, 한국건축의 외부공간

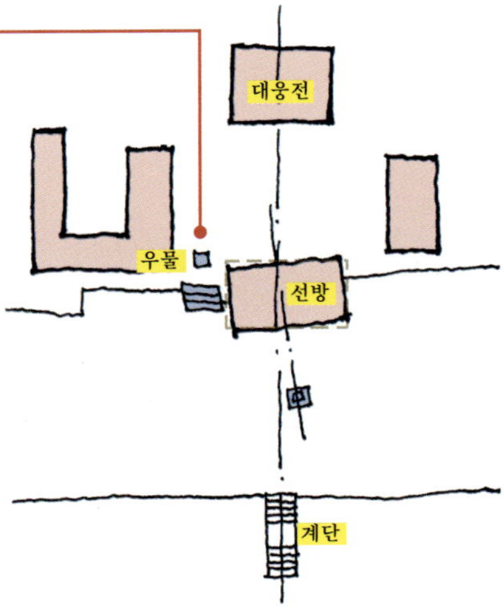

앱스가 동쪽에 있고, 건물 진입이 동쪽에서 시작하므로, 성당의 입구에서 이미 앱스를 접하게 된다. 기존의 방식으로는 앱스의 내부만 마지막에 접하게 되지만, 여기서는 출발하면서 맛배기로 앱스의 외부 모습을 감상한다. 전체 공간 구성상 복선으로 이해하면 될 듯 싶다. 복선이 깔린 동선은 아크로폴리스Acropolis를 연상시킨다. 성당의 정면 가운데 상부에 보이는 십자가가 내부에서도 그대로 보이는데, 모습은 사뭇 다르다. 밖에서는 십자가가 옅은 색이고, 십자가를 둘러싼 유리가 어둡게 보이지만, 안에서는 정반대가 된다. 햇빛을 잘 이용해서, 극적인 효과를 만들어 냈다.

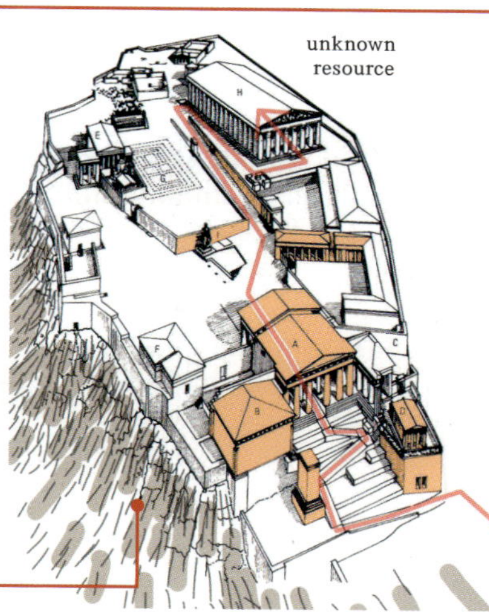

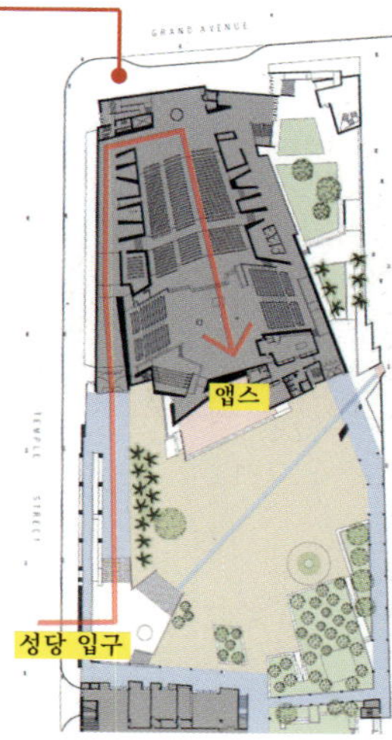

이제 성당 안으로 들어가 보자. 입구 마당에 계단이 2 개 있다. 오른쪽 계단 위는 야외마당이고, 왼쪽 계단 위에는 황금색 천사 조형물이 눈길을 끈다. 우리는 천사의 환영을 받으며 왼쪽 계단을 오른다. 성당 안으로 가는 문은 검은색으로 육중하다. 황금색 천사와 검은 문은 대비를 이룬다.

이제 긴 복도가 나타난다. 벽이 점점 좁아지고, 약간 경사지게 올라가면서 천장이 점점 낮아진다. 깔대기 모양이다. 마치 깔대기를 따라 물이 흘러 내려가듯이, 우리의 발걸음은 자연스레 복도를 따라 올라간다. 천장에서 왼쪽 벽을 따라 내려오는 빛은 이 공간에 신성함을 더한다. 길지만 지루하지 않은 복도를 지나면서 우리는 신을 만날 준비를 한다.

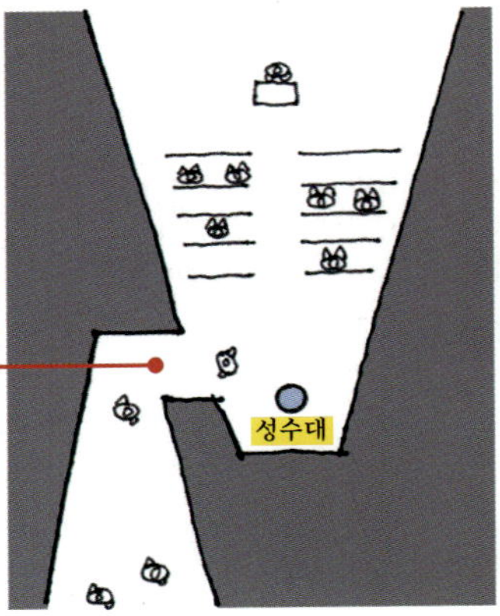

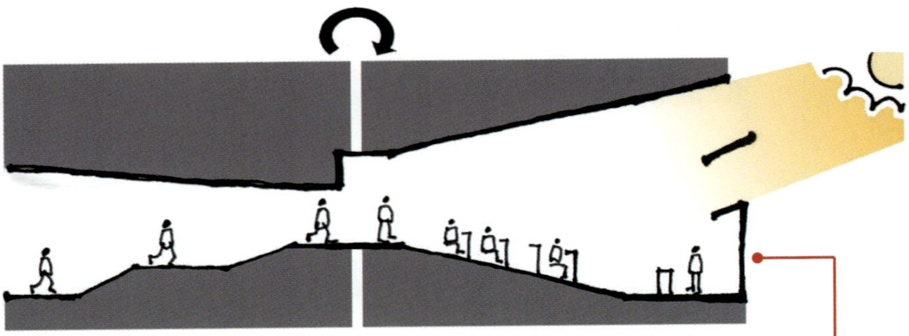

복도 끝에 다다르면 오른쪽으로 공간이 열린다. 여기에 성수대가 놓여 있다. 신을 만나기 전에 몸을 씻기 위해서다. 이제 다시 오른쪽으로 몸을 돌리면, 놀라게 된다. 방금 전까지만 해도 점점 좁아지고 점점 낮아지는 공간을 지나 왔다. 하지만 이제는 반대로 넓고 높으면서 장엄한 공간이 눈 앞에 펼쳐진다. 경외스럽다. 파이프 오르간이 연주되면, 내 자신은 더욱 작아지고, 신은 더 위대하게 느껴진다.

성수대에서 앱스를 바라본 성당 내부

신전의 모범을 보여주고 있다. 건축가 모네오가 전체적인 외형은 투박해 보일 지 모르지만, 공간은 결코 단순하게 설계하지 않았다. 화려하다. 그의 설계 전략이 제대로 성공했다고 본다. 우리가 아무리 성당 내부공간을 밝게 만들려고 해도, 야외 마당처럼 밝을 수는 없다. 모네오는 다른 방법을 찾았다. 성당 내부공간과 야외 마당 사이에 좁고 길면서 어두스름한 공간을 끼워 넣었다. 빛의 대비와 공간의 대비를 통해 최대한의 공간 효과를 노렸고, 정확히 들어맞았다.

앱스apse의 십자가 디테일

Wikipedia : Ad Meskens

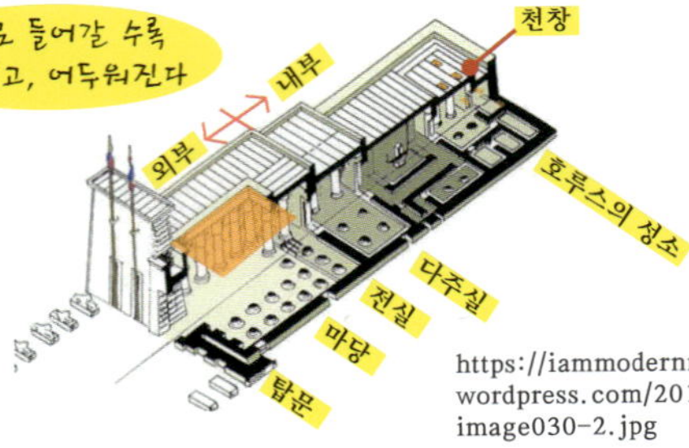

https://iammodernman.files.wordpress.com/2011/04/t_image030-2.jpg

이와 비슷한 선례로 이집트의 에드푸 사원Temple of Edfu을 들 수 있다. 무려 200년 가까운 공사 기간을 거쳐 기원전 57년에 완공된 건물이다. 2000년보다 훨씬 전에는 맨손으로 짓다시피 했으니, 이렇게 오랜 시간이 필요했다. 파라오Pharaoh의 절대 권력을 새삼 느끼게 된다. 이집트의 태양은 강렬해서 햇빛과 그림자의 대비가 선명하다. 탑문pylon을 지나면, 기둥으로 둘러싸인 마당court이다. 여기까지는 외부공간이다. 이제 어두운 실내공간으로 들어간다. 전실pronaos을 거쳐, 다주실hypostyle hall을 지난다. 하나하나의 공간을 거치면서 천장은 낮아지고, 좌우의 벽은 좁아지면서 어두워진다. 마침내 고귀하고 신성한 호루스의 성소Sanctuary of Horus에 도달한다. 당시로서는 최선의 기술로 천창을 만들어 실내 채광을 만들어냈다. 지금 보면 이게 뭐냐면서, 실망하는 사람도 있겠지만 시대적 상황을 이해해야 한다.

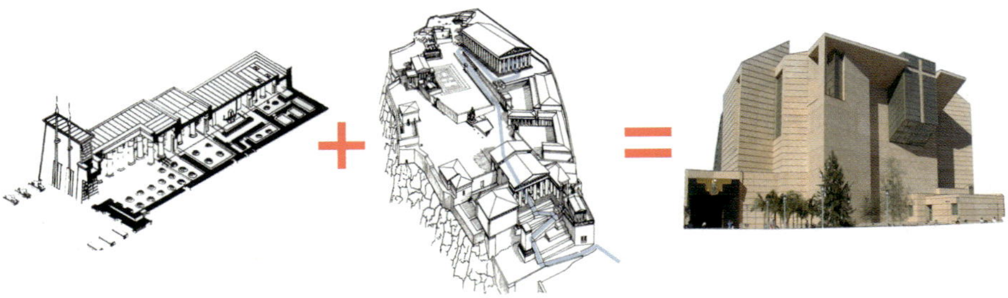

전체적인 공간의 흐름을 보면, 로스앤젤레스 성당은 에드푸 사원에서 발전되었음을 유추할 수 있다. 에드푸 사원과 아크로폴리스에서 파르테논 신전까지 가는 길을 잘 융합한 것같다. 모네오는 옛것을 익혀서 오늘 우리 현실에 맞게 적용했다.

성당의 본당 내부는 거대한 체육관같다. 좌우의 커다란 기둥같은 벽이 지붕을 받들고 있다. 어떻게 보면, 배의 밑바닥을 물 아래에서 보는 느낌이랄까... 벽의 윗부분은 얇은 벽만 남겨 놓고, 대부분 뚫려 있다. 이 개구부를 통해 성당 내부에 자연채광을 하고 있다.

성당 내부의 남쪽벽

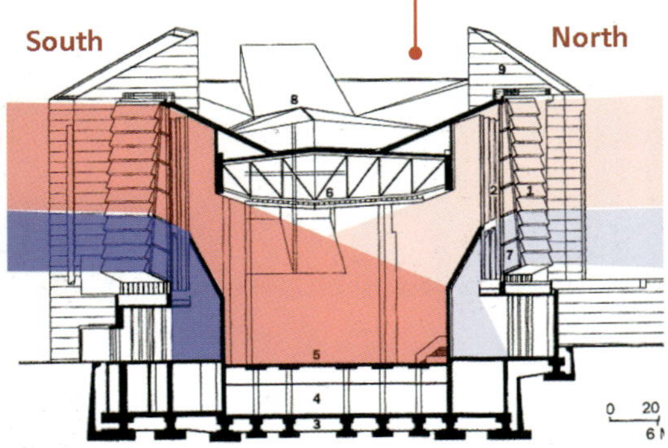

대부분의 빛은 남쪽벽을 통해 들어온다

성당 내부의 북쪽벽

성당의 남쪽과 북쪽 벽에 있는 유리창은 르꼬르뷔지에가 설계한 라뚜렛 수도원 Convent Sainte-Marie de La Tourette에 있는 빛의 대포Light Cannons가 떠오르게 한다.

Wikipedia : Kamalpassi2102

이미 언급한 앱스부분을 보자. 성당 전체에서 가장 신성한 공간이다. 건축 공간에서 클라이막스가 되는 곳이다. 아까 입구마당에서 보았던 십자가가 여기에서도 보인다. 같은 오브제object를 밖과 안에서 본다. 하지만 느낌은 반대다. 밖에서 볼 때는 십자가가 그다지 눈에 띄지는 않았다. 계단을 오르고, 문을 지나, 긴 복도를 지나고, 성수로 몸을 씻고나서, 돌아 서면, 심장이 뛰게 된다. 밖이 훨씬 더 밝지만, 건축적인 장치를 통해, 신께 무릎 꿇고 기도할 수 있는 분위기를 만들어 냈다. 안에서는 빛의 대비효과 때문에 십자가가 밖에서 볼 때와는 달리 검게 느껴지고, 밖에서 검게 보이던 유리가 안에서는 햇빛을 끌어 들이면서, 하얗게 빛난다.

샤르트르 성당의 장미창
Rose window of Chartres cathedral

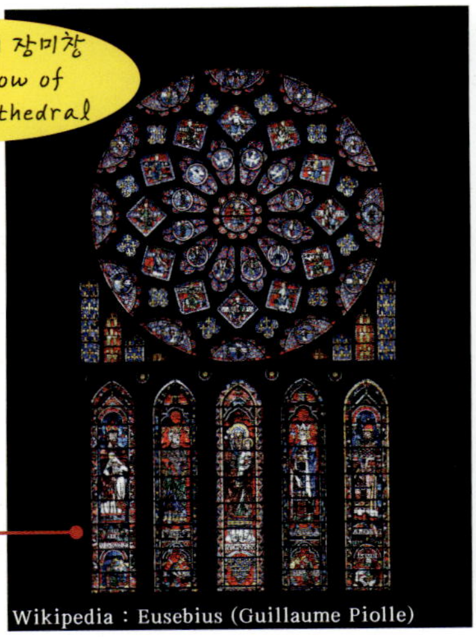

Wikipedia : Eusebius (Guillaume Piolle)

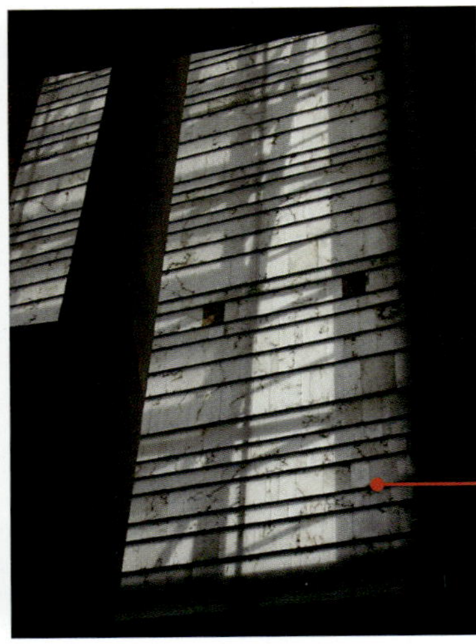

성당에서는 빛이 통과하는 유리가 당연히 스테인드 글라스일 거라 생각했다. 화려한 색의 유리가 공간을 신성하게 하리라는 막연한 고정관념이 있었다. 하지만 여기서는 담백하다. 전체적으로 누렇고 두툼한 콘크리트 벽이 스페인 미션 건축을 연상시키고, 건물 자체가 투박하다. 유리는 한옥에서 보이는 창호지처럼 보인다. 사실은 유리가 아니라, 알라배스터alabaster라는 얇은 돌이다. 빛을 투과하는 돌이란다. 화려하지 않으면서, 성당 내부에 신성한 분위기를 낸다. 알라배스터가 이 성당과 잘 어울린다. 하지만 이 돌이 열에 민감하다. 안과 밖의 온도차가 커지면, 돌이 깨진다고 한다. 그래서 밖의 유리와 알라배스터 사이공간에 에어콘을 가동하고 있다. 에너지 사용을 줄이는 건축이 대세인데, 이 건물은 반대로 가고 있다. 이게 좀 아쉽다.

성당 본당 안의 벽에 태페스트리tapestry가 걸려 있는데, 많은 카톨릭 성자의 모습이 수놓아져 있다. 이 중에 한 분이 눈길을 끈다. 갓을 쓰고 있다. 위에 쓰여진 이름을 보니 조선의 김대건 신부다. 미국 땅에서 한국인 성자의 그림을 보니 반갑다.

앱스apse의 북쪽 부분

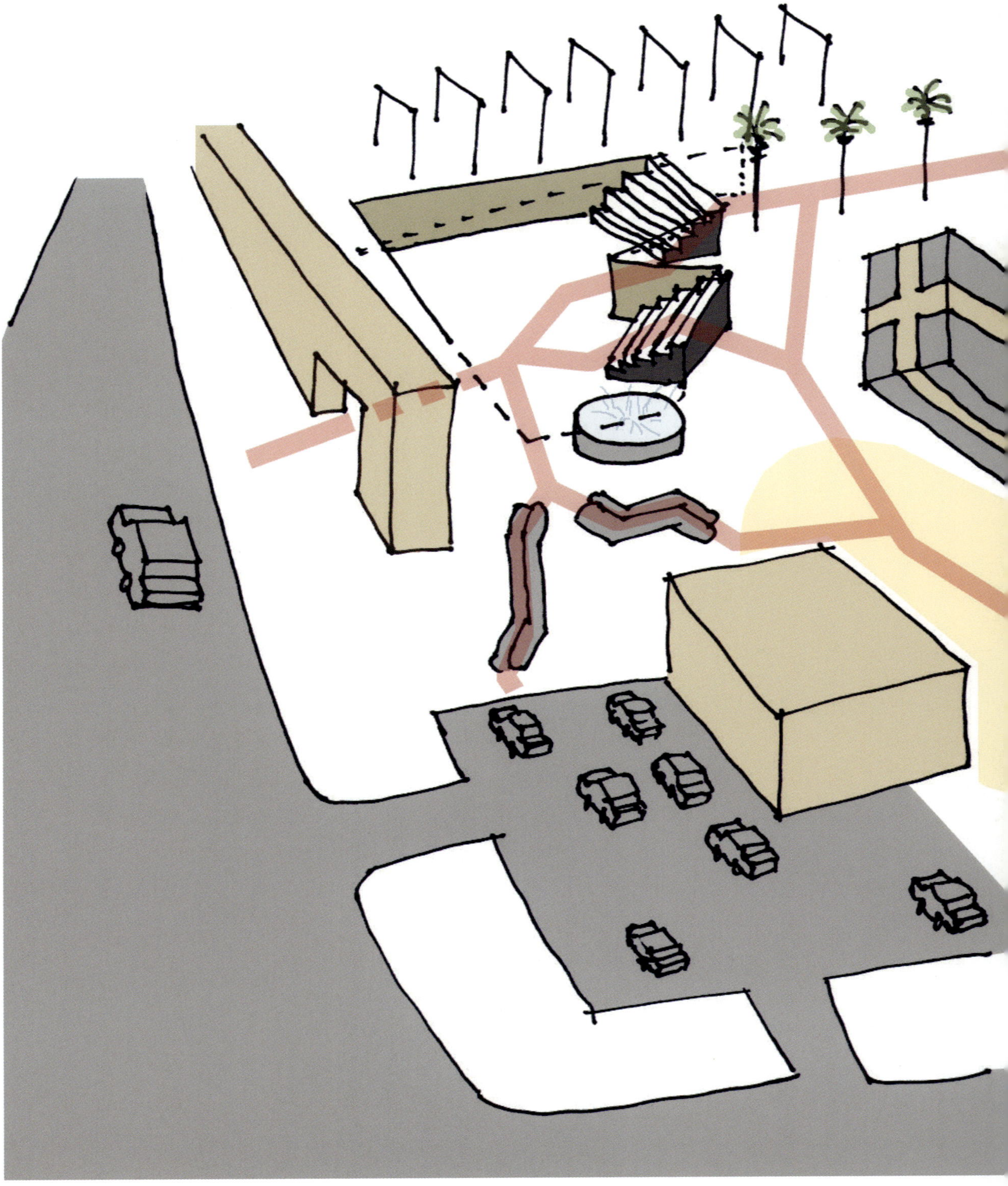

LA 성당의 전체 공간 구성도

Cathedral of Our Lady of the Angels Address :
555 W Temple St, Los Angeles, CA 90012

WALT DISNEY CONCERT HALL

로스앤젤레스는 미 서부를 대표하는 도시이면서, 20세기 후반부터는 미국 내 제 2의 도시가 되었다. 보스턴이나 뉴욕같은 동부의 도시들에 비하면 상대적으로 역사가 짧지만, 놀라운 성장을 일궈냈다. 물론 시카고나 샌프란시스코도 이미 넘어섰다. 미국 내에서 도시 규모로 봤을 때 비교할 만한 곳은 이제 뉴욕 하나만 남았다. 단기간의 경제 성장을 통해 물질적으로 어느 정도 풍족해졌지만, 문화적으로는 아직 많이 부족하다고 여기고 있었다. 20세기 중반부터 여러 명의 뜻있는 거부들이 사재를

Wikipedia : Nserrano

2017 rank	City	State	2017 estimate	Change	2016 land area	2016 pop. density
1	New York	NY	8,622,698	5.47%	780.9 km²	10,933/km²
2	Los Angeles	CA	3,999,759	5.46%	1,213.9 km²	3,276/km²
3	Chicago	IL	2,716,450	0.77%	588.7 km²	4,600/km²
4	Houston	TX	2,312,717	10.12%	1,651.1 km²	1,395/km²
5	Phoenix	AZ	1,626,078	12.48%	1,340.6 km²	1,200/km²
6	Philadelphia	PA	1,580,863	3.59%	347.6 km²	4,511/km²
7	San Antonio	TX	1,511,946	13.90%	1,194.0 km²	1,250/km²
8	San Diego	CA	1,419,516	8.58%	842.3 km²	1,670/km²
9	Dallas	TX	1,341,075	11.96%	882.9 km²	1,493/km²
10	San Jose	CA	1,035,317	9.45%	459.7 km²	2,231/km²

Wikipedia

출연하기도 하고, 정부 자체도 기금을 모아서 굵직굵직한 문화시설을 지어 왔지만 아직도 배고픈 상황이었다. 뉴욕에는 카네기 홀Carnegie Hall이라는 세계적으로 유명한 콘서트 홀이 있지만, 여기 로스앤젤레스에는 아직 이에 견줄 만한 시설이 없었다.

Wikipedia : Yair Haklai

Wikipedia : Wholtone

Wikipedia : Simeon87

이 무렵 애니메이션의 선구자였던 월트 디즈니의 미망인, 릴리안 디즈니Lillian Disney가 나섰다. 1987년으로 그녀의 나이가 무려 88세였다. 월트 디즈니는 이미 1966년에 세상을 떠났다. 디즈니가 세상을 떠난지 약 20년이 지난 후, 그녀는 무려 5천만 달러라는 거금을 콘서트홀을 지어달라고 내놓았다. 한화로 대충 계산해도 5천억 원이다. 1년 전인 1986년에 길 건너에 완공된 MOCA(Museum of Contemporary Art, Los Angeles : 아라타 이소자키 설계)의 총 공사비가 2천 3백만 달러였으니까, 2배가 넘는 규모다. 물론 미술관과 콘서트홀의 공사비를 비교하는 것이 말이 안 되지만, 그래도 당시 로스앤젤레스 건축계에서는 국제적인 큰 이벤트였다. 디즈니 콘서트홀에는 훨씬 더 많은 관심이 쏠렸다.

먼저 우리는 월트 디즈니가 모든 예술을 한 곳에 융합하는 총체예술Gesamtkunswerk을 추구한 것을 기억해야 한다. 총체예술은 환타지아Fantasia같은 당시로서는 생소한 작품도 이끌어냈다. 애니메이션과 교향악단의 연주를 접목시키려고 했다. 마땅한 공연장이 없어서, 영화 스튜디오에서 연주를 녹화해야 했다. 이 때문인지 그의 미망인도 로스앤젤레스에 죽은 남편의 꿈을 실현시킬 만한 공연장을 남기고 싶어 했다. 이미 고령이었던 그녀는 살아 있을 때 건축물을 보고 싶었을 것이다. 서둘렀다. 일은 일사천리로 진행되었다. 건축 위원회가 만들어지고, 대지를 선정하고, 바로 전세계에서 유명한 건축가를 초빙하여 현상설계를 치렀다.

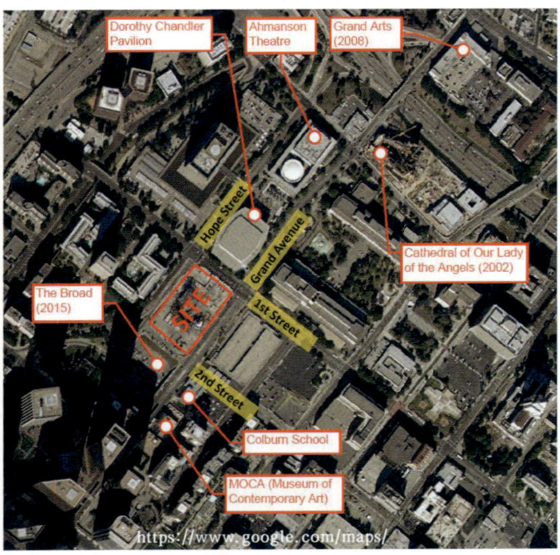

대지는 기존의 콘서트홀 장소인 뮤직센터(도로시 챈들러 파빌리언Dorothy Chandler Pavilion)에서 남쪽으로 바로 길 건너에 자리하고 있다. 좀 더 내려가면, 콜번스쿨Colburn School이라고 유명한 예술학교와 MOCA라는 미술관이 있다. 이 동네를 로스앤젤레스를 대표하는 예술계의 중심지라고 할 수 있다. 2015년에는 브로드 미술관the Broad도 개관해서, 대지 전면에 있는 그랜드 길Grand Ave.은 로스앤젤레스에서 문화의 축이 될 중요한 길로 여겨지게 되었다. 조만간 이 길이 로스앤젤레스의 샹젤리제Avenue des Champs-Elysees가 될 거라고 기대

Ahmanson Theatre

Dorothy Chandler Pavilion

the Broad

Colburn School

MOCA

Grand Arts (예술고교)

를 높였다. 그랜드 길의 서쪽에 나란히 지나가는 호프길Hope St.은 상대적으로 보행자가 덜 다니는 곳이어서 자동차 진입을 위한 통행로 역할을 할 것이다.

1 2,500명의 객석

2 음악센터와의 연계

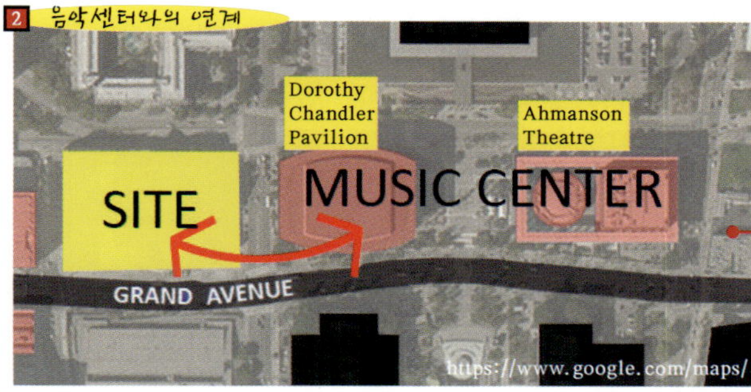

현상설계 당시의 지침을 요약하면, 우선 객석은 2500개 정도가 필요하고, 둘째 북쪽에 이미 자리하고 있는 음악센터와 연계가 되어야 하며, 세째 중심 공간으로서 인근 문화공간에 활력을 불어 넣어야 한다는 것이다.

3 문화공간에 활력

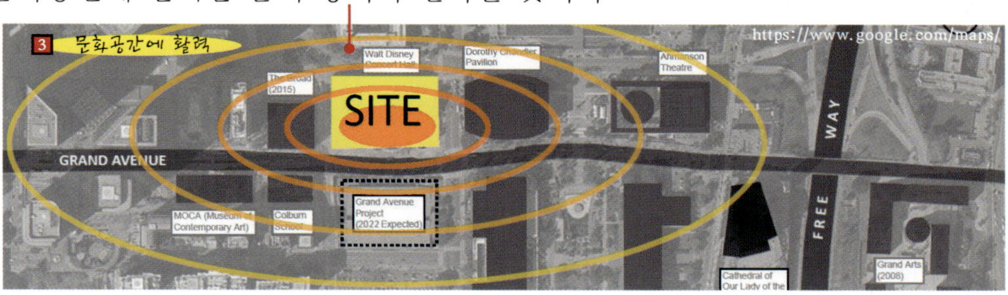

이듬해 1988년 12월에는 4개의 안으로 추려졌다. 독일의 고트프리드 봄Gottfried Bohm, 오스트리아의 한스 홀라인Hans Hollein, 영국의 제임스 스털링James Stirling, 그리고 로스앤젤레스에서 활동하는 프랭크 게리Frank Gehry의 안이었다. 다들 건축계의 노벨상인 프리츠커상Pritzker Architecture Prize을 수상한 세계적으로 유명한 사람들이다. (봄은 1986년, 홀라인은 1985년, 스털링은 1981년에 수상했고, 게리는 현상설계 직후인 1989년에 수상하게 된다.)

Pilgrimage Church, Neviges (1968)
Wikipedia : seier+seier

Museum for Moderne Kunst (1991)
Wikipedia : Eva K.

Neue Staatsgalerie (1984)
Wikipedia : Veuveclicquot m

1988년 로스앤젤레스 타임즈Los Angeles Times 신문에 실린 사진을 통해 그들의 계획안을 살짝 엿볼 수 있었다.

봄의 안은 대지 전체를 감싸는 거대한 돔 형태의 뼈대 구조물이 특징이다. 콘서트홀 자체는 계획이 괜찮을 지 모르지만 뮤직센터를 비롯한 주변과 아무런 연계된 장치가 없다는 게 감점 요인으로 보인다.

홀라인의 안은 색깔부터 강렬하다. 우선 길 건너에 있는 MOCA처럼 붉은 색 사암을 외벽에 둘러서 통일감을 도모했다. 그리고 보라색 금속제로 된 원통형 공간을 만들고, 녹색의 유리 타워를 올려서 랜드마크로 삼았다. 인근의 MOCA와 연계하려고 시도했다. 봄의 계획안과 달리 섬세해 보인다.

Los Angeles Times

Bohm

Hollein

Stirling

Gehry

스털링의 안은 중앙에 원통형의 콘서트홀을 배치하고 주변에 정육면체의 덩어리를 잘 연결시켜서 설계안을 만들어냈다. 스털링도 MOCA의 붉은 사암을 외벽재료로 삼았다. 주변의 시설과 연계한 쪽에서는 다른 안에 비해 좋은 점수를 받은 것같다.

마지막으로 게리의 안은 남쪽에 콘서트홀을 배치하고 북쪽에 투명한 유리 덩어리를 얹었다. 지금 우리가 보는 건물과 많이 다르다. 게리는 이것을 **"고층건물 사이에 녹음이 우거진 오아시스 a lush garden oasis nestled among towers"**라고 표현했다. 초기안은 실제 지어진 건물에 비해서 시선을 끌지 않고, 좀 평범해 보인다.

Disney Concert Hall 당선작 모형

Disney Concert Hall 실제 모습

4 개의 설계안 중에서 딱히 우리의 시선을 끌어당길 만한 것이 있지 않지만, 이 중에서 게리의 안이 심사위원들로부터 가장 높은 점수를 얻어 당선되었다. 게리는 이미 주민들의 반대에 부딪혀 공사를 시작도 못 하고 있던 프로젝트를, 이웃 주민 하나하나 설득해서 완성시킨 이력이 있는 사람이다. 설득이나 프리젠테이션의 달인이었으므로, 경쟁하는 안들이 비슷한 수준이라면, 그는 인터뷰를 통해 충분히 프로젝트를 따올 수 있었으리라 생각한다.

그런데, 현상설계 당선안과 실현된 건축물 사이에는 대충만 봐도 확연한 차이가 있다. 어떻게 설계안이 확 바뀌게 되었을까? 그 이유는 먼저 건축설계와 음향설계를 따로 결정했기 때문으로 보인다. 1988년에 당선안이 결정되었지만, 곧바로 시공에 들어가지는 못 했다. 콘서트홀은 건물의 모양만큼 내부의 음향설계가 중요한데, 음향설계는 따로 음향 설계 전문가가 내정되어 있었기 때문이다. 건축위원회는 게리의 안을 당선작으로 선정한 뒤, 게리에게 야스히사 토요타를 음향설계 협력자로 소개한다. 건축위원회는 현상설계 도중 세계 유명 콘서트홀 여러 개를 시찰한 뒤, 최근 일본 도쿄에 지어진 산토리 콘서트홀Suntory Hall(1986년)을 벤치마킹하기로 했기 때문이다. 유명 지휘자 카라얀Herbert von Karajan이 "소리의 보석상자"라고 극찬을 한 곳이다. 이 산토리 콘서트홀의 음향설계를 맡은 사람이 토요타였다. 게리는 처음 맡은 콘서트홀 설계를 토요타와의 협력을 통해 새롭게 다시 생각하게 되었다. 콘서트홀의 내부공간 설계를 먼저 끝내고, 그 다음에 다른 공간을 콘서트홀 옆에 붙여넣는 방식으로 설계를 바꾸기로 했다. 설계를 전면적으로 다시 시작했다는 뜻이다.

Wikipedia : nesnad

보통 콘서트홀은 단순한 직육면체 공간으로 옆 벽에 발코니를 두는 방식shoebox style이었다. 카네기홀도 이 방식이다.(p. 173) 그리고 1963년에 획기적인 콘서트홀이 태어났다.

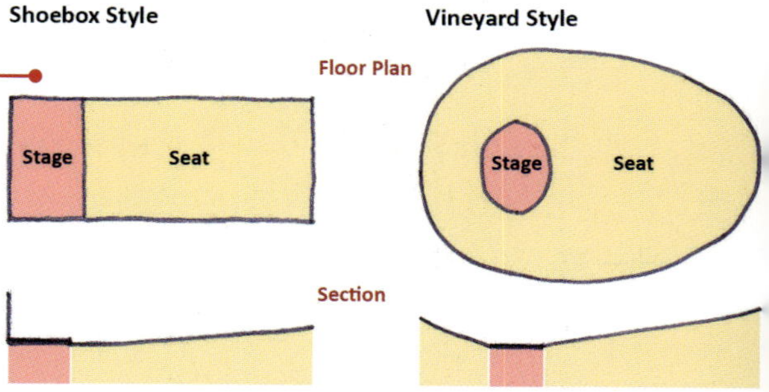

한스 샤로운Hans Scharoun이 설계한 베를린 교향악단 콘서트홀Berliner Philharmonie인데, 비정형의 평면에 가운데가 낮고 주변으로 갈수록 높아지는 분지 형태vineyard style를 보여준다. 음향을 예측하기가 기존의 콘서트홀에 비해 힘들지만, 실제 공연을 할 때 보다 효율적으로 음이 분산되어 콘서트홀에 최적화된 것으로 평가된다. 디즈니 콘서트홀도 자연스레 이 방식을 따르게 되었다. 베를린 콘서트홀과 비교했을 때 눈에 띄는 차이점이 있다면, 디즈니 콘서트홀 내부는 가운데 축을 중심으로 좌우 대칭이라는 것이다. 토요타가 설계한 콘서트홀을 보면, 모두 좌우대칭이다.

Wikipedia : Manfred Bruckels
Berliner Philharmonie 외부

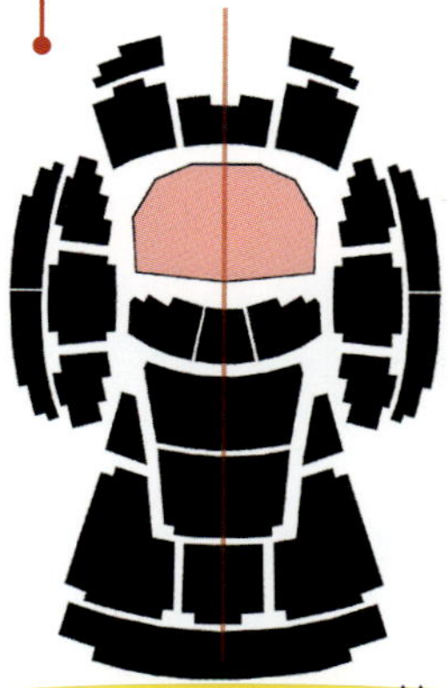
Disney Concert Hall

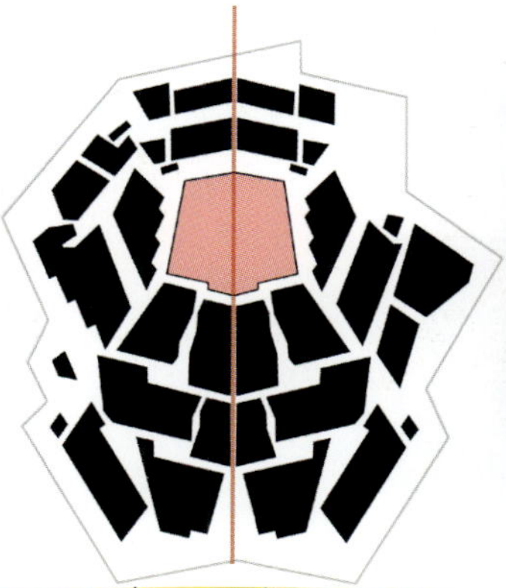
Berliner Philharmonie

Berliner Philharmonie 내부

Wikipedia : JosefLehmkuhl

당선안 결정 후 실무진들이 검토하고 공사비용을 산출해 보니, 훨씬 더 많은 돈이 필요하다는 것을 알게 되었다. 우선 디즈니 가족이 예상보다 많은 8천 5백만 달러 정도를 기부하기로 했고, 나머지는 다른 곳으로부터 기부가 더 필요했다. 기부금을 모으느라 세월이 훌쩍 흘러갔다. 나중에 완공된 후에 정산해 보니, 초기 투자액의 5.5배가 투입되었다.

Wikipedia : Finlay McWalter

Wikipedia : MykReeve

Wikipedia : Zarateman

설계안이 아주 많이 바뀌게 된 과정을 이해하기 위해 스페인에 게리가 설계한 또 다른 건물, 빌바오 구겐하임 미술관Guggenheim Museum Bilbao을 살펴볼 필요가 있다. 프랭크 로이드 라이트Frank Lloyd Wright가 설계해서 유명한 뉴욕의 구겐하임 미술관 재단Solomon R. Guggenheim Foundation은 1991년에 스페인의 낡은 제철 도시, 빌바오에 분관을 짓는다고 발표를 했다. 이 때 역시 게리의 안이 당선이 되었고, 6년 후인 1997년에 실제 건물이 지어졌다. 건축주의 여유있는 자금 덕에, 순조롭게 처리해 나갈 수 있었다. 그의 설계안은 스러져가는 도시 속에서 새롭게 피어난 아름다운 불꽃이 되어, 도시가 되살아나게 만들었다. 유명 건축가 필립 좐슨Philip Johnson이 우리 시대 최고의 건축이라고 극찬을 한 건물이다. 서울시가 동대문 운동장을 허물고 그 자리에 동대문 디자인 플라자Dongdaemun Design Plaza를 진행하면서, 벤치마킹한 곳도 여기 빌바오였다. 건물 하나가 도시를 새롭게 태어나게 한다는 것을 보여준 좋은 사례였기 때문이다.

Wikipedia : Eugene Lim

빌바오 구겐하임 미술관이 진행되는 동안, 디즈니 콘서트 홀도 설계안이 많이 바뀐다. 빌바오 미술관을 설계한 수법이 자연스레 디즈니 콘서트홀 설계에 묻어나게 된 것이다. 현상설계 당선안이 평범하게 보였다면, 새로 바뀐 안은 완전 파격이었다. 어떤 이는 금속으로 만든 꽃이 핀 듯하다 하고, 어떤 이는 도심 속에 왕관으로, 또 다른 이는 여러 개의 돛단배가 겹친 듯 보인다고도 한다. 개인마다 떠오르는 인상은 다를 수 있지만, 그 놀라움의 정도는 모두 상당히 크다. 현상설계 당선안은 1988년

Wikipedia : Australian National Maritime Museum on The Commons

에 선정되었지만, 1990년대 중반 설계 변경을 거쳐 2003년이 되어서야 완공되었다. 15년이 걸렸다. 그냥 허송세월을 보낸 것이 아니고, 설계안을 계속 발전시켜 걸작을 탄생시키느라 투자했다고 보는 것이 맞을 듯하다. 초기 공사비를 5천만 달러로 예상했지만, 실제 공사비용은 2억 7천 4백만 달러가 들어갔다. 이 중에서 1억 천만 달러는 온전히 지하 주차장 공사비용으로 들어갔다. 그렇다고 공사 전에 어림잡아 산출한 견적 금액이 잘못했다고 탓할 수만은 없다. 경험이 필요했다.

Wikipedia : CDC Catia

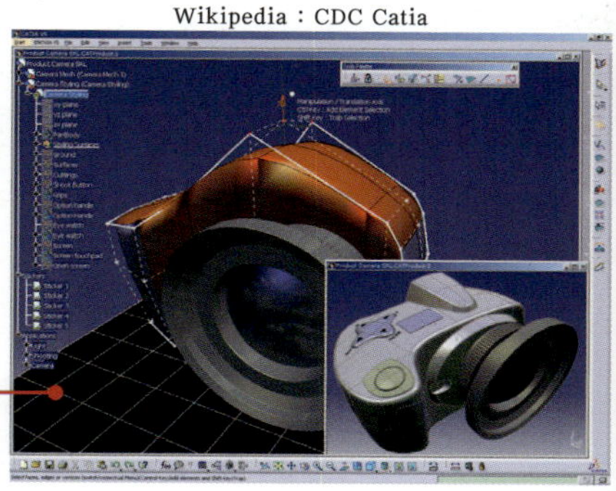

복잡한 형태는 건축설계와 시공을 하는 데 있어서 비용과 시간이 더 많이 들게 한다. 보통 단순한 상자형 건물에 비해서 훨씬 더 많은 도면을 그려내어야 했다. 도면을 그리는 사람도 형태를 이해하기 위해 더 많은 노력이 필요하고, 그 후에는 시공하는 사람들을 이해시키기 위해 수많은 미팅이 필요하기 때문이다. 게리는 도면을 그리는 시간을 단축하기 위해 카티아CATIA라는 컴퓨터 프로그램을 이용했다. 이것은 프랑스의 전투기를 제작할 때 썼던 프로그램으로, 복잡하게 많이 꺾인 둥근 면을 설계하는데 요긴하게 쓰였다. 빌바오 미술관 때부터 게리는 카티아로 재미를 보기 시작했고, 디즈니 콘서트홀도 이 프로그램을 갖고 전면 재설계로 들어서게 되었다. 이후 전세계에서 여러 젊은 건축가들이 이 프로그램을 이용하기 시작했다.

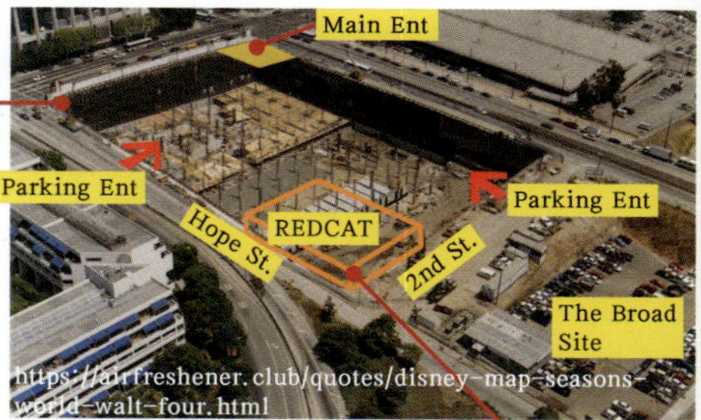

https://airfreshener.club/quotes/disney-map-seasons-world-walt-four.html

이제 실제 지어진 건물을 살펴 보자. 건물 아래 부분에는 주차장을 마련해 놓았다. 주차 출입구는 호프길과 2가에 있다. 이 쪽이 그랜드길에 비해 보행자 통행량이 적고 도로도 더 낮아, 길에서 자연스레 지하 주차장으로 들어간다. 지하 6층 규모로 총 2500대 정도가 들어갈 수 있다. 콘서트홀에 마련된 총 객석의 수가 2265석이고, 여기에 연주자와 직원들을 포함하면, 약 2500명 정도가 이 건물 내부에 있을 거라고 어림 짐작할 수 있다. 설계 지침보다 10% 남짓 작은 규모지만, 최상의 음향을 위해 받아들였을 것으로 본다. 예전에는 예상 규모보다 여유있게 주차대수를 제공하는 게 일반적이었지만, 친환경적인 요소가 건축에 반영되면서, 주차를 억제하기 시작했다. 가능하면 대중 교통을 이용하라는 의도가 담겨 있다. 그래서 법규에서 요구하는 최소한의 주차 공간을 마련한 것으로 보인다.

지하에서 주차 공간 이외의 여유 공간은 레드캣REDCAT이라는 이름의 갤러리와 극장으로 쓰게 했다. 대지의 남서쪽에 있다. 레드캣은 디즈니가 "예술 통합을 위한 교육"을 실현하기 위해 세운 칼아츠Cal Arts라는 예술대학의 다운타운 캠퍼스이다. 학교는 로스앤젤레스 도심에서 북서쪽으로 1시간쯤 차로 가야 하는 거리에 있어서, 그들의 작품을 LA시민들에게 선보이는 곳이 필요했을 것이다.

음악센터를 지나면서 바라본
Disney Concert Hall
음악센터

매표소 앞마당에서 주출입구
너머로 보이는 음악센터
WHERE L.A. CONNECTS WITH THE ARTS
THE MUSIC CENTER

Disney Concert Hall의
주출입구 앞 마당
콜번스쿨
THE MUSIC CENTER

Disney Concert Hall의
주출입구

금속 외장재가 열리면서
동굴로 들어가는 듯한 주출입구

주출입구에서 뒤돌아본 모습 :
감싸 안은 듯한 마당
LA 시청

Disney Concert Hall의
야외 까페
콜번스쿨

지하 주차장에서 1층 로비로
올라오는 계단

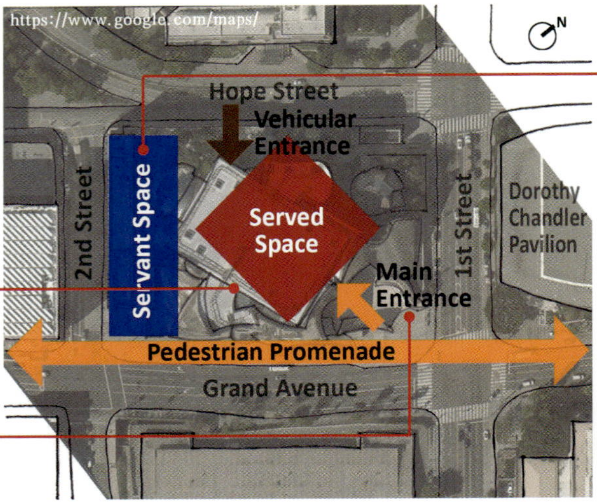

1층부터는 온전히 사람만을 위해 꾸몄다. 지하 주차장에 차를 대고 오지 않았으면, 그랜드길에서 내려 걸어 들어가야 한다. 가장 중요한 콘서트홀은 대지의 중앙에 배치하고, 그랜드길 쪽에 사람들이 오가는 출입구를 여러개 마련해 놓았다. 그리고 1가와 그랜드 길이 만나는 모서리 부분에 콘서트홀의 주출입구를 마련해서, 기존의 뮤직센터 시설과 연계하는데 문제가 없게 했다. 이에 따라 콘서트홀도 주출입구를 향해 45도 정도 기울여 앉아 있다. 주출입구 옆 그랜드 길 가에 매표소를 배치하고, 그랜드 길에서 내린 사람들이 바로 콘서트홀로 들어가도록 공간을 꾸몄다.

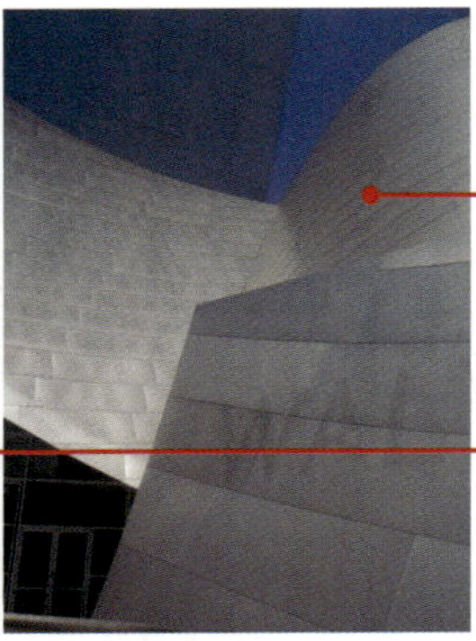

건물 외관은 온통 스텐레스 강판으로 둘러져 있다. 자세히 보면, 벽돌처럼 일정 크기로 잘라서, 뼈대 구조물에 붙였다. 게리가 오래 전부터 금속판을 붙여서 건물의 외벽을 만들지는 않았다. 이 방식은 일본 고베의 물고기 식당 Fish Dance Restaurant (1987)에서부터 나타나기 시작했다. 카티아 프로그램을 사용하기 전에는 간단한 건물만을 이 방식으로 지을 수 있었다. 기존의 건축설계 프로그램으로는 감당하기 어려웠기 때문이다. 카티아 이후로는 거대 건물에까지 이 방식을 적용할 수 있게 되었다.

밖에서는 벽돌처럼 잘게 나뉜 금속판을 물고기의 비늘처럼 잘 연결해서 구성한 형태에 감탄하고, 건물 내부에 들어와서는 나무를 이용해서 같은 수법이지만, 다른 분위기를 만들어 또 한번 놀라게 된다. 밖에서는 금속 표면의 눈부심 때문인지 강렬하다면, 안에서는 나무의 물성 때문인지 포근하게 느껴진다. 구불구불 돌아가는 바닥면과 거대한 나무 숲처럼 서 있는 기둥들 때문에 콘서트홀로 가는 공간이 화려해 보인다. 게리의 건물에서만 느낄 수 있는 공간이다.

내부 로비 공간

디즈니 콘서트홀에서 일하는 사람들의 업무 공간은 일반인의 동선에서 좀 떨어진 곳에 마련해 놓았다. 콘서트홀 건물에서 이 공간은 콘서트홀을 위한 서비스 공간이기 때문이다. 이해를 돕기 위해 음식점의 경우를 예로 들어 보자. 음식점은 2개의 공간으로 나누어 볼 수 있다. 손님이 음식을 먹는 식당 공간과 요리사가 음식을 준비하는 주방 공간이다. 식당도 장사를 하는 곳이므로 '식당'이 주 공간served space이고, '주방'은 서비스하는 공간servant space이 된다. 손님을 끌어 모으기 위해 식당은 눈에 띄도록 화려하게 치장하고, 주방은 뒤로 물러나서 효율적으로 요리하는 데에 중점을 둔다. 마찬가지다. 콘서트홀 건물에서 관객이 지나가는 동선 이외의 공간은 주로 남쪽에 직선형으로 구획했다. 도면에서 푸른 색으로 표시된 부분이다. 건물 전체에서 느껴지는 공간의 구성과 다르다. 주출입구에서는 사무 공간이 보이지 않는다. 반대편에 있기 때문이다. 그 대신 호프길 쪽에서 보면, 사무 공간이 보인다. 사무실 부분은 여느 상자형 건물과 비슷하다.

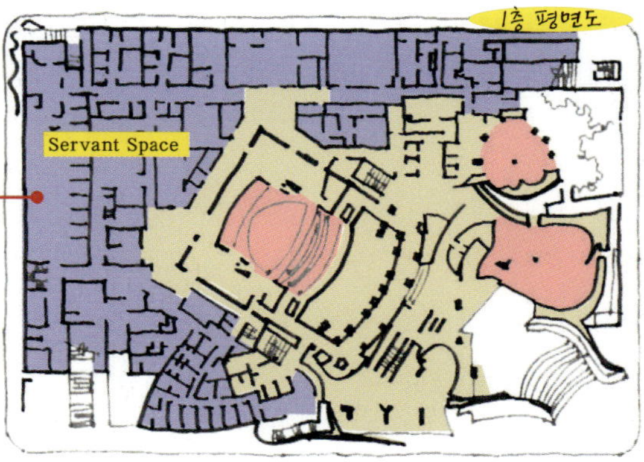

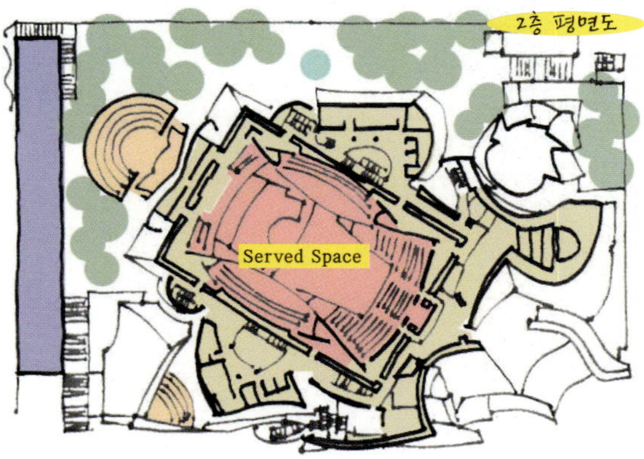

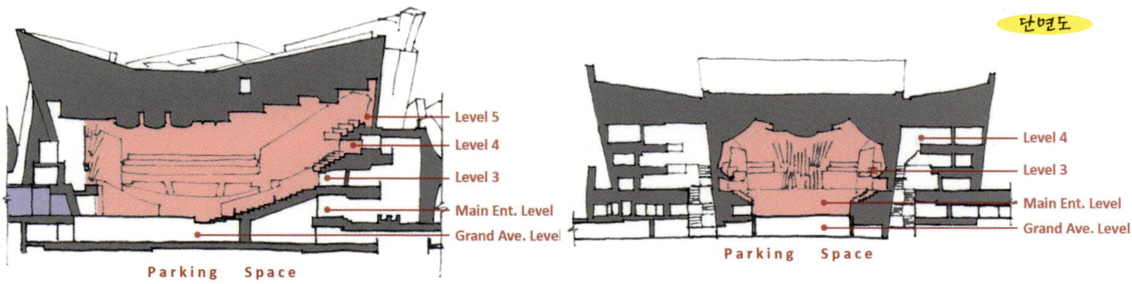

콘서트홀 내부로 들어가 보자. 객석이 경사지게 배치되어 있어서, 자리를 찾기 어렵다. 로비에서 안내원에게 표를 보여 주면, 몇번 엘리베이터를 타고 몇층에 내리라고 알려 준다. 콘서트홀 내부로 들어가는 문을 지나 내부 복도가 있고, 또 다른 문을 열고 들어가면 그 안에 콘서트홀이 자리한다. 러시아 인형 마트료시카 matryoshka doll같은 느낌이다. 콘서트홀의 소리가 로비에까지 들리지 않게 하

Wikipedia : Photo: RK812, Doll carved by Zvezdochkin, painted by Malyutin

콘서트홀의 외벽은 금속재로 날카롭고 차가워 보인다.

반면 내부는
부드럽고 따스

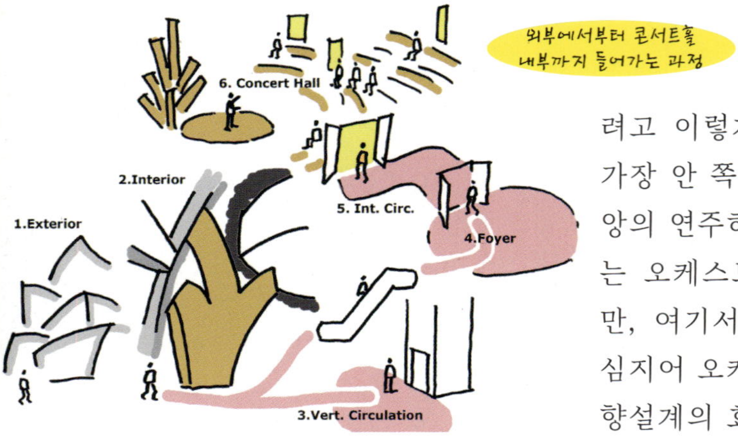

려고 이렇게 복잡한 동선을 짠 것으로 보인다. 가장 안 쪽에 콘서트홀이 있다. 모든 객석은 중앙의 연주하는 곳을 향한다. 카네기홀같은 경우는 오케스트라와 객석이 한 방향으로 배치하지만, 여기서는 사면에서 오케스트라를 바라본다. 심지어 오케스트라의 뒷면에도 객석이 있다. 음향설계의 효용성을 따져서 배치한 결과다.

콘서트홀의 평면은 이미 언급했듯이, 좌우 대칭으로 배치했다. 안에 있는 모든 자재들은 나무로 만들어 따스한 느낌이 드는데, 그냥 장식이 아니다. 소리를 반사하던지 흡수한다. 콘서트홀의 네 모서리는 열려 있다. 여기까지 온 소리들은 밖으로 나가서 밖에 쳐 있는 커튼에 의해 흡수됨으로써 소리는 사라진다. 콘서트홀이 완공될 2003년 당시만 하더라도 당대 세계 최고의 음향시설을 자랑했다.

콘서트홀의 5층에서 문을 열고 밖으로 나가면, 옥상이다. 건물 주변을 돌아 보면서 여기 위에 우리가 둘러 볼 수 있는 옥상이 있으리라고는 생각도 못 했는데, 건축가는 우리가 생각하지 못 한 세세한 부분까지 고려했다. 로스앤젤레스 시내가 내려다 보인다.

1층 사무실의 옥상에는 도심 속의 숲을 만들어 놓았다. 아무나 들어가서 쉴 수 있는 공원이다. 현상설계에서 제시한 녹음이 우거진 오아시스 개념이 실제 지어진 건축물에서도 살아 남았다. 유리 온실이 실제에서는 옥상 정원으로 바뀌었을 뿐이다.

연주된 소리는 콘서트홀 내부의
4 모서리로 들어가서 사라진다

콘서트홀 내부의
4 모서리중 하나

Lobby

높은 곳의 객석으로 가기 위해
배치된 여러 에스컬레이터

다목적 공간 :
결혼식도 행해진다

다목적 공간에서 뒤돌아서
계단을 바라본 모습

숲 속에 자리한 작은 분수는 이 프로젝트을 시작한 릴리안 디즈니를 기념한 조형물이다. 깨진 도자기를 이용해서 장미 모양의 조형물로 만들어 냈는데, 이 역시 건축가 프랭크 게리의 작품이다.

이 밖에도 350석 규모의 작은 야외무대도 만들어 누구나 쉽게 여가를 즐길 수 있게 했다. 둥근 피라밋같은 곳 위에 올라가면 또 다른 전망대로 고층 건물과 브로드 미술관의 모습을 가까이에서 볼 수 있다.

건물이 지어진 후, 로스앤젤레스를 대표하는 건축물이 지어졌다고, 찬사가 이어졌다. 하지만, 호평만 있었던 것은 아니다. 한 번은 이웃 주민들에게서 불편사항이 접수되었다. 건물 표면이 반짝이는 금속재여서 햇빛에 반사된 빛 때문에, 자신의 건물이 뜨거워지고 눈이 부셔서 살기 힘들다는 것이었다. 건축가의 해결책은 금속판을 반짝이지 않게 갈아서 빛을 산란시키자는 것이었다. 다행히도 건물 형태를 바꾸지 않는 범위에서 해결되었다.

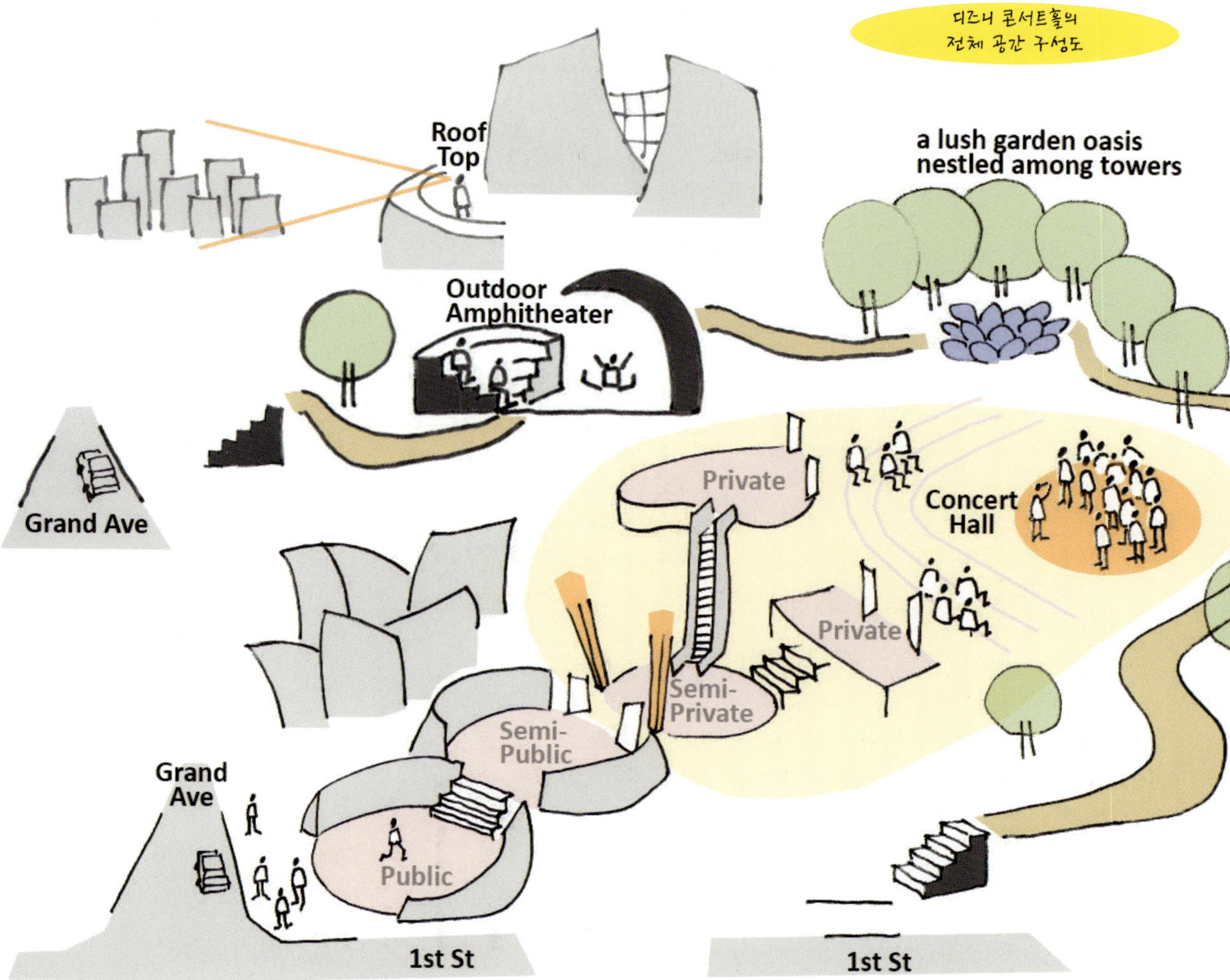

디즈니 콘서트홀 길 건너에 큰 주차장이 있었다. 이걸 부수고 고층의 주상복합 건물을 짓는다는 계획이 10여 년 전부터 있어 왔다. 이 건물을 설계한 사람도 프랭크 게리다. 건축주는 콘서트홀의 분위기를 살렸으면 해서 그에게 의뢰했으리라. 심의를 거치면서, 계획안이 바뀌기도 했다. 그리고 어려운 경제 사정을 겪으면서 제자리에 머물러 있다가, 2018년 말에 공사를 시작했다. 2021년 완공을 목표로 진행중이다. 그랜드 길 주변에 건물이 들어차면서, 파리의 샹젤리제처럼 보다 활기찬 거리가 되기를 바란다.

developer : Related California
https://www.thegrandla.com

Walt Disney Concert Hall Address :
111 S Grand Ave, Los Angeles, CA 90012

FREE GENERAL
THE BROAD
PED XING

브로드 미술관the Broad은 일라이 브로드Eli Broad라는 사업가가 자신이 소유한 미술품을 상설 전시하고 보관할 목적으로 지은 건축물이다. 그는 2016년 현재 로스앤젤레스에서 3번째로 많은 재산을 소유한 유명 인사다. 포브스Forbes에 따르면 2015년 세계 부자 순위에서는 185위였다. 재산 규모에 걸맞게 공공 사회에 많은 투자를 하고 있다. 로스앤젤레스 거리를 지나다 보면, 그의 이름이 들어간 장소를 가끔씩 구경하게 된다. 학교 건물이나 거리의 쌈지마당 등에 그의 이름이 새겨 있다. 그의 기부금을 통해서 만들어진 것들이다. 그만큼 그는 자신의 재산을 사회에 환원하고 있다. 이 중에서 그가 어떻게 그 자신의 이름이 들어간 미술관을 짓게 되었는지를 소개한다. 범상치 않은 사람이다.

브로드(1933년생)는 리투아니아Lithuania에서 이민 온, 유태인 노동자 부모에게서 태어났다. 대학 시절 다양한 아르바이트를 하면서 사회 경험을 쌓았고, 만 20세의 나이에 미시간Michigan 주에서 최연소로 공인회계사가 되었다. 화려하지는 않더라도, 나름 순탄한 길이 열려 있었다. 하지만 그는 사무직이나 교수직에 안주하지 않고, 과감하게 사업이라는 야생세계로 뛰어든다. 아마도 많은 사회 경험을 통해 쌓은 그만의 노하우가 그를 실제 자신의 사업에서 실험해 보라고 이끌었던 것같다. 1957

KB HOME

KB는 Kaufman & Broad를 가리킨다

년에는 주택 건설 사업을 시작해서, 큰 성공을 일구어냈다. 지금도 성업중인 KB Homes다. 1971년에는 조그만 규모의 보험 회사를 인수한 후 전국 규모의 큰 보험회사로 탈바꿈시켰다. 그는 마이다스의 손이었다.

어느 정도 재산이 쌓인 후에는 미술품을 사모으기 시작한다. 1973년에 반 고흐 Van Gogh의 작품 구입을 시작으로 2016년 현재 2,000점이 넘는 작품을 소장하고 있다. 단순히 작품의 수가 많을 뿐만 아니라, 대부분 미술계에서 인정받는 것들로 추정된다. 개인이 이 정도로 귀한 미술품을 많이 소장한다는 것은 보기 드문 일이다. 그는 자신의 방대한 예술품 중에서 선별한 후, 전세계 약 500개의 미술관에 대여해서 8,000회 정도의 전시회를 열기도 했다. 이미 개인의 수준을 넘어섰다.

이런 경력 덕에 그는 로스앤젤레스에 MOCA(Museum of Contemporary Art)를 건립하는데, 중추적인 역할을 하게 된다. 1986년의 일이었다. 공공 미술관을 짓고 나니, 이제는 그 자신의 이름이 들어간 미술관을 짓고 싶은 욕심이 생겼다.

대지를 매입하고 건물을 지으려면 비용이 많이 들기 때문에, 기존 미술관에 증축하는 방안을 찾아보았다. 증축된 부분에 그의 이름을 남기려 했다. 대지에 여유가 있다면 독립된 새 건물을 지어주는 것이 더 효율적이었다. LACMA(Los Angeles County Museum of Art)가 눈에 들어왔다. LACMA는 1960년대 현재의 자리로 이사올 때 뉴욕의 링컨센터를 참고했다. 이후 여러 건물을 순차적으로 짓기도 하고, 인근

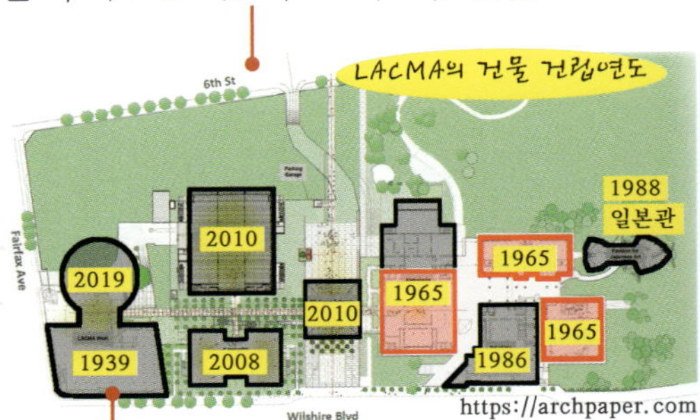

대지의 백화점 건물을 인수한 후 미술관으로 바꾸어 쓰기도 했다. 이렇다 보니 건물들끼리 통일감도 떨어지고, 운영상 비효율적인 측면이 많았다. 전체적인 레노베이션이 필요한 상황이었다. 브로드와 LACMA는 21세기를 맞아 큰 계획을 발표한다.

먼저 브로드가 거금을 기부하기로 했다. 이 기금을 바탕으로 미술관 전체를 아우르는 마스터플랜을 짜고, 추가로 브로드의 이름이 들어간 독립된 건물을 짓기로 한다. 유명 건축가들을 초청해서 현상설계를 실시했다. 스티븐 홀Steven Holl, 렘 쿨하스Rem Koolhaas(OMA), 대니얼 리베스킨드Daniel Libes-

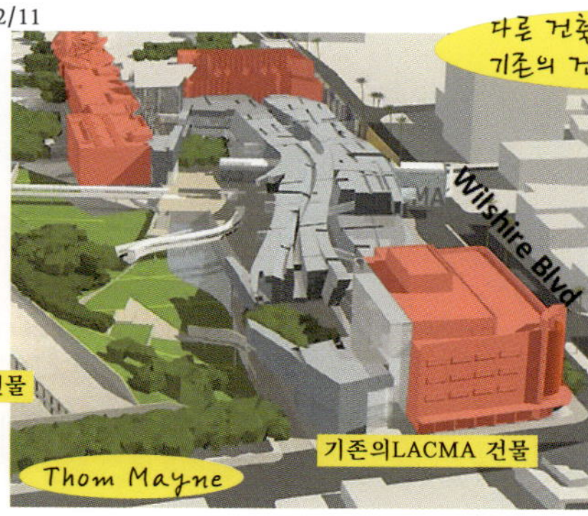

kind, 탐 메인Thom Mayne(Morphosis), 장 누벨Jean Nouvel, 이렇게 5명의 세계 유명 건축가들이 참여했다. 이들 이름만으로도 전세계 건축계의 이목이 집중되었다. 결과는 쿨하스의 안이 심사위원들의 만장일치로 선정되었다.

문제는 이 때 생겨난다. 쿨하스의 설계안이 설계지침을 위반했다는 것이다. 위의 사진을 보면, 다른 건축가들은 지침대로 기존의 건물을 살려서 설계했다. 하지만 쿨하스는 기존의 건축물을 이용하라는 지침을 따르지 않고, 일본관을 제외한 모든 건물을 부순 후 새로 지어야 한다고 주장했다. 이것이 비용대비 훨씬 효율적이라는 근거를 들었다. 심사위원 전원은 쿨하스의 생각에 동의했지만, 브로드는 달랐다.

그는 분명히 그의 이름이 들어간 독립된 건축물을 원했다. 반면에 기존 건물 전체를 부수고 새로 짓는 것은 그가 감당하기 어려운 규모였다. 몇 배가 커진 새 건물에 자신의 이름을 넣으려면, 예상보다 훨씬 많은 비용이 필요하기 때문이다. 결국 이 현상설계는 흐지부지 넘어갔고, 수 년의 시간이 흘렀다.

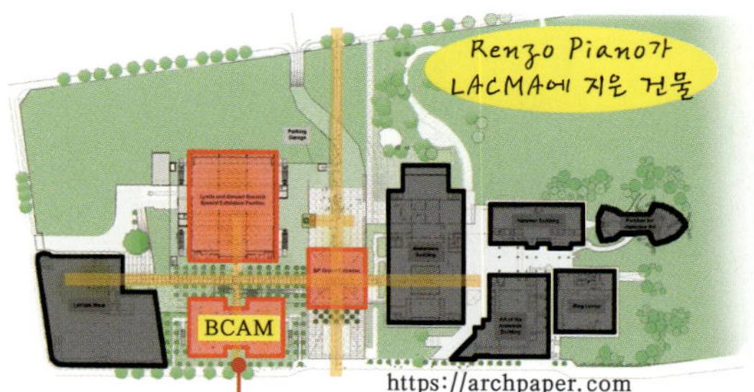

2008년에 브로드가 렌조 피아노Renzo Piano를 불러와 미술관의 공터에 그의 이름이 들어간 미술관 건물 Broad Contemporary Art Museum (BCAM)을 지었다. 이번에는 현상설계 과정을 거치지 않고, 수의 계약으로 진행했다.

사진 : 한영숙

둘 다 피아노가 설계했지만,
BCAM은 뭔가 부족해보인다.

피아노는 산재해 있는 LACMA의 여러 건물들의 동선을 이어 보려고 시도했지만, 그의 다른 건축물에 비하면, 뭔가 좀 빠져있는 듯 싶다. 어찌 되었건 브로드는 자신이 원했던 것을 실현해냈다.

브로드는 여기서 멈추지 않고, 이번에는 자신의 이름이 들어간 독립된 미술관을 지으려고 궁리하기 시작했다. 공공 미술관에 속하지 않으면서, 자신이 미술관 운영에도 관여하겠다는 의지가 느껴진다. 로스앤젤레스 카운티와 협상을 통해 대지를 얻어냈다. 아마도 카운티가 대지를 제공해 주면, 게티센터처럼 입장료를 무료로 하겠다고 합의를 본 것같다. 이번에는 주로 프리츠커 상The Pritzker Architecture Prize 수상자들에게 설계를 의뢰했다. 지난 번에 LACMA 현상설계에서 당선이 취소되었던 렘 쿨하스(OMA)를 비롯해서 세지마와 니시자와Sejima & Nishizawa(SANAA), 포잠팍Christian de Portzamparc, 헐조그와 드모이론Herzog & de Meuron, 그리고 딜러/

스코피디오/ 렌프로Diller Scofidio + Renfro(DSR), 자에라폴로와 무사비Zaera-Polo & Moussavi(Foreign Office Architects : FOA) 이렇게 6 팀이다. 마지막 2팀만 빼면, 모두 프리츠커 상 수상자들이다.

게리가 브로드 주택의 기본설계를 했지만, 마무리를 짓지 못 한 적이 있다.

재미난 것은 프랭크 게리도 프리츠커 상 수상자이면서 옆에 있는 디즈니 콘서트홀 설계자이기 때문에 초청될 법도 한데, 그러지 않았다. 전에 게리가 브로드의 주택을 설계한 적이 있는데, 이 때 브로드의 심기를 불편하게 한 적이 있다고 한다. 이후 게리는 브로드와 관련된 프로젝트를 하나도 해 본 적이 없다. 이번 것도 다를 이유가 없었다. 둘 다 각 분야에서 첫손가락에 꼽히는 유태인들인데, 악연이 꽤나 오래 간다. 게리는 이번 현상설계에 참가하려고 여러 방법을 도모해 봤지만, 브로드의 마음을 얻지 못 했다. 브로드가 갑이고, 게리는 을이었다.

6 개 팀 중에서 4 팀의 계획안을 찾을 수 있었다. 그런데, 포잠팍의 계획안을 보면, 주변 상황이 다른 3 팀의 안과 달라 보인다. 건물이 길다랗고, 규모도 크다. 현재의 대지에는 포잠팍의 디자인대로 지을 수가 없다. 확인해 보니 포잠팍은 베벌리힐스의 대지에 설계를 했다. 아마도 현상설계를 거치면서, 대지가 바뀐듯 하다. 이 대지에 설계한 다른 팀의 계획안은 찾지 못 했다.

최종 결선에는 3 팀이 오른 듯 싶다. 대지는 디즈니 콘서트홀의 바로 옆이다. 미술관 프로그램도 줄어들고, 그에 따라 대지 크기도 줄어 든 것으로 보인다.

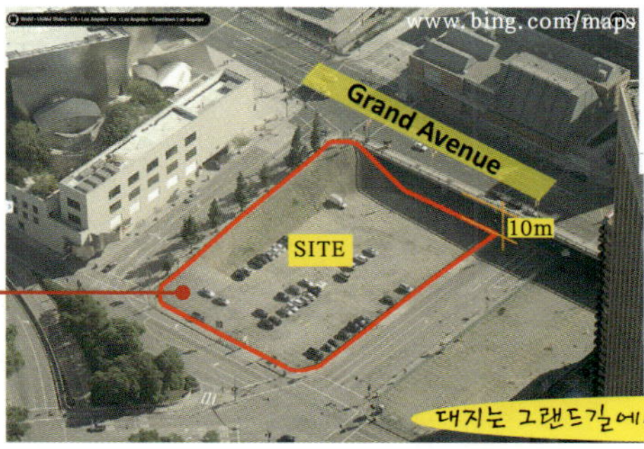

대지는 그랜드길에서 약10m 정도 아래에 있다.

원래 야외 주차장으로 쓰이던 빈 땅이었다. 대지 위로 그랜드 길Grand Ave이 지나는데, 길의 높이를 인근 길의 높이와 맞추기 위해서 원래 땅에서 다리를 만들어 올려놓았다. 이렇게 높여진 그랜드 길이 로스앤젤레스 도시적 관점으로 넓게 봤을 때 중요한 길이다.

잠시 현재 브로드 미술관이 들어서 있는 동네의 역사를 살펴 보자. 이 동네는 벙커힐Bunker Hill이라고 불리는 곳으로, 현재는 고층건물이 즐비한 곳이다. 하지만 19세기 중반까지는 사람이 별로 살지 않았다. 당시 LA는 아직 도시라기보다는, 인구 1600명이 사는 이름없는 시골 마을이었

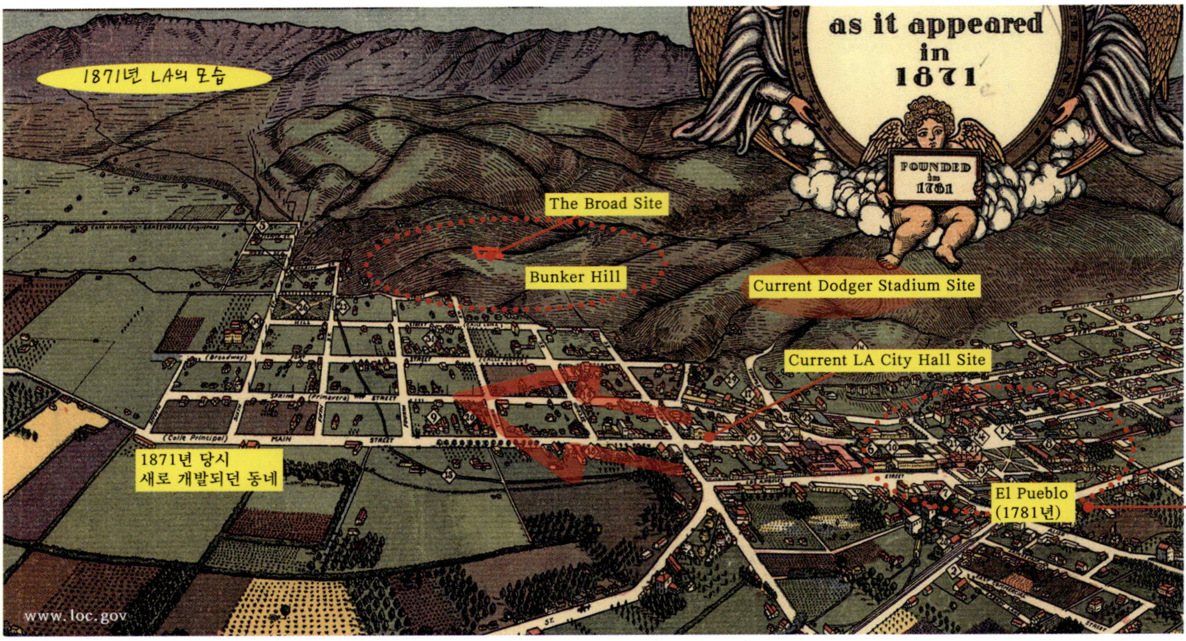

1871년 LA의 모습

다. 1781년 엘푸에블로El Pueblo(스페인어 : 마을)라는 곳에 유럽인이 처음 정착했고, 19세기 중반부터는 현재의 시청 쪽으로 도시가 확장하기 시작했다. 인구가 늘어나면서 신도시 개발이 훤히 내려다 보이는 이 동네가 차츰 인기를 얻게 되었다. 19세기 말 어느 건축 개발업자가 언덕 전체를 매입한 후, 고급 주택 단지로 개발해서 분양했다. 20세기 초까지만 해도 다운타운이 내려다 보이는 전망 좋은 곳으로 인기가

1900년 벙커힐 주변의 모습

1913년 그랜드 길의 모습

많았다. 하지만, 도시가 커지고 자동차가 많이 보급되면서, 이 동네에 살던 부자들이 LA 외곽으로 이사를 가기 시작했다. 그러면서 벙커힐은 점점 슬럼화되었다. 20세기 중반부터는 몇 채 안 남은 중요한 주택들을 다른 곳으로 옮겨 놓고, 나머지는 싹 쓸어버렸다. 그리고 새로 구획된 대지에 고층 건물을 세우기 시작했다.

20세기 중반 대지 주변의 모습. 주택 2채는 다른 곳으로 옮겨졌다.

20세기 중반 벙커힐 개발 계획도

오늘날 벙커힐의 모습

1986년에는 브로드 미술관 자리의 길 건너에 작은 보석상자같은 MOCA가 들어섰다. 브로드가 건립에 깊숙히 관여했던 건물이다. 이제 시 정부는 벙커힐을 가로지르는 그랜드 길을 로스앤젤레스의 샹젤리제 Champs-Elysees로 개발하겠다고 공식적으로 천명했다. 디즈니 콘서트홀 길 건너에 프랭크 게리가 설계한 고층 건물도 2018년에 착공에 들어갔다. 2021년 완공을 목표로 하고 있다. 이렇게 되면, 그랜드 길이 사람이 다닐 만한 거리로 자리잡게 될 것이다.

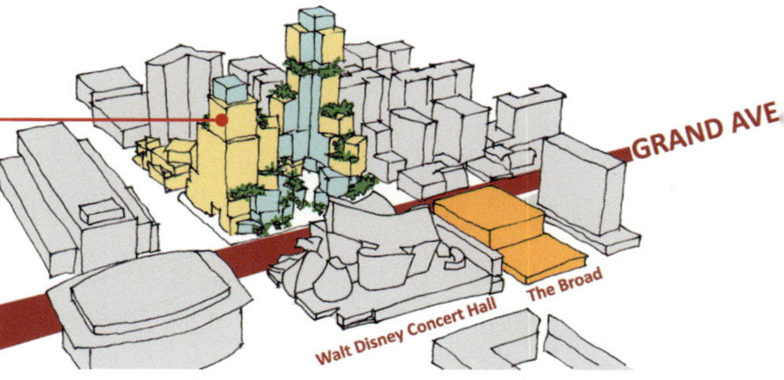

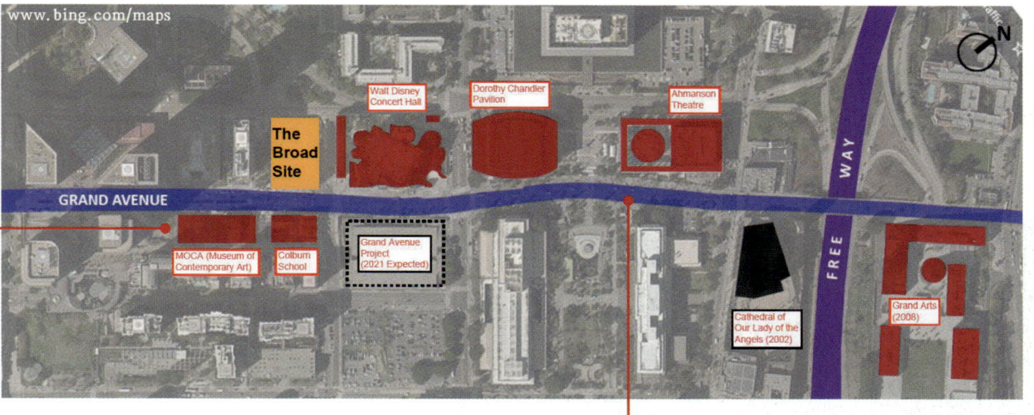

로스앤젤레스의 샹젤리제로 개발하려는 그랜드 길이 당연히 미술관의 주 진입로가 될 것이다. 그랜드 길 아래 공간은 지하는 아니지만, 위치상 자연스레 주차장으로 쓰임새가 정해졌다. 주차장은 특별히 다를 것이 없으리라 생각한다. 그랜드 길에서부터 위로 어떤 건물을 짓느냐가 관건이다. 결선에 오른 팀은 DSR을 비롯해서, OMA와 FOA, 이렇게 2 팀이 더 있었던 것으로 보인다.

결선에 오른 3 팀의 안 중에서 첫눈에 시선을 사로잡는 것은 없다. 다들 기본적인 상자형태다. FOA의 계획안은 좀처럼 이해가 되지 않는다. 그랜드 길에서 보이는 3 개의 입면을 한자같은 표의문자처럼 만들려고 했다는데, 내 내공이 부족한 건지, 와닿지 않는다. 다른 2 팀의 계획안은 전체적인 공간 배치가 거의 비슷해 보인다.

그랜드 길 아래는 주차장으로 만들고, 1층은 가능한 한 비워두려 했다. 2층은 사무실로, 3층은 미술관 전시공간으로 꾸몄다. 건물의 형태도 정사각형 평면의 상자형태다. 하지만 도면을 자세히 살펴보니, DSR의 안이 내 눈을 더 끌어당긴다. 보다 더 참신한 것이 느껴진다. 이제부터는 DSR의 설계안을 중심으로 살펴본다.

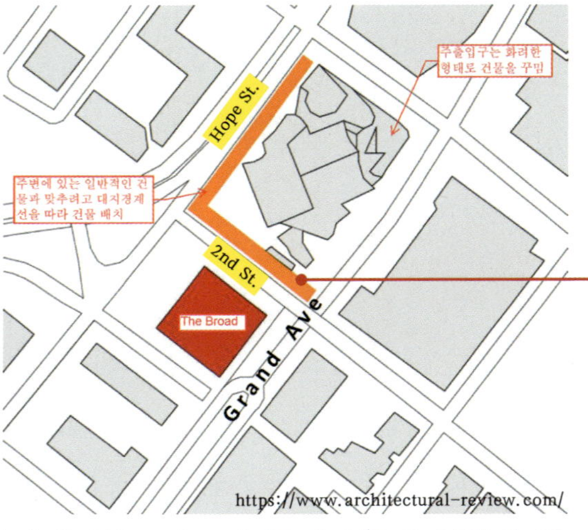

DSR은 어떻게 설계를 했을까... 우선 길 건너에 있는 디즈니 콘서트홀에 영향을 받았을 것이다. 바로 옆 대지에 LA를 대표하는 거대한 건축물이 자리잡고 있어서, 이 건축물과의 관계를 이해하는 것이 설계의 첫 단추를 끼우는 일이기 때문이다. 디즈니 콘서트홀이 주로 화려한 곡선으로 이루어진 걸로 알고 있지만, 호프 길Hope St과 2가Second St 쪽으로는 대지경계선을 따라 직사각형 벽으로 마무리지었다. LA 도심의 건축물들이 대부분 사각형이기 때문에 인근 대지를 향해서는 직사각형에 순응하게 만들고, 주출입구 쪽으로는 화려하게 꾸몄다.

도시적 관점에서 봤을 때 디즈니 콘서트홀이 더 중요한 건물이므로, 아마도 건축가는 브로드 미술관은 상대적으로 화려하지 않게 전체 외관을 디자인했으리라 추측할 수 있다. 그렇다고 아무 특징 없이 밋밋한 모습으로 하고 싶지도 않았으리라.

THE BROAD
2nd St
THE BROAD

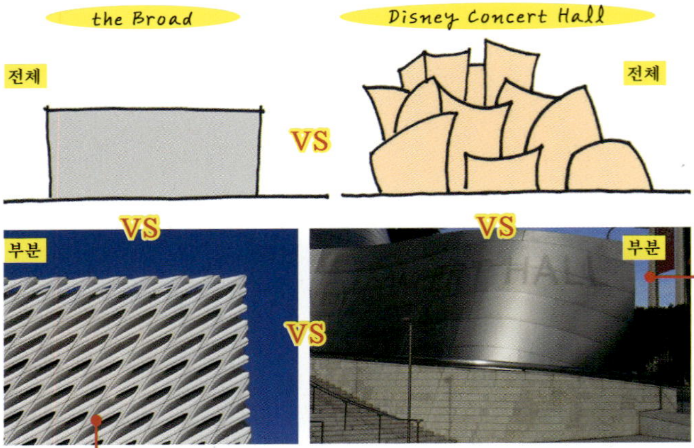

전체적인 외관은 단순하지만, 부분부분은 뭔가 색다른 것을 쓰고 싶었을 것같다. 재미난 것을 발견했다. 디즈니 콘서트홀은 전체적으로는 화려해 보이지만, 이를 구성하는 입면 단위는 단순한 벽돌 패턴이다. 아마도 건축가는 여기서 반대로 가지 않았을까 하는 생각이 든다. 건축 설계사무소 DSR은 외유내강의 개념을 염두에 두지 않았을까? 브로드는 전체적으로는 단순해 보이지만, 이를 구성하는 단위는 대각선이라는 역동적인 패턴을 사용했다. 또한 디즈니 콘서트홀의 건물 표면은 평면적으로 마감했지만, 브로드는 입체적으로 드러나게 했다. 다분히 건축가의 의도가 있었으리라 짐작이 된다.

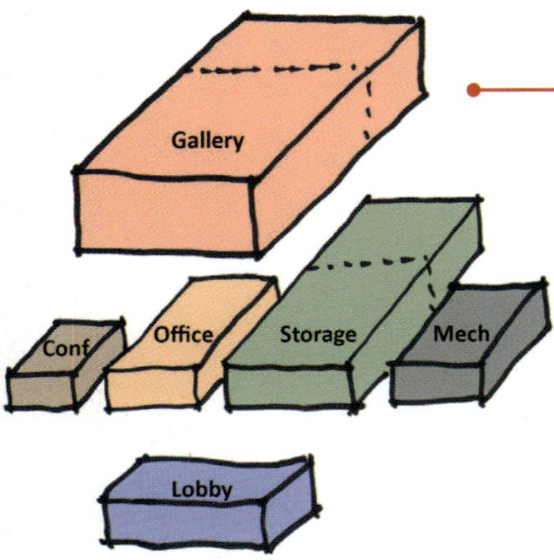

전체적인 프로그램은 미술 전시장, 수장고, 사무실, 회의실, 기계실, 그리고 주차장으로 짜여 있다. 주차장은 그랜드 길 아래로부터 원래 지면까지가 3층 높이로 되어 있어서, 이 공간 전체를 주차장으로 활용하였다. 나머지 5개의 공간을 어떻게 풀어내느냐가 숙제였다. 1층은 가능하면 비우려고 했던 것같다. 로비만 넣기에 좀 허전한 느낌이 들었는지 특별 기획 전시실과 수장고 일부를 배치했다. 2층에 수장고, 사무실, 회의실, 그리고 기계실을 배치했다. 그리고 최상층에는 전시공간만 배치했다.

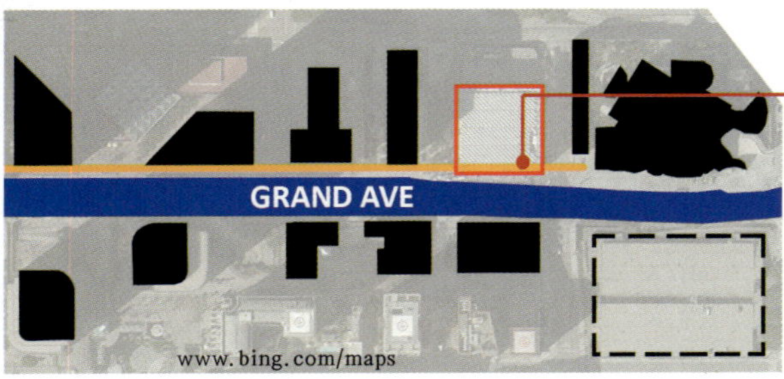

이상의 프로그램을 담은 건물은 그랜드길에 바짝 붙여서 배치했다. 어떤 건물은 대지경계선에서 떨어져서 짓기도 하는데, 브로드 미술관은 그러지 않았다. 도심에서 떨어진 교외 지역에서는 셋백setback 규정에 따라 길 앞에 강제적으로 마당을 두어야 한다. 이런 곳은 건물의 밀도가 낮아서 그렇다. 하지만 도심은 다르다. 좁은 땅덩이에 많은 것을 담아야 한다. 당연히 밀도가 높을 수 밖에 없다. 그래서 건물을 대지경계선에 바짝 붙여서 짓기 마련이다. 이 점에서는 3 계획안 모두 도시적 상황을 이해했다고 본다.

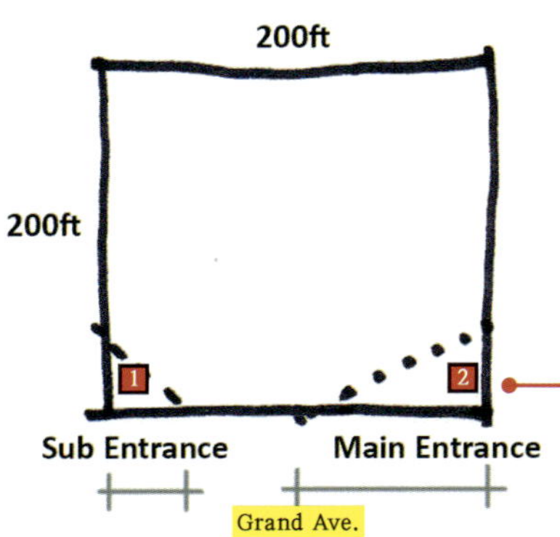

형태 뿐만 아니라, 진입하는 과정도 눈여겨 볼 만하다. DSR은 사람들이 많이 오가는 그랜드 길에서 접근하기 쉽게 양쪽 모서리를 잘라내어 입구를 만들었다. 실제로는 찾아오는 사람이 너무 많아 아무나 들어갈 수가 없다. 예약을 했거나, 아니면 선착순으로 정해진 인원만 차례차례 건물 안에 들어갈 수 있다. 예약제를 실시중인데, 일부 평일 몇일을 빼면, 예약하기가 쉽지 않다. 토요일 아침에 예약하지 않은 사람들의 줄에 서서 1시간 넘게 기다린 후 입장할 수 있었다.

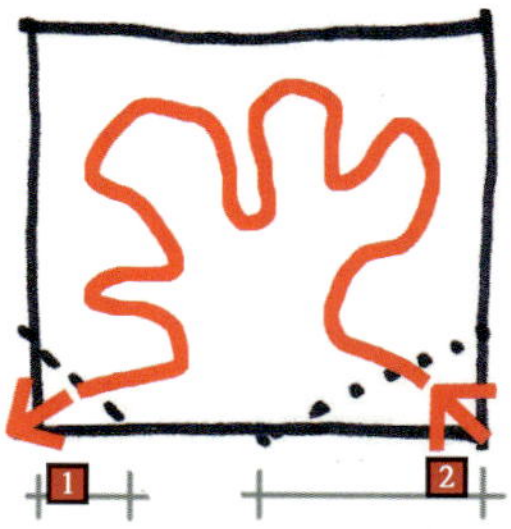

그랜드 길에서 봤을 때 입구가 건물의 좌우에 2개 보인다. 2 입구가 언뜻 보면 같아 보이지만, 자세히 보면 2개의 입구 크기가 똑같지 않다. 디즈니 콘서트홀 쪽의 입구를 더 크게 했다. 이쪽이 주출입구라는 것을 보여 준다. 작은 쪽은 특별 손님을 위한 입구로도 쓰이는데, 주로 출구로서의 역할을 한다.

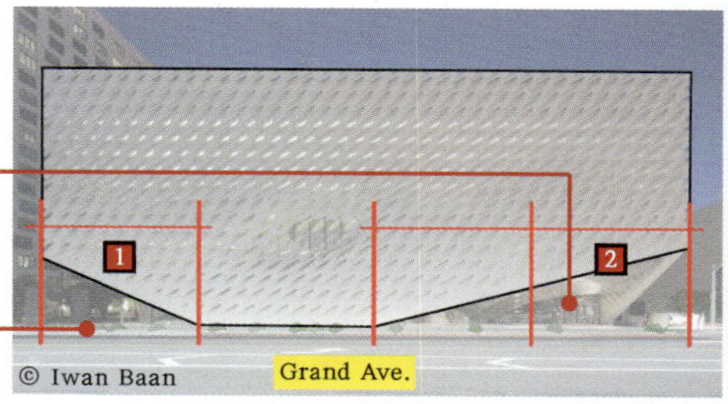

양쪽 모서리에서 들어오면 로비 공간이다. 여기에도 간단한 미술품 여러 개가 놓여 있어서, 미술관이란 것을 넌지시 알려주고 있다. 그랜드 길 쪽으로는 유리벽 너머로 대각선 패턴이 안으로도 노출되어 있다. 간간히 뚫린 마름모 단위 사이로 빛이 들어온다. 건물 밖에서는 전체적으로 상자 형태에 대각선이 반복된 패턴이 보여서, 안에도 그럴 거라는 생각이 있었는데 안에서는 다르다. 둥글둥글한 벽면으로 만들어졌다. 피노키오가 고래 뱃 속에 들어갔을 때의 느낌이 이렇지 않았을까하는 생각이 든다. 이 벽면에서 에스컬레이터가 발을 내밀어 사람들의 발길을 끌어 당긴다.

미술관은 전시공간을 입구에 가까이 두어 관람자의 동선을 짧게 하고, 사무실과 수장고를 위층이나 지하에 두어 관람자가 접근하기 힘들게 하는 것이 일반적이었다. 하지만, 최근에는 전시공간을 좀 멀리 배치해서라도 입구에서 전시공간까지 다가가는 과정이 재미나게 꾸미기도 한다.

브로드는 후자를 따른다. 본 전시장은 1층에 없고, 위에 올려져 있다. 그렇다고 2층에 있지도 않다. 1개층을 더 올려 가장 높은 3층에 만들어 놓았다. 에스컬레이터를 타고 천천히 올라가는 동안 위는 어떨까 궁금해진다. 어두운 콘크리트 터널을 올라가는 것이 긴장감을 더한다.

마치 영주 부석사의 안양루 밑에서 계단을 오르는 느낌이랄까. 저 위에는 무량수전같은 훌륭한 보물이 있기를...

위로 올라오면, 완전히 하얗다. 어두운 곳을 지나 올라와서 그런지 그 느낌이 강하다. 인공조명이 하나도 없지만, 하늘에서 반사되어 내려오는 자연광이 40,000 sf (3,716m2)라는 큰 공간을 가득 채우고 있다. 가로 세로 200 ft (60m) 공간에 기둥이 하나도 없는 공간이라는 것이 잘 믿기지 않는다. 배구장 2개를 합친 공간이다. 상당히 큰 공간이다. 그림을 걸고 있는 벽은 칸막이일 뿐, 지붕의 하중을 전혀 받지 않는다. 이 덕에 큐레이터는 원하는 대로 예술품을 전시할 수 있는 자유를 얻었다. 부석사 무량수전 앞마당에서 주변의 구름바다를 느낄 때의 감동과는 다르지만, 여기서의 놀라움도 만만치 않다. 이제 왜 굳이 전시공간을 최상층으로 올렸는지 이유를 알 수 있었다. 이 점이 OMA의 계획안과의 가장 큰 차이로 보인다.

부석사 무량수전 앞마당의 전경

EXIT

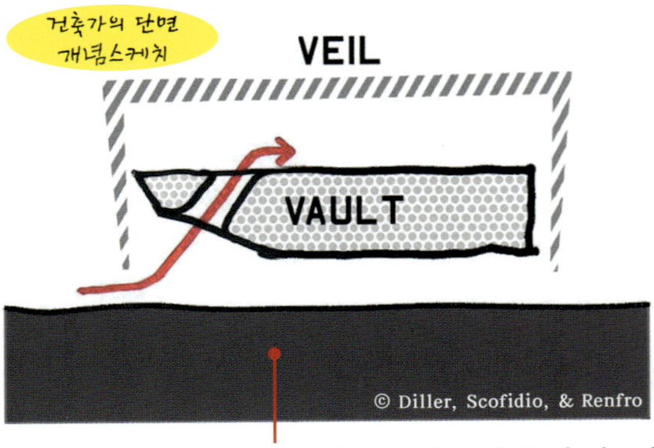

간단한 스케치를 보면, 건축가의 디자인 의도를 읽을 수 있다. 2층 공간은 금고vault라고 표시해 놓고, 그 위의 공간을 베일veil로 감쌌다. 가볍고 얇은 물질로 전시공간을 감싸려고 했다. 가벼우니까 기둥이 필요 없으리라 생각한 것 같다. 하지만, 실제로 커다란 공간을 감싸는 얇은 재료를 찾지 못 했다. 기둥이 없는 넓은 공간을 만들려고 노력하다 보니, 철골로 전체 외벽을 감싸는 격자 틀을 만들었다. 일반

적이라면, 왼쪽의 그림처럼 건물 벽과 나란하게 격자를 만들었을 것이다. 건축가 DSR은 지붕 격자를 45도 정도 비틀어서 2500개의 마름모 모양으로 마감하였다. 단순히 형태만 특이하게 한 게 아니라, 필요에 의해 아주 합리적으로 창조된 구조물이다. 이유는 잠시 후에 설명한다

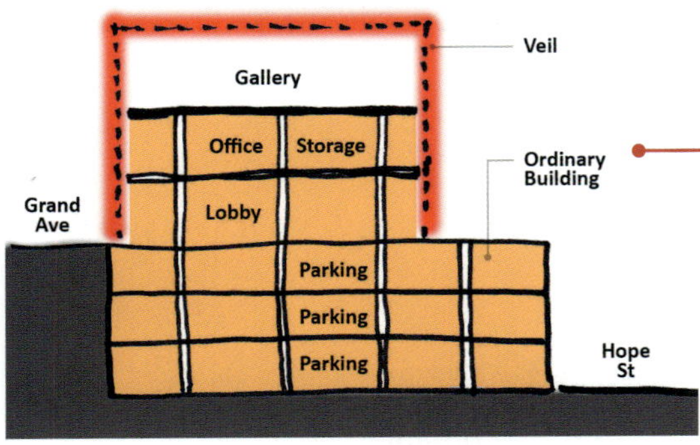

2층까지는 벽면이 곡선으로 이루어져 특이하게 보이기는 해도 구조적으로는 특별하지 않다. 일반 건물처럼 일정 간격마다 기둥을 세우고 껍데기를 입혔을 뿐이다. 하지만 3층은 우리의 일반적인 상식을 깨뜨린다. 3층을 2층의 옥상공간으로 보았다. 옥상이니까 기둥을 놓지 않기로 했다. 여기에 좀 전에 얘기했듯이 간단한 지붕을 얹으려 했다.

THE BROAD

Diller, Scofidio, & Renfro

그 결과가 마름모 모양의 와플 구조물이다. 이 와플 구조는 단순히 지붕구조만 고려해서 만들어진 것이 아니다. 사선으로 꺾은 이유는 북쪽면에 천창을 달기 위해서였다.

대개 미술관에 창문을 설치하면 북쪽면에 달게 된다. 이유가 있다. 미술품은 직사광선에 닿으면, 변질될 가능성이 높기 때문이다. 북쪽에서 들어오는 햇빛은 구름이나 주변 건물에 반사되어 들어오기 때문에, 빛의 강도가 약해져서 미술품에 해가 적다. 또 다른 이유도 있다.

대개 미술관에서는 강하지 않은 조명으로 미술품 주변을 골고루 비추기 마련이다. 미술관은 실내의 밝기를 일정하게 유지하려고 하기 때문이다. 브로드 미술관에서는 골고루 분포된 와플 격자의 북쪽에 천창을 설치했다. 아침부터 저녁까지 햇빛을 실내로 끌어들이는데, 내부의 밝기가 거의 일정하다. 북측 창으로는 직사광선이 들어오지 않기 때문이다. 대개 내부의 인공조명이 꺼져 있다. 자연채광으로도 충분한 밝기를 유지할 수 있어서다. 이것이 이 미술관의 가장 큰 장점이다.

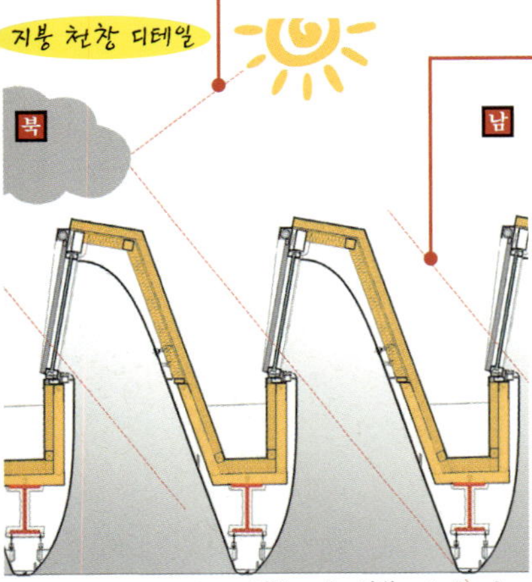

Diller, Scofidio, & Renfro

공장에 톱니모양 지붕을 하는 이유도 이 때문이다. 남쪽에는 경사진 지붕을 달고, 북쪽에는 직각으로 천창을 달았다. DSR은 기존의 자연채광 방법을 가져와 그대로 따라하지 않았다. 대신 현재 대지에 맞는 새로운 요소와 접목시켰다. 놀랍다.

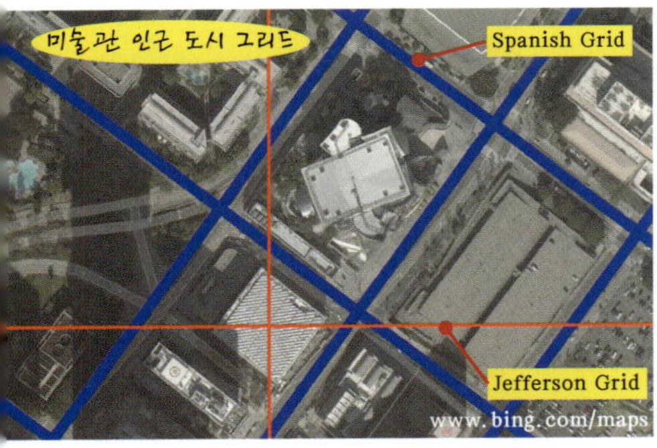

여기서 새로운 요소에 대해 좀 더 살펴 보자. 로스앤젤레스 도심의 도로 패턴을 보면, 격자이기는 한데 동서남북 축선을 따르지 않고, 대략 45도 정도 기울어져 있다. 스페인 그리드Spanish Grid라고 한다. 스페인 멕시코 시대에 길이 만들어졌기 때문이다. 미국이 점령한 이후에는 동서남북을 따르는 제퍼슨 그리드Jefferson Grid를 따랐다. LA는 동네가 자리잡은 시기에 따라 스페인 그리드와 제퍼슨 그리드가 섞여 있다.

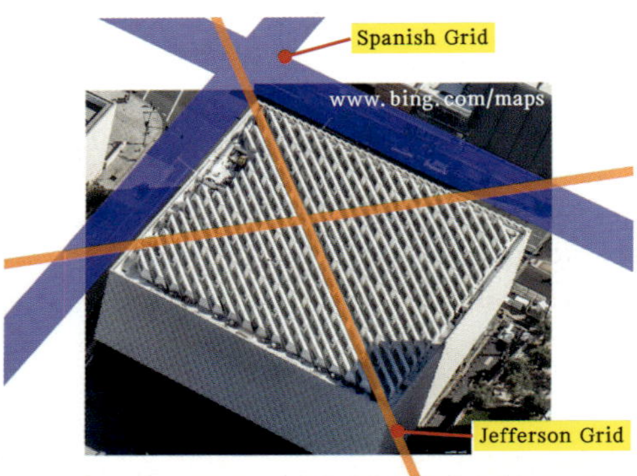

지붕의 와플 구조를 45도 틀어서 만들다 보니, 지붕 구조물은 자연스레 동서남북을 가리키게 되었다. 건축가는 이것을 이용해서 북쪽에 창이 나게 지붕을 계획했

다. 이 덕에 내부공간은 직사광선이 하나도 없으면서, 빛으로 충만한 전시장이 되었다. 완벽한 해결방법이었다.

이 넓은 공간을 감싸고 있는 구조물은 우리가 밖에서 보던 대각선 패턴의 콘크리트 외벽과 결합하여 그랜드 길 바닥 레벨까지 내려가게 된다. 그러니까 브로드 미술관은 커다란 지붕 안에 작은 집이 있는 방식으로 지어졌다고 봐도 된다. 바깥을 감싼 외벽은 중간에 떠받드는 기둥 없이 2층 부분과 지상층 바닥면에서 지지되고 있다.

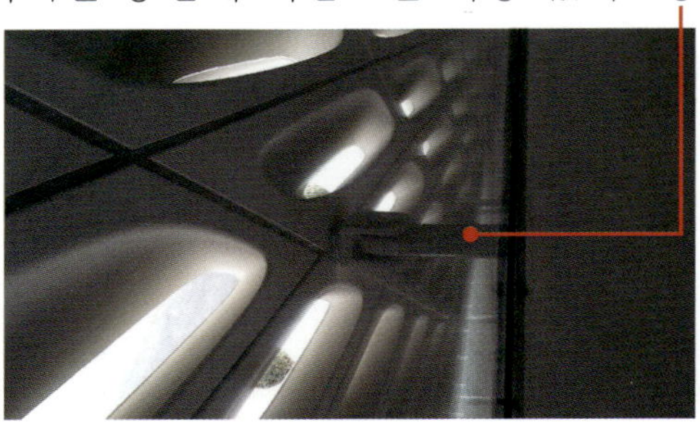

전시공간에 기둥이 없다는 것은 미술 전시를 계획하는 큐레이터에게 커다란 자유를 주는 것을 의미한다. 건축적으로 유명한 뉴욕의 구겐하임 미술관Solomon R. Guggenheim Museum의 경우, 관람객의 동선이 엘리베이터를 타고 올라가서 나선형으로된 경사로를 따라 내려오는 방법 밖에 없다. 따라서 큐레이터는 비슷한 크기의 미술품을 교체하는 것 외에 별다른 전시 계획안을 짜기 힘들다. 반면에 브로드 미술관은 완전히 백지와 같다. 안에 있는 벽은 모두 옮길 수도 있고, 필요하다면 없앨 수도 있다. 거의 작은 체육관 같은 공간을 만들 수도 있다. 그만큼 큐레이터에게 더 많은 자유를 주는 셈이다.

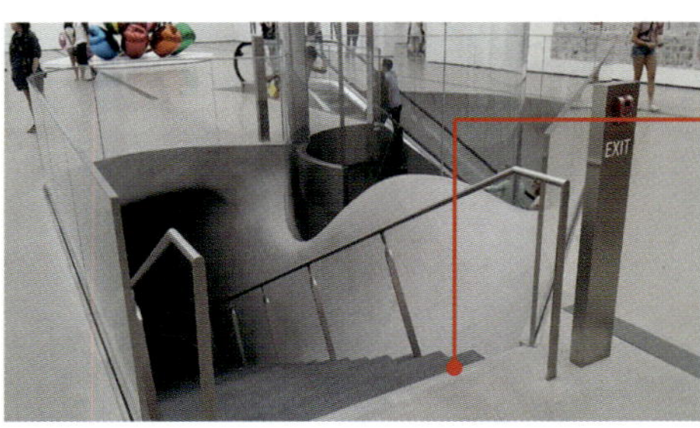

공간 체험을 위해서는 에스컬레이터를 타고 올라 가고, 내려올 때는 계단으로 오는 것이 좋다. 3층을 둘러 본 후, 걸어서 계단을 내려오다 보면, 2층의 수장고가 어떻게 쓰이고 있는지 창을 통해 알 수 있게 해 놓았다. 수장고를 구경할 수 있게 해 놓은 미술관은 나로서는 처음이다. 미술품 창고를 옛날 사극에서처럼 창호지에 구멍을 뚫어 엿보는 느낌이다. 건축주의 아이디어인지, 건축가의 제안에서 시작했는지 모르겠다.

AD
221

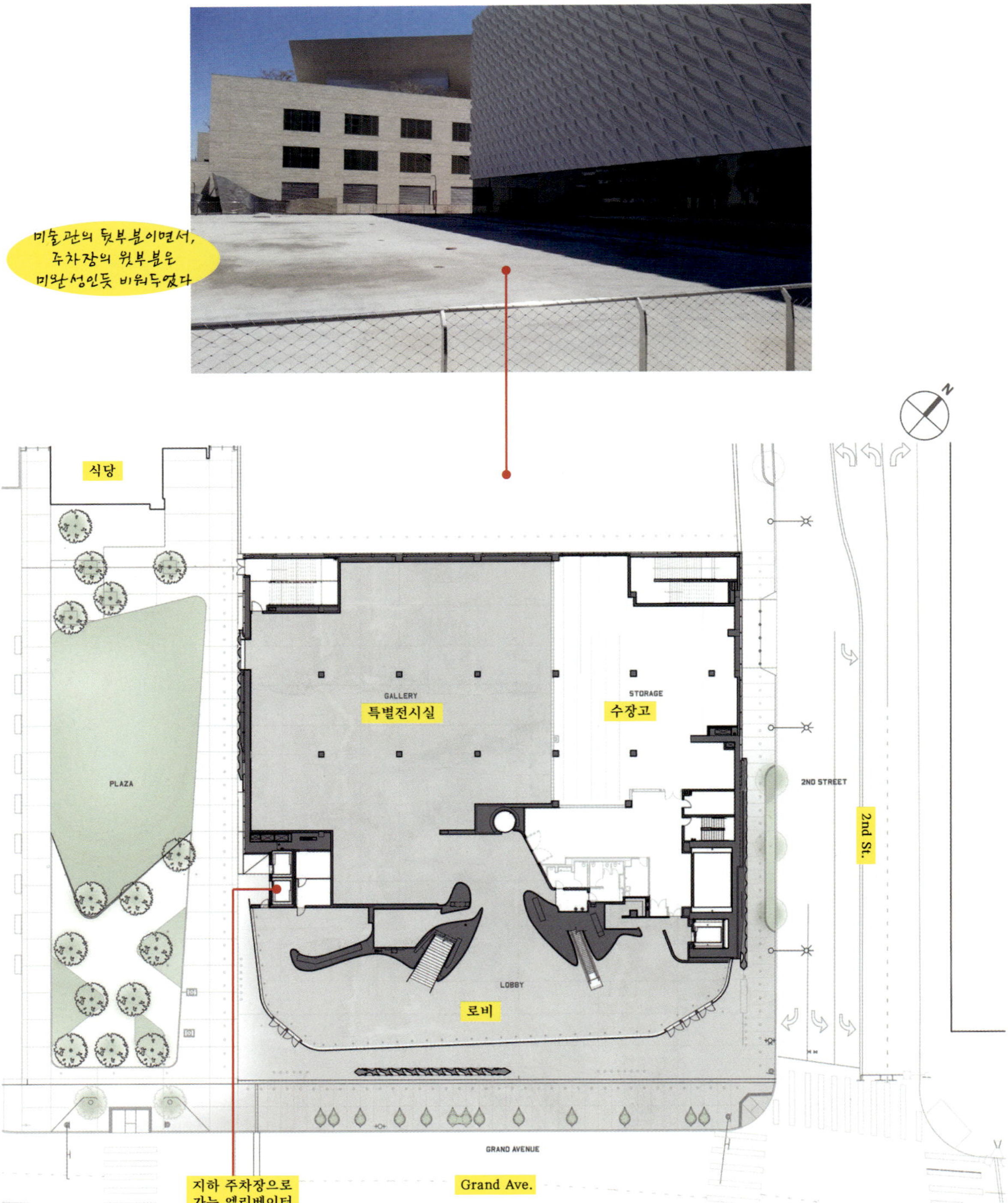

© Diller, Scofidio, & Renfro

창 너머로 디즈니
콘서트홀이 보인다

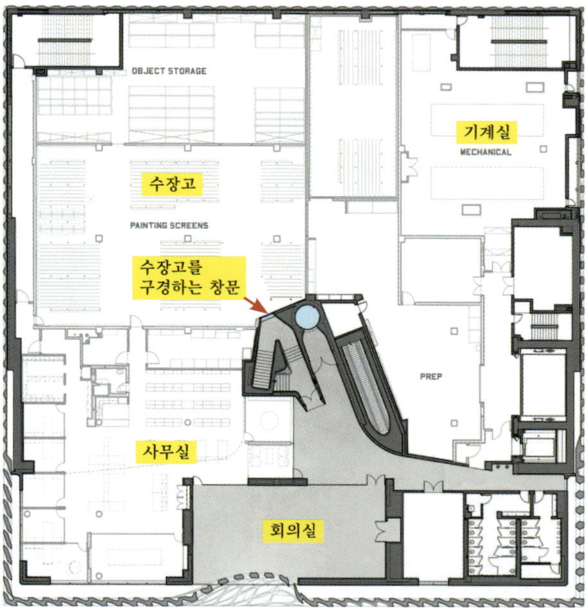
OBJECT STORAGE
기계실
MECHANICAL
수장고
PAINTING SCREENS
수장고를
구경하는 창문
PREP
사무실
회의실

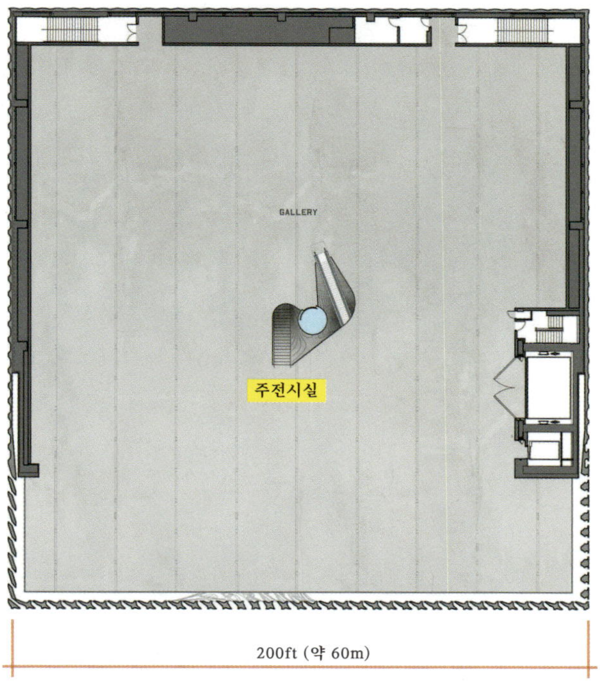
GALLERY
주전시실
200ft (약 60m)

어찌 되었건, 건축가가 제안을 해도 건축주 브로드의 허락을 통해서만 실현될 수 있는 사항이다. 1층과 3층 사이를 오가는 엘리베이터가 있기는 한데, 주 동선은 아니다. 에스컬레이터와 계단을 이용하지 못 하는 사람들은 어쩔 수 없이 엘리베이터를 이용해야 한다. 아쉽지만 이런 몇 가지 공간체험은 할 수 없다.

2층 계단에서 그림을 모아둔 수장고 내부를 구경할 수 있다

이 미술관에서 화룡점정은 2층에 자리하고 있는 회의실이다. 일명 '눈oculus'이라고 불리는 방이다. 외벽을 두르고 있는 대각선 패턴의 벽은 모두 같은 격자로 둘려져 있다. 단 한군데만 다르다. 그랜드 길에 면한 한 부분만 살짝 들어가 있다. 바로 회의실이다. 일반인들이 쉽게 들어갈 수 있는 방은 아니지만, 그랜드 길을 오가면서 누구나 저기 움푹 패인 곳은 뭐하는 곳일까 궁금증을 유발한다. 건물 입면이 다 같게 보일 수도 있었는데, 그랜드 길 쪽이 정면이라고 창문을 내어 바라보는 듯하다. 안에서도 바깥에서 보던 패턴이 계속되고 있다. 그렇지만 중간에 유리 때문에 끊겼다. 구조적으로 역할을 하는 것이 아니라, 그냥 시각적으로 연속되고 있다는 것을 보여주려고 했다.

전체적으로 단순한 듯 하면서, 아주 작은 부분까지 꼼꼼하게 디자인된 미술관이다. 꼼꼼하면 진부할 수도 있는데, 오히려 참신하다. 화려한 디즈니 콘서트홀이 옆에 자리하고 있지만, 결코 주눅들지 않는다. 단아하게 앉아서 오히려 대범한 풍채를 뿜어내고 있다. 귀한 미술품도 볼 만하지만, 건물 자체도 전세계의 어느 미술관과 비교해도 결코 꿀리지 않는 훌륭한 작품이다. LA에서 꼭 구경할 만한 건축물이다.

미술관 옆에 올리브 나무가 있는 정원이 있고, 그 뒤에 조그만 상자형 건물이 조용히 앉아 있다. 식당이다. 요즘에는 쇼핑몰이던지, 미술관이던지, 건물의 본 기능 못지않게 식당이 중요한 역할을 한다고 한다. 처음에는 미술관과 별개인줄 알았는데, 이 식당도 미술관과 함께 개발했다고 한다. 설계는 따로 했다.

미술관 옆 식당에서 바라본 정원

The Broad Address :
221 S Grand Ave, Los Angeles, CA 90012

김태식

- 중앙대학교 건축학과 학부와 대학원 졸업
- 석사논문 : 「선교장 가족 성원의 역할을 통해 본 전통주거 공간의 재조명」
  (지도교수 : 이희봉)
- 서울건축학교 워크샵 (튜터 : 정재헌)
- University of Southern California 건축 석사(M. Arch) 졸업
- 원양 건축과 Harley Ellis Devereaux 등에서 건축 실무
- MTM Construction에서 Proj. Manager
- URD에서 건축 디자이너로 활동중

- 개인 블로그 https://blog.naver.com/geocrow 운영중

로스앤젤레스 건축 읽기

Reading Los Angeles Architecture

:: 2019년 6월 25일 1쇄 발행
:: 김태식 저

:: 발행인 | 김기현
:: 발행처 **Spacetime** · 시공문화사
:: 등록 | 1993.3.12 제 1-1493
:: 인쇄 | 예림인쇄사
:: 제본 | (주) 문종북
:: 용지 | (주) 대림지업사

:: 03733 서울시 서대문구 독립문공원길 13 극동프라자 5층
:: 전화 02-3147-1212 · 2323 | 팩스 02-3147-2626
:: spacetime@korea.com | www.spacetime.co.kr
:: ISBN 978-89-5592-418-3

정가 20,000원